天下文化
BELIEVE IN READING

Additional Serious Scientific Answers
to Absurd Hypothetical Questions

科學天地 188

what if? 2

如果這樣，會怎樣？

千奇百怪的問題　嚴肅精確的回答

蘭德爾・門羅 —— 著
紐約時報暢銷書《如果這樣，會怎樣？》
《這麼做，就對了！》作者

黃靜雅 —— 譯

by **Randall Munroe**

目錄

免責聲明

千萬不要在家裡嘗試本書的任何提議。
本書作者是網路漫畫家，不是保健安全專家。
他喜歡東西著火或爆炸，
意思就是，他並沒有考慮到你的最大利益。
對於本書內容直接或間接造成的任何不利影響，
出版公司與作者概不負責。

自序
沒用的答案也很有趣

我喜歡稀奇古怪的問題，因為本來就沒有人知道答案，也就是說，搞不清楚也沒關係。

我在大學是學物理的，所以我覺得有很多東西我應該要知道——比方說電子的質量，或是用氣球摩擦頭髮時為什麼頭髮會豎起來。如果你問我電子有多重，我會有一股焦慮感衝上來，像是「抽考時如果沒有查書，我就不知道答案，即將有大麻煩」那樣。

但如果你問我，瓶鼻海豚身上所有的電子有多重，那就另當別論了。沒有人一下子就知道那個數字（除非他們的工作超級酷），也就是說，沒關係，假使不清楚狀況也摸不著頭緒，花點時間查一下資料就好了。（萬一有人問你，答案是225克左右。）

有時候，簡單的問題反而意想不到的困難。為什麼用氣球摩擦頭髮時，頭髮會豎起來？科學課堂上一般的答案是：電子從頭髮轉移到氣球上，使頭髮帶正電，帶電的頭髮互相排斥，於是就豎起來了。

只不過……為什麼電子會從頭髮轉移到氣球上？為什麼不是反過來？

這是個很好的問題，答案則是沒有人知道。物理學家沒有很好的通論來解釋，為什麼有些材質在接觸時會從表面失去電子，有些材質卻會得到電子。這種現象稱為摩擦起電（triboelectric charging），屬於尖端研究領域。

同樣的科學可以用來回答嚴肅的問題和傻氣的問題。摩擦起電對於了解「暴風雨時閃電如何形成」很重要；而計算生物體內的次原子粒子數，是物理學家在模擬輻射危害時所做的事情。嘗試回答傻氣的問題，可以帶你領略某些嚴肅的科學。

即使答案沒什麼用處，知道答案也很有趣。你手上拿的這本書，大約和兩隻海豚身上的電子一樣重。這項資訊可能沒什麼用處，但無論如何，我希望你覺得很好玩。

——蘭德爾．門羅

1. 木星湯

Q

如果把湯灌進太陽系，從太陽一直灌到木星，那會怎樣？

——艾蜜莉雅（Amella），5 歲

在灌湯之前，請確保所有人都安全的離開太陽系。

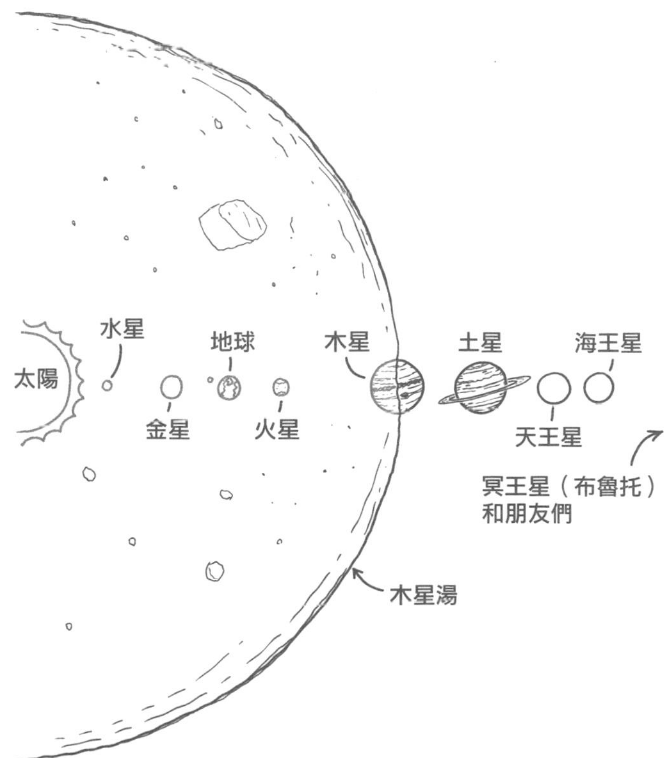

如果太陽系從太陽到木星都泡在湯裡，在幾分鐘之內，對某些人來說可能是小事情。然後，接下來的半小時，對任何人來說都絕對不會是小事情。接著，時間就會終止。

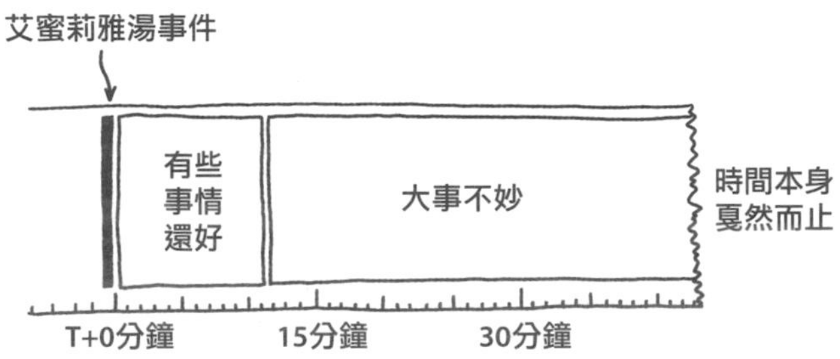

給太陽系灌湯需要大約 2×10^{39} 公升的湯。如果是番茄湯，算起來大約相當於 10^{42} 卡的熱量，比太陽終其一生所發出的能量還要多。

這些湯非常重，以致任何東西都無法逃脫它的強大引力，它會變成黑洞。黑洞事件視界（引力太強、強到光都無法逃逸的區域）會延伸到天王星的軌道。冥王星一開始會在事件視界以外，但這不代表它逃得掉。它只是有機會在被吸入之前發出無線電訊息。

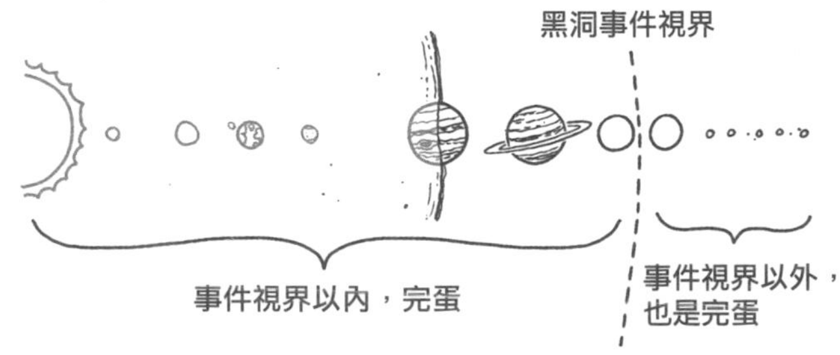

從裡面看起來，湯是什麼樣子？

你不會想要站在地球表面上。即使我們假設湯和太陽系裡的行星同步旋轉（但每個行星的周圍有小漩渦，因此湯接觸到行星表面的地方會靜止不動），地球重力所產生的壓力在幾秒鐘之內就會壓扁地球上的任何人。地球的重力可能不如黑洞的重力那麼強，把一大團「湯海」狠狠拉下來壓扁你卻是綽綽有餘。畢竟，在地球的重力下，平常「水海」的壓力就可以壓扁你，何況艾蜜莉雅湯比海洋深多了。

如果你在行星之間漂浮，遠離地球重力，其實你會暫時沒事。這說來有點詭異，就算湯殺不死你，你還是會在黑洞裡啊，你不是應該會瞬間死於……什麼東西嗎？

奇怪的是，不會！一般來說，當你接近黑洞時，潮汐力會把你扯裂。但較大的黑洞，潮汐力較弱，「木星湯黑洞」的質量大約是銀河系質量的 1/500。即使以天文學的標準來看，那也是個巨無霸——與已知最大的黑洞不相上下。「艾蜜莉雅湯巨無霸黑洞」會大到使你的身體不同部位受到大致相同的拉力，所以你不會感覺到任何潮汐力。

即使你不會感覺到湯的重力，它還是會使你加速，你會立刻往中心墜落。過了一秒鐘，你會墜落 20 公里，以每秒 40 公里的速率行進，比大多數的太空船還要快。但由於湯也會跟隨你一起墜落，你會感覺什麼事也沒有。

隨著湯向內朝著太陽系中心塌縮，湯的分子會緊密的靠在一起，因此壓力會增加。此壓力需要幾分鐘才會增強到把你壓扁的程度。如果你待在某種「深湯潛水艇」（人們用來造訪深海海溝的壓力容器）裡，你大概還撐得了 10 到 15 分鐘。

想要逃離這團湯？你根本無計可施。湯裡面的所有東西都會向內流往奇異點。在平常的宇宙中，我們都隨著時間被向前拖動，無法停止或倒退。在黑洞事件視界裡面，就某種意義來說，時間不再向前流動，而是開始向內流動。所有的時間線都往中心收斂。

從黑洞裡的倒楣觀察者角度來看，湯和湯裡面的所有東西需要大約半小時才會墜落到中心。半小時之後，我們對時間的定義（還有我們對整個物理學的理解）便瓦解了。

在湯以外，時間會繼續流逝，問題會持續發生。湯的黑洞會開始吞沒剩下的太陽系，首先幾乎立刻幹掉冥王星，然後沒多久又幹掉古柏帶（Kuiper belt）。在接下來的幾千年裡，黑洞會將整個銀河系切掉一大片，不斷的吞噬恆星，逐漸擴散至四面八方。

我們還剩下一個問題：這到底是哪一種湯？

如果艾蜜莉雅給太陽系灌的是肉湯，湯裡漂浮著行星，那它是行星湯嗎？如果湯裡面已經有麵條，那它會變成行星麵條湯，或許行星更像是「麵包丁」？如果你做了麵條湯，然後有人在湯裡撒些石頭和泥土，那它到底是麵條泥土湯，還是變髒的麵條湯？湯裡面有太陽，那它是恆星湯嗎？

網友們老愛爭論湯該怎麼分類。幸好，在這種特殊情況下，物理學可以解決紛爭。據說黑洞不會保留進入其中的物質性質，物理學家稱之為「無毛定理」(no hair theorem)，因為黑洞沒有任何可辨別的特徵或可定義的特性。除了屈指可數的簡單變數如質量、自旋和電荷，所有的黑洞都一樣。

換句話說，你在黑洞湯裡放哪些配料並不重要。無論是什麼食譜，最後都會變成同一道菜。

2. 直升機飛行

Q

如果你用手吊掛在直升機的葉片上，然後有人轉動引擎，那會怎樣？

——科爾班．布蘭塞特（Corban Blanset）

你想像的可能是類似這種酷炫的電影動作場景：

果真如此，你會很失望，因為實際上發生的情況會比較像是這樣：

直升機旋翼加速需要一點時間。一旦旋翼開始轉動，可能需要 10 到 15 秒才轉完第一圈，因此在你轉出視野之前，會有一段和飛行員四目相對的尷尬時間。

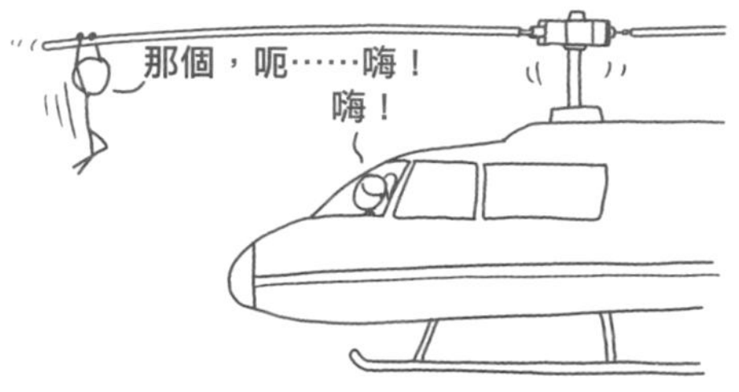

幸好，你大概不會二度從飛行員面前經過，因為你很快就會摔得慘兮兮。

直升機葉片靜止不動時，吊掛在葉片光滑的表面上已經夠難了，但即使你找到舒適的握把，葉片還沒轉完一圈，你可能就會抓不住。

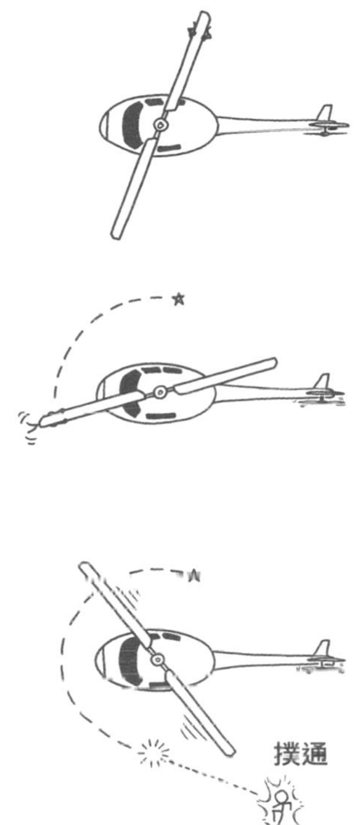

直升機葉片相當大，使它們看起來比實際上轉得慢。我們不習慣大型物體轉動得那麼快。當直升機停在停機坪上、旋翼慢慢開始旋轉時，可能看起來相當平緩，像是懸掛在嬰兒床上轉來轉去的玩具。但如果你試圖吊掛在旋翼尾端，你會發現自己被狠狠的甩出去。

從旋翼開始轉動，到轉了第一個半圈，可能需要 5 到 10 秒。如果你還撐得住，這時候你已經被明顯的向外甩，因為離心力，你會感覺多出 5 到 10 公斤的重量。幸好，大多數的直升機旋翼都離地面夠近，你掉下來可能不會死，只會皮肉受點輕傷、自尊受點挫折。

如果你真的很會撐，事情會「急轉直下」。等到葉片轉完整整一圈，* 離心力拉著你的力道會比重力還要強，導致你甩飛出去。這額外的作用力相當於有另一個人抱住你的重量。

即使你抓得非常緊，可能也很難撐下去了。如果你想要一路吊掛在旋翼上飛行，那就要利用某種設備，讓你的手可以牢牢的黏住葉片。

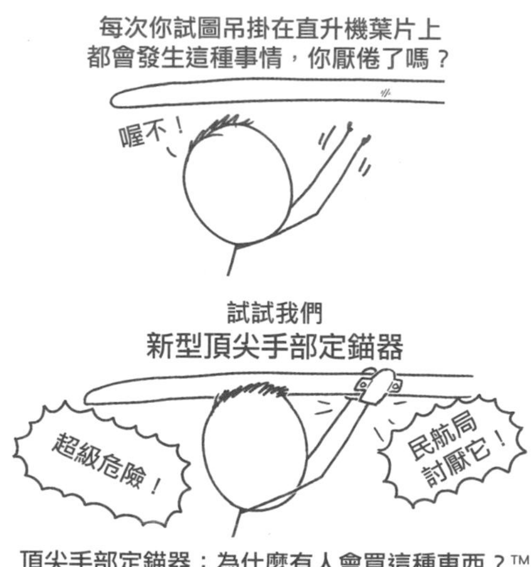

每次你試圖吊掛在直升機葉片上
都會發生這種事情，你厭倦了嗎？
喔不！
試試我們
新型頂尖手部定錨器
超級危險！
民航局
討厭它！

頂尖手部定錨器：為什麼有人會買這種東西？™

* 絕對要選用「尾旋翼和主葉片之間有足夠空間」的直升機，不然你就要很擅長適時做出「引體向上」的動作。

如果旋翼持續正常加速，而你不管用什麼方法死抓著不放，再轉整整一圈之後，你會被幾乎直直的向外甩，用你的手努力支撐著你本身體重的好幾倍。如果撐到 20 秒，旋翼會開始每秒轉一圈，對你的手施加數噸的作用力。撐到 30 秒之後，你不管用什麼方法都抓不住直升機。如果你的手還黏著旋翼不放，你的手就不會黏在你的身上了。

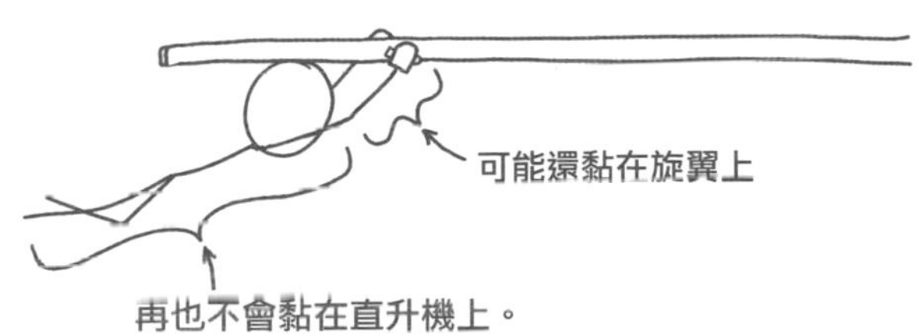
可能還黏在旋翼上
再也不會黏在直升機上。

遇到這種事情，直升機也不會比你更好受。旋翼會無法像正常啟動階段那樣持續加速。畢竟，如果你的手承受了這麼大的力道，直升機也是一樣。直升機葉片的設計可以承受很多噸的張力，但這種張力在葉片之間是巧妙平衡的。如果某個葉片施加作用力比另一個大，就會將直升機來回拉扯，像是不平衡的洗衣機。

光是在葉片底部增加幾百克的重量，就可能導致（或抵消）亂七八糟的強烈振動。在葉片尾端增加一個人的重量，恐怕會導致直升機還沒加速就翻覆而四分五裂。

晃來晃去

晃來晃去

翻覆

想想看，或許這會成為很棒的電影動作場景。你有沒有看過壞人的直升機正要逃跑時，好人飛奔縱身一躍、吊掛在起落架上的場景？

如果好人真的不想讓壞人逃跑……

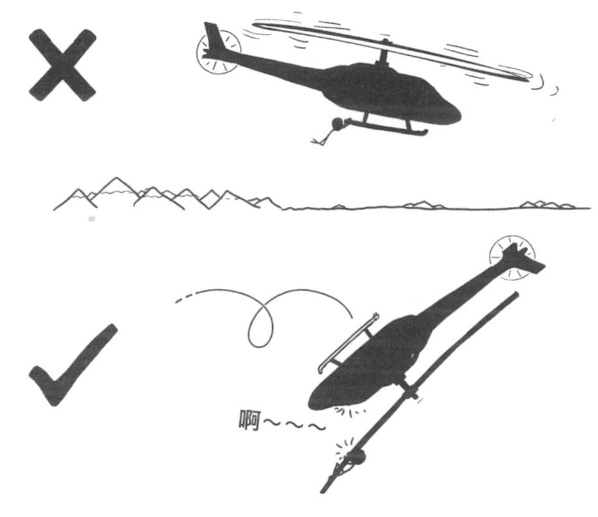

……他們應該抓住高一點的地方就好了。

3. 要命的冷

Q

站在絕對零度（0 K）的大型物體旁邊，會有什麼危險嗎？

——克里斯多福（Christopher）

看來你已經決定了，要把超冷的鐵冰塊放在你家的客廳。

首先，絕對不要碰它。只要忍得住碰它的衝動，你大概不會馬上受到任何傷害。

冷的東西和熱的東西不一樣。〔誰說的？〕靠近熱的物體，你很快就會沒命（想要了解更多，請隨便翻到本書任何一頁），但靠近冷的東西不會讓你馬上凍僵。熱的物體發出熱輻射，加熱周圍的東西，但冷的物體不會發出冷輻射，只是擺在那裡而已。

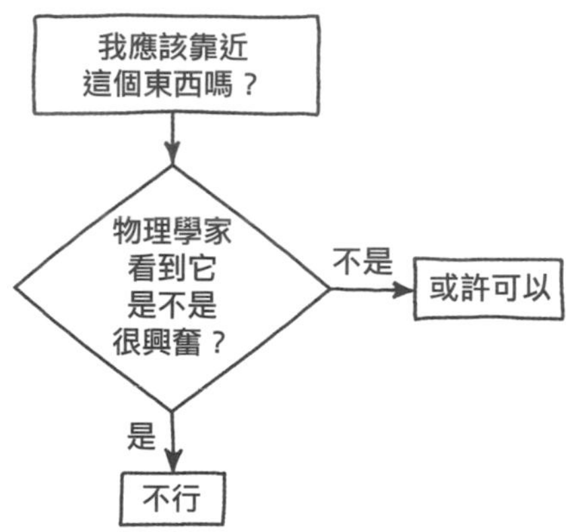

即使它不會發出「冷輻射」，但缺乏熱輻射可能會使你覺得冷。如同所有溫暖的物體，你的身體不斷輻射出熱量。對你來說幸運的是，你周圍的一切（例如家具、牆壁和樹木）也一直在輻射出熱量，那些進來的輻射有一部分平衡了你喪失的熱量。我們測量室溫通常是用華氏或攝氏溫度，但將家裡的控溫器設定成絕對溫度（也稱為克氏溫度，單位是克耳文〔Kelvin〕，符號為 K）會更清楚，房間裡大部分東西的絕對溫度值都差不多（因為都是絕對溫度 250 ～ 300 K），所以都會輻射出熱量。

當你靠近遠比室溫冷的東西時，你在那個方向喪失的熱量沒有任何進來的熱量可平衡，所以你身體的那一側會冷得更快。從你的角度來看，感覺物體像是在輻射出「冷量」。

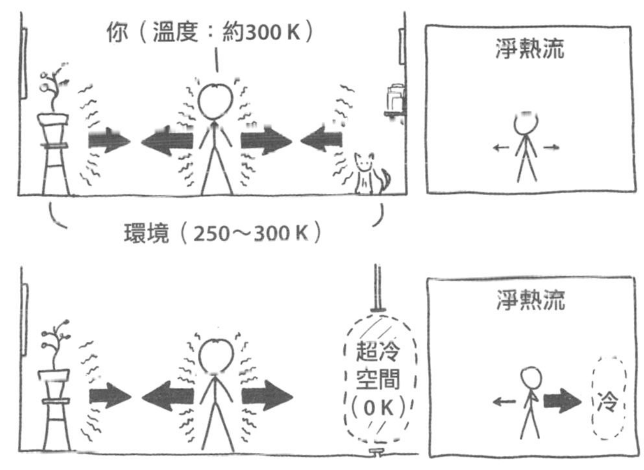

夏夜仰望星空，你就能感覺到這種「冷輻射」。你的臉會感覺冷，因為你身體的熱量不斷的傾注到太空。如果你撐起雨傘擋住頭頂上的天空，你會感覺暖和一點——簡直像是雨傘在幫你「擋住寒冷」。這種「寒冷天空」效應可能使物體降溫到低於環境氣溫。如果在晴空下放一盤水，即使氣溫維持在冰點以上，水也可能在一夜之間變成冰。

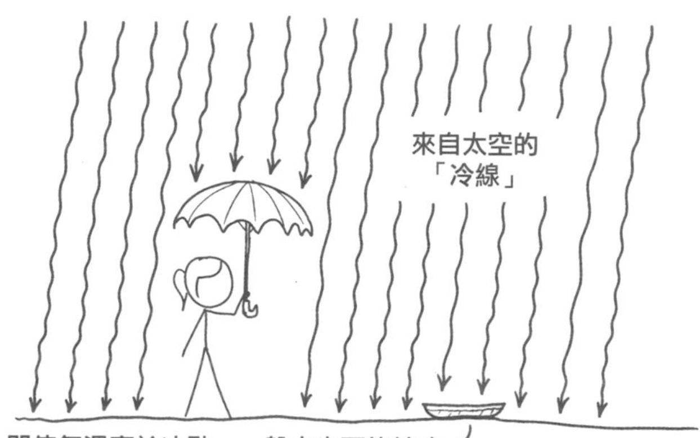

站在鐵冰塊旁邊，你會感覺很冷，但沒有那麼冷——沒有什麼是一件好的大衣解決不了的。不過在你興沖沖去找超低溫鐵冰塊之前，我們有必要聊聊空氣。

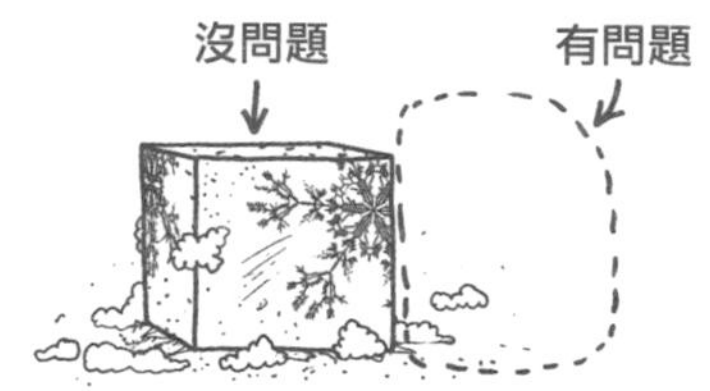

冷的物體可能使空氣本身凝結，導致液態氧像露珠一樣聚集在物體的表面上。如果物體夠冷，甚至可能使空氣凍結成固態。操作低溫工業設備的工程師必須注意這種氧的積聚，因為液態氧是非常危險的東西。它的反應性很高，很容易導致易燃物自燃。非常冷的物體可能會讓你的房子著火。

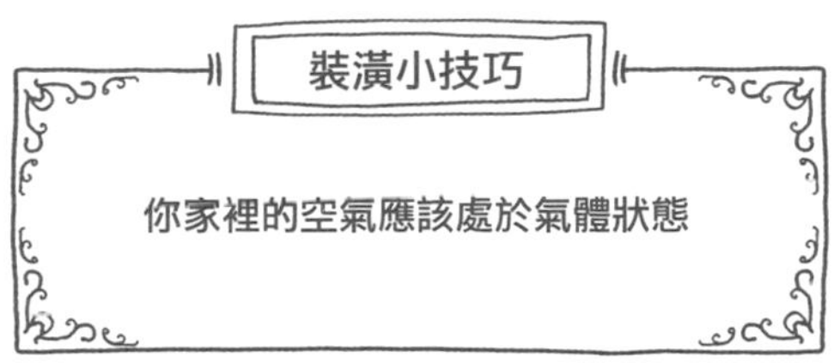

裝潢小技巧
你家裡的空氣應該處於氣體狀態

超冷材質最大的危害之一是：它們常常不想要保持超冷狀態。當液態氮或乾冰升溫變成氣體時，它們會膨脹許多，往往把房間裡的普通空氣統統排擠出去。一桶液態氮變成的氮氣可能足以充滿房間，如果你呼吸的是氧氣，那可就不妙了。

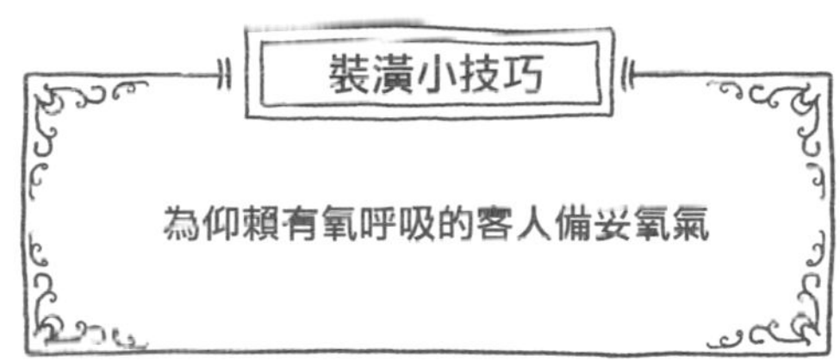

裝潢小技巧
為仰賴有氧呼吸的客人備妥氧氣

幸好，鐵在室溫下是固態，所以不用擔心你的鐵冰塊會變成氣體。只要避免接觸它，避免鐵冰塊表面上的任何氧氣接觸到易燃物，並且穿上大衣，你大概會沒事。

你決定不想要鐵冰塊了

加熱鐵冰塊需要超級長的時間。它會在超低溫狀態下擺在那裡好幾天，吸收房間裡的熱量，同時依然冷到足以凍結空氣。即使打開窗戶、把暖爐開到最大，以便盡量保持周圍空氣暖和，鐵冰塊也需要至少一週的時間才能升溫到接近室溫。

為了加快過程，你可以試著在鐵冰塊周圍放十幾台電暖器（請找個電工幫忙，不然你會把家裡所有的保險絲燒斷），但還是要花幾天的時間才能使它升溫。

如果你希望鐵冰塊更快解凍，可以試著把水倒在鐵冰塊上。水會立刻變成冰，你可以鏟掉這些冰，讓水的熱量留一些在鐵中。你可能會用掉滿滿好幾浴缸的水，但用這種方法可以讓鐵冰塊更快達到理想的溫度。

一旦鐵達到室溫，就會成為你家裡的另一樣擺設。希望你喜歡它擺的位置——如果不喜歡，考慮到重達 8 噸的光滑鐵塊有多難搬，倒不如你搬家還比較容易。

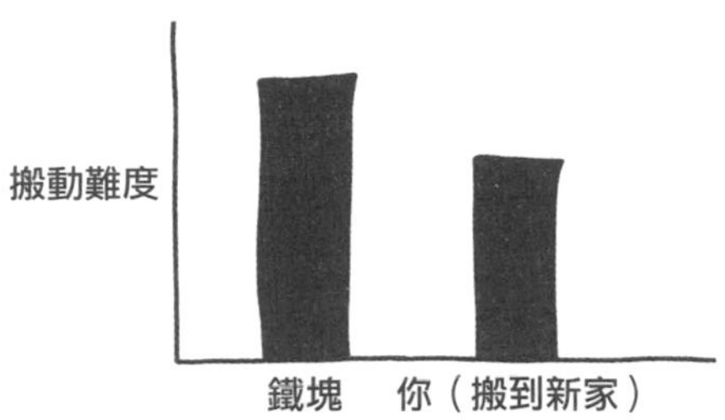

如果你不想搬家，而且正在想別的辦法弄走鐵塊，你可以乾脆給鐵塊加更多熱。

想知道如果這樣做會怎樣，請翻到下一章。

4. 鐵的汽化

Q

如果我們在地球上讓固態的鐵塊變成氣體，那會怎樣？

——庫珀．C（Cooper C.）

看來你已經決定了，要在你家後院讓一立方公尺的鐵塊變成氣體。

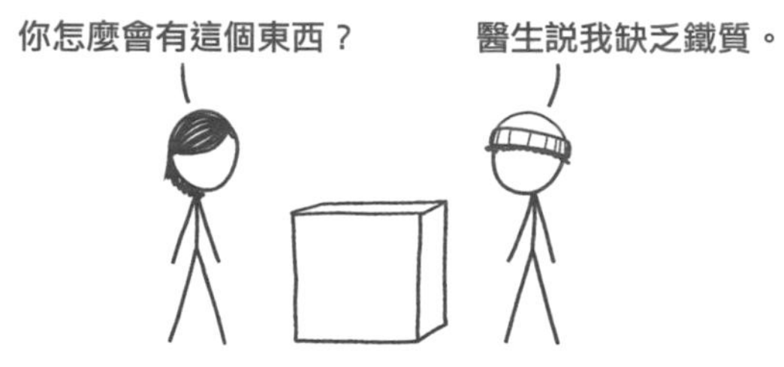

鐵和其他任何東西一樣可能沸騰和蒸發，但由於鐵的沸點非常高（大約 3,000℃），所以你在日常生活中不太看得到鐵沸騰。

要把水煮沸，就把水放在鍋子裡，加熱鍋子，直到水達到 100℃。把鐵煮沸比較麻煩，因為鍋子要用什麼東西做呢？大多數金屬的熔點都低於鐵的沸點，所以不能用它們來裝沸騰的鐵——它們會在鐵開始悶煮之前就熔化了。

有幾種物質在略高於鐵的沸點時保持固態，像是鎢、鉭或碳，但用它們來裝沸騰的鐵要很小心。使鐵沸騰的同時又要保持容器低於本身的熔點，實際上很難辦得到，而且還有化學上的問題，鐵的化學性質很麻煩，一旦熔化，很容易和容器產生反應、形成合金。

在現實生活中，當人們想要使鐵汽化時，* 通常不會把它放在熱源上。他們會用電磁場感應加熱法來加熱鐵，或是用電子束每次讓鐵汽化一點點。電子束有個好處，就是可以利用磁場使電子束轉彎，好讓真正刺激而危險的事情發生在你那精密設備上的鐵的另一側。

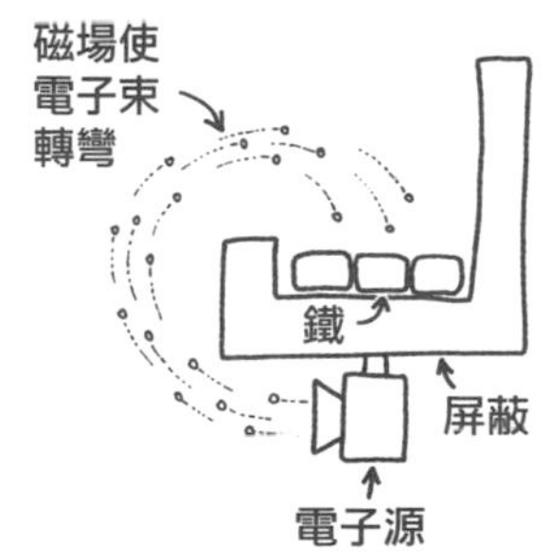

*　鐵蒸氣通常用在金屬電鍍上，但有時候人們可能不懷好意。

你應該確保自己站在設備「屏蔽」那一側，因為鐵汽化的那一側會飛出大量的高能粒子。對於科學設備來說，「站在物理作用發生處的另一側」真是至理名言。

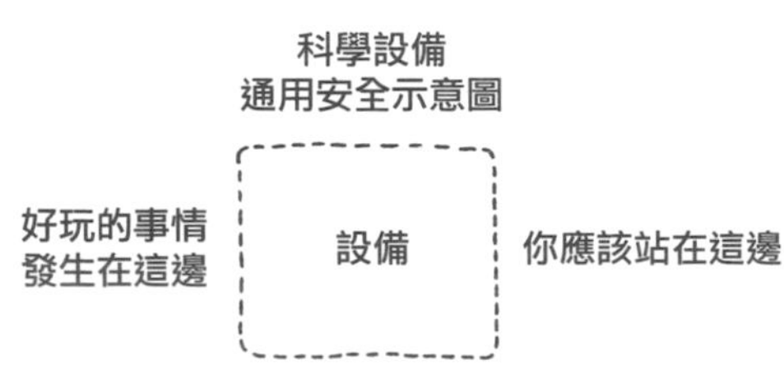

一旦你打造了使鐵汽化的設備，你會想要站遠一點，因為使 1 立方公尺的鐵塊汽化需要大約 600 億焦耳的能量。如果你在三個小時的過程中使鐵汽化，你的設備產生的總熱量輸出差不多等於一場「火燒厝」。*

但你的問題並不是我們能否辦得到，而是會有什麼影響，這題的答案很簡單：你的房子和院子會著火。然後消防隊會出現，很多人會生你的氣。

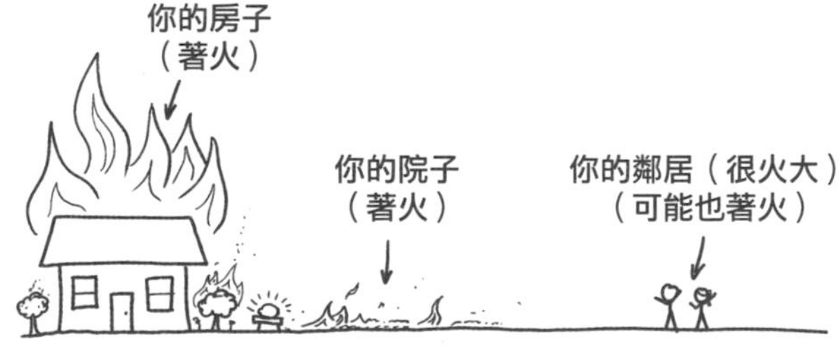

* 如果你在你家旁邊進行這項實驗，你可能會發現，產生的熱量是兩場「火燒厝」。

對大氣的影響比較有意思。你會把 8 噸的鐵煙釋放到大氣中——這樣會對你的周圍環境造成什麼影響？

對整個大氣不會產生太大的影響。空氣中已經有很多鐵了，其中大部分是「風塵」的形式。人類活動（主要是燃燒化石燃料）也將大量的鐵注入空氣中。根據 2009 年馬霍瓦德（Natalie Mahowald）等人的研究估計，在使你那 8 噸鐵塊汽化的三個小時過程中，沙漠風會將 30,000 噸鐵吹到空氣中，工業設備又會另外增加 1,000 噸。

在你的實驗期間，大氣中增加的鐵

風占了
30,000 噸

工業占了
1,000 噸

你占了
8噸

8 噸鐵可能影響不了整個地球，但你的鄰居呢？除了消防車，住在你家下風處的人會注意到什麼？他們會不會一覺醒來發現每樣東西都有金屬鍍層？

為了回答這些問題，我聯繫了2009年那項研究的主要作者馬霍瓦德博士，她是大氣金屬傳輸專家。

馬霍瓦德博士解釋道，當你釋放出一團鐵蒸氣時，鐵迅速與空氣中的氧氣反應，凝結成氧化鐵粒子。「氧化鐵粒子對空氣品質來說並不是特別有害，」她說，不過如果多了，肯定對肺部有害。不見得是因為氧化鐵有什麼特性——只不過，肺是專門用來呼吸空氣的。

肺應該是用來呼吸空氣的。
除了空氣，其他可以呼吸的東西
對你有好處的並不多。

最後，空氣中的氧化鐵粒子會在你家的下風處沉降下來，但不見得會造成什麼嚴重的問題。「它們大概不會殺死任何東西，」馬霍瓦德博士說。「陸地上已經有很多鐵了。」她補充說，但如果夠多的話，可能會掩蓋植被，像是火山爆發下風處的火山灰層一樣。你的鄰居可能會不高興，因為他們不得不刷洗車子。

馬霍瓦德博士說，汽化的鐵會吸收少量陽光，並以熱量的形式輻射出來，進而對氣候變遷有所貢獻。但大氣中的鐵也有助於減緩氣候變遷，藉由給海洋「施肥」促進藻類的生長，這些藻類可以去除大氣中的二氧化碳。1988 年，海洋學家馬丁（John Martin）曾說過這句名言（用他那超級大壞蛋的嗓音）：「給我半艘油輪的鐵，我就能給你冰河期。」

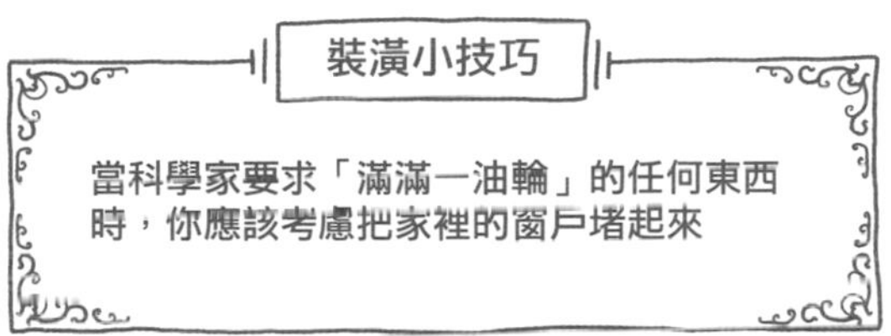

裝潢小技巧
當科學家要求「滿滿一油輪」的任何東西時，你應該考慮把家裡的窗戶堵起來

馬丁博士從未成為超級大反派，〔誰說的？〕也從未嘗試這項計畫，但能否奏效令人懷疑。進一步的研究顯示，想要去除空氣中的碳，將鐵倒入海洋可能不是有效的方法，對於「想要引發冰河期」的超級壞蛋和「想要遏止全球暖化」的超級英雄來說，這有點令人失望。

不過，如果你真的有一大塊鐵和使鐵汽化的方法，而且你真的討厭你的房子、院子，還有你家下風處鄰居的花園，那麼我要告訴你一些好消息。

「你的鄰居會有多生氣」（以位置區分）

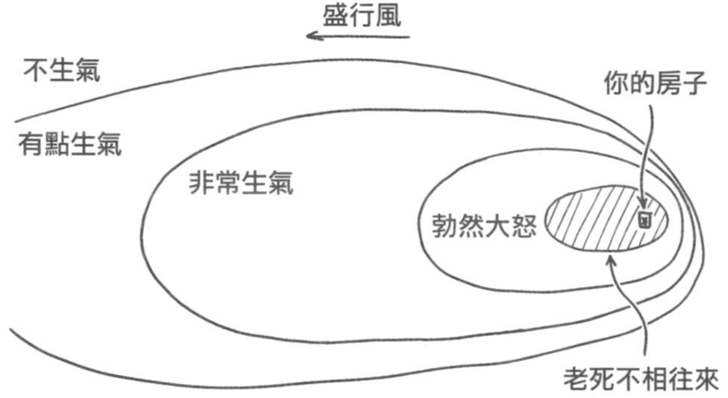

5. 宇宙公路旅行

Q

如果宇宙現在停止膨脹，人類開車一路開到宇宙的邊緣要花多久的時間？

——山姆 H-H（Sam H-H）

可觀測宇宙的邊緣約在 440,000,000,000,000,000,000,000 公里以外。

如果你是以每小時 104 公里的速度開車穩定行駛，也就需要 480,000,000,000,000,000 年（亦即 4.8×10^{17}）才到得了，或是目前宇宙年齡的 3,500 萬倍那麼久。

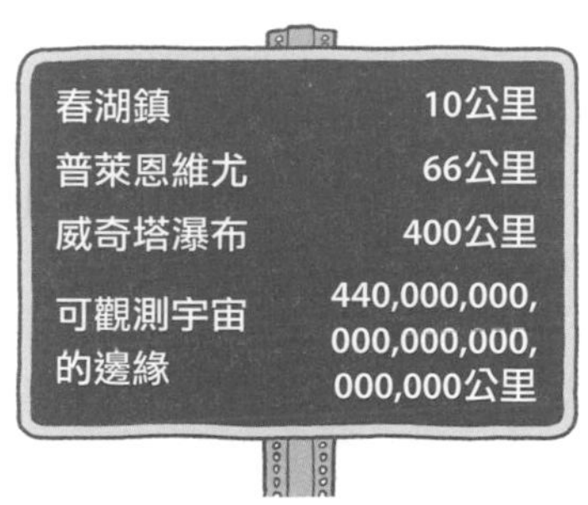

春湖鎮 10公里
普萊恩維尤 66公里
威奇塔瀑布 400公里
可觀測宇宙的邊緣 440,000,000,000,000,000,000,000公里

這將是一趟危險的公路旅行。我指的不是因為太空什麼的（我們要擔心的不是那些），而是因為開車本身非常危險。在美國，普通的中年司機大約每行駛 1.6 億公里會遭受一次致命車禍。如果有人在太陽系以外建造高速公路，大多數的司機恐怕沒辦法順利通過小行星帶。卡車司機習慣在高速公路上長途行駛，他們的「每公里車禍率」比普通司機來得低，但他們還是不太可能到達木星。

根據美國的車禍率，一名司機行駛 460 億光年而不發生車禍的機率大約是 $10^{10^{15}}$ ）分之一，這和「一隻猴子用打字機把整個國會圖書館的書一連打字五十次都沒有打錯字」的機率差不多。你會想要一輛自動駕駛車，或至少車上裝有警報器，萬一偏離車道它就會警告你。

這趟旅行會消耗大量的燃料。若以每公升行駛 14 公里來估算，會用掉「大小有如月球的汽油球體」才能到達宇宙的邊緣。*

* 截至 2021 年為止，美國太空總署的新視野號太空船已經飛行了大約 80 億公里，預算約為 8.5 億美元，相當於每公里 11 美分，差不多等於公路旅行的汽油及零食花費。

你會更換大約 30 萬兆次機油，用來裝機油的容器體積相當於北冰洋。*

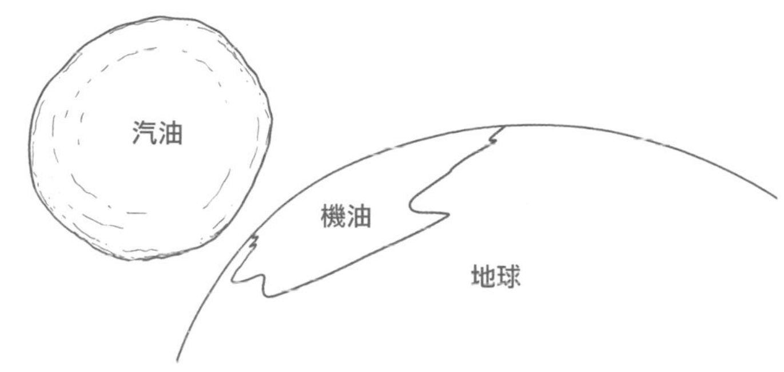

你還需要 10^{17} 噸的零食。希望路上有很多「星系際休息站」，不然你的行李箱會非常滿。

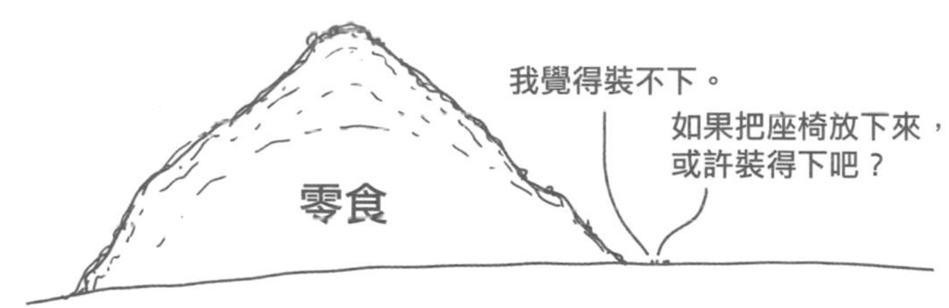

這趟車程會非常久，而且風景不會有太大的變化。肉眼可見的恆星在你離開銀河系之前多半會燃燒殆盡。如果你希望遇到室溫恆星（想知道那會是什麼樣子，請翻閱第 63 章），建議你規劃

---

* 有個古老的建議說，每 5,000 公里需要更換一次機油，但大多數的汽車專家都認為這是迷思，因為新型汽油引擎可以讓更換機油之間的里程數提高至兩、三倍。

一條會經過克卜勒 -1606 的路線。這顆恆星距離我們 2,800 光年，所以當你在 300 億年後開車經過它時，它將會冷卻到舒適的室溫。現在它有一顆行星，不過等你到達那裡時，它大概已經吞噬那顆行星了。

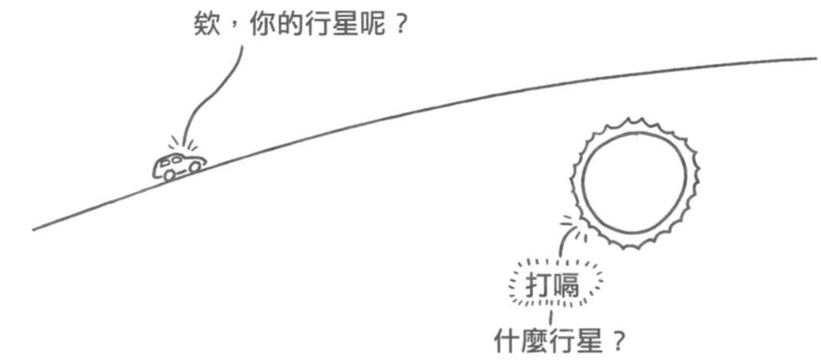

一旦恆星燃燒殆盡，你只好尋找新的娛樂來源。即使你帶了「有錄音以來」全部的有聲書和所有播客（podcast）的每一集節目，還是連太陽系的邊緣也撐不到。

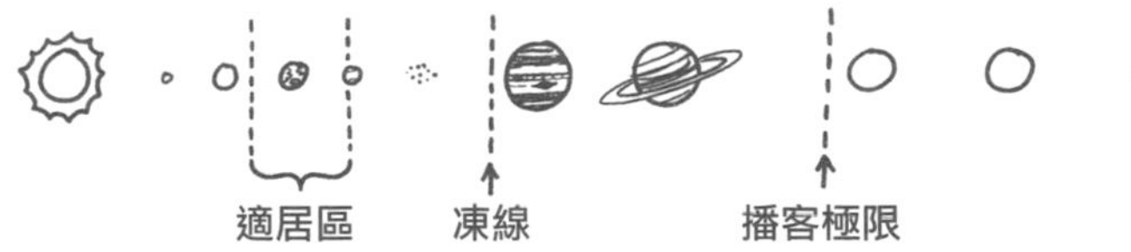

人類學家鄧巴（Robin Dunbar）提出知名的鄧巴數：一般人維持的社交關係大約有 150 種。曾經活著的人類總數超過 1,000 億。10^{17} 年的公路旅行實在有夠長，足以用正常速度重播每一個人的生活（像是未經剪輯的紀錄片），再把這些紀錄片的每一部重看 150 次，每次都有不同的人在影片裡加注旁白，而擔任旁白的正是最了解主角的那 150 人。

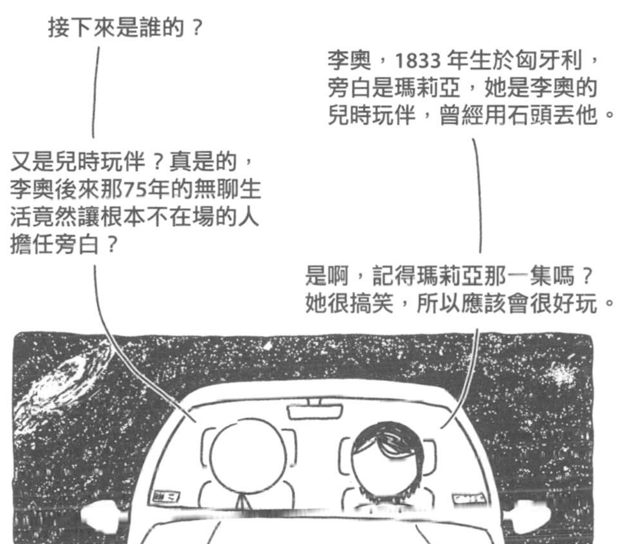

等你看完這一整套人類視角紀錄片，宇宙邊緣之旅的路程才走了不到 1%，所以在你終於到達之前，還有很多時間可以把這整個追劇計畫（看完每個人一生紀錄片的 150 種旁白版本）再重追 100 遍。

一旦到達可觀測宇宙的邊緣，你可以再花 4.8×10^{17} 年的時間開車回家，但是因為沒有地球可以返回了（只剩下黑洞和恆星的冰殼），你也可以繼續往前開。

據我們所知，可觀測宇宙的邊緣並不是實際宇宙的邊緣。那只是我們所能看到的最遠的地方，因為來自更遙遠太空的光還來不及到達我們這裡。沒有理由認為太空本身的盡頭就在那個特定的地方，不過我們也不知道盡頭會再遠到哪裡去。可能永無止盡。可觀測宇宙的邊緣不是太空的邊緣，而是地圖的邊緣。我們沒辦法確定過了邊緣後，你會發現什麼。

能確定的是：要記得多帶些零食。

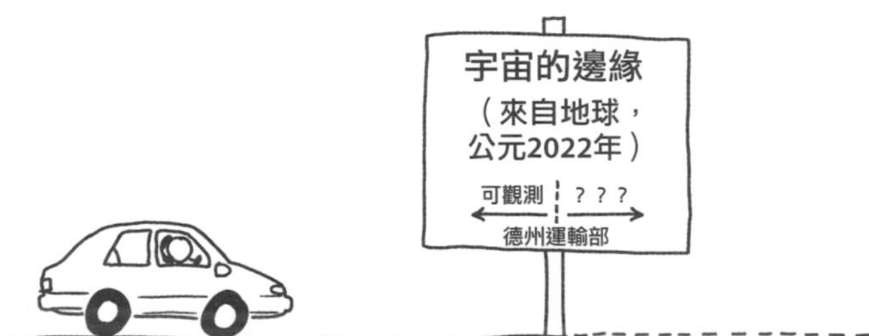

6. 飛鴿椅

Q

需要多少隻鴿子，才能拉著「坐在發射椅上的人」向上飛到澳洲 Q1 大廈那麼高的地方？

—— 尼克・伊凡斯（Nick Evans）

A 信不信由你，科學可以回答這個問題。

2013 年的一項研究中，南京航空航天大學的研究人員訓練穿著載重背帶的鴿子飛到高處的棲木。他們在研究中發現，普通鴿子可以載重 124 克起飛、向上飛行，那大約是鴿子體重的 25%。

研究人員確認，如果將重物吊掛在鴿子的身體下方，而不是背負在牠們的背上，牠們會飛得更好，所以你可能會想要讓鴿子從上方拉抬你的椅子，而不是從下方拱上去。

假設椅子和背帶重 5 公斤，你的體重 65 公斤。如果用的是 2013 年研究中的鴿子，大約需要 600 隻鴿子才能拉著你連人帶椅向上飛。

不幸的是，負重飛行很費力。2013 年研究中的鴿子能夠載重向上飛到 1.4 公尺高的棲木，但牠們恐怕沒辦法飛得更高了。即使是無載重的鴿子使盡全力垂直飛行，也只能維持幾秒鐘。1965 年的一項研究測量出無載重鴿子的爬升率為每秒 2.5 公尺，* 因此即使我們很樂觀，看來鴿子不太可能拉著你連人帶椅向上飛超過 5 公尺。†

---

* 以下是 1965 年那項研究的作者潘尼奎克（C. J. Pennycuick）和帕克（G. A. Parker）描述測量鴿子垂直飛行速率的方法：「在實驗室的平坦屋頂上，107 公分的高牆環繞著屋頂上的空地，牆角有幾隻馴服的鴿子，研究人員用手餵食牠們。電影攝影機設置在牆頂的高度，對準牆角。攝影機啟動時，助理衝向鴿子，迫使鴿子近乎垂直的向上飛，以便飛越高牆。」我很喜歡描述研究方法的章節。

† 根據 2010 年伯格（Angela M. Berg）等人的研究，鴿子的起飛加速大約有 25% 來自於「用腿推開」。由於牠們起飛要向下踢，牠們的翅膀有更多的工作要做，使得這些估計在原本已經很樂觀的情況下更加樂觀。

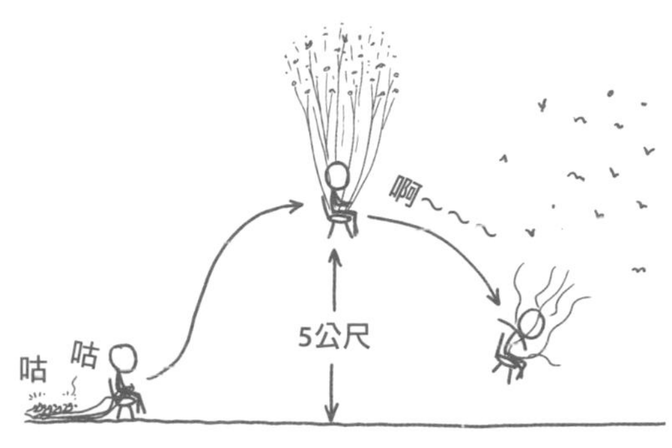

你可能覺得沒問題。如果600隻鴿子可以拉著你飛最初的5公尺，那你只需要多帶600隻就好了（就像第二節火箭一樣），第一批鴿子累了的時候，第二批可以再帶你飛5公尺。之後的5公尺再多帶600隻，依此類推。Q1大廈高322公尺，所以大約40,000隻鴿子應該能夠讓你登頂，對吧？

不對，這個想法有一個問題。

這個想法有一個問題。
只有一個嗎？太好了！

由於一隻鴿子只能承載本身體重的四分之一，因此需要四隻「在飛」的鴿子才能承載一隻「不飛」的鴿子。意思是每一「節」

需要的鴿子數量是前一節的至少四倍。拉抬一個人可能只需要 600 隻鴿子，但拉抬一個人和 600 隻不飛的鴿子需要再多 3,000 隻鴿子。

這種指數級的增加意味著，9 節「鴿子飛行器」（能夠拉著你飛 45 公尺）會需要將近 3 億隻鴿子，大約相當於全球的鴿子總數。到達大廈的一半高度需要 1.6×10^{25} 隻鴿子，重量約為 8×10^{24} 公斤——比地球本身還重。這時候，鴿子不會被地球的重力拉下來，而是地球會被鴿子的重力拉上去。

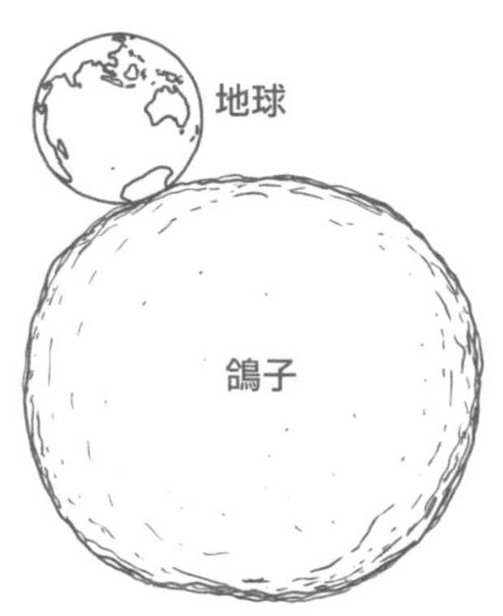

到達 Q1 大廈頂端需要 65 節「鴿子飛行器」，整個重達 3.5×10^{46} 公斤。這不僅數量比地球上現有的鴿子還多，甚至質量比銀河系還大。

比較好的方法可能是不要隨身帶著鴿子。反正鴿子可以自己飛上去大廈頂端，所以還不如讓牠們先去那裡等你，而不是讓牠們的朋友帶著牠們和你一起飛上去。如果你可以好好訓練牠們，還可以讓牠們在適當的高度滑翔，然後當你到達牠們的高度時，抓住你、拉著你向上飛幾秒鐘。別忘了，鴿子無法用腳抓帶東西，所以牠們需要穿上背帶，用航空母艦式的小鉤子來攔截你。

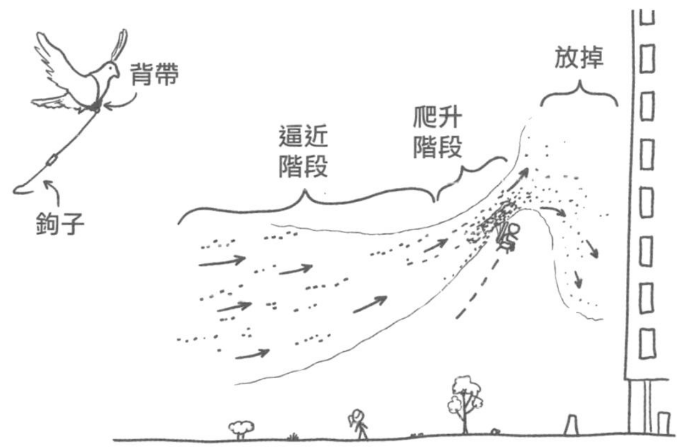

有了這樣的安排，或許只要幾萬隻訓練有素的鴿子就能讓你飛到大廈頂端。你或許應該準備好某種安全系統，免得每次獵鷹飛過嚇到鴿子時，害自己慘遭不測。

鴿子飛行器不僅比電梯更危險，而且更難選擇目的地。你可能打算登上 Q1 大廈頂端，可你一旦起飛……

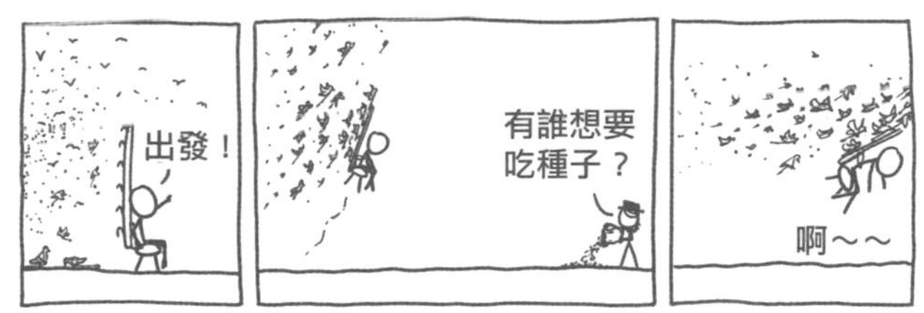

……任何人只要有一包種子，你的小命就完全掌握在他的手上。

簡答題 #1

Q 如果你的血液變成液態鈾，那會怎樣？你會死於輻射、缺氧，還是別的原因？

——湯瑪士・查塔威（Thomas Chattaway）

你可能會死於醫學上所謂的
「全身無血且充滿熔融鈾症候群」，
簡稱傑夫病。
唉，可憐的傑夫*。

---

* 譯注：傑夫・克倫達（Jeff Klenda）是 Ur-Energy 鈾礦公司的董事長兼執行長。

Q 有人可以像日本動畫片那樣，用空氣造劍來打鬥嗎？我說的不是空氣刀刃，而是「讓空氣冷卻、冷到可以拿固態空氣來打鬥」之類的東西。

——來自曼哈頓的艾瑪（Emma）

當然可以。這會需要一整個房間的空氣，但是你辦得到。

固態氧的研究顯示，它的機能類似軟塑膠，變冷時會變硬一點。所以如果你用氧來造劍會不太堅硬、很難磨利，而且你的手很快就會凍傷。氮的熔點稍微高一點，也好不到哪裡去。但是你辦得到。

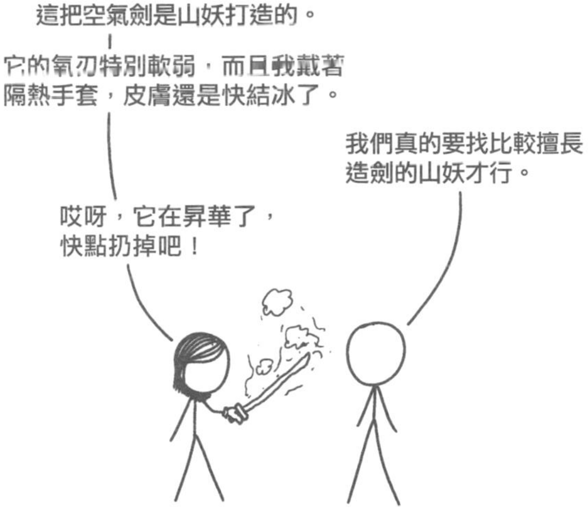

這把空氣劍是山妖打造的。
它的氧刃特別軟弱，而且我戴著隔熱手套，皮膚還是快結冰了。
我們真的要找比較擅長造劍的山妖才行。
哎呀，它在昇華了，快點扔掉吧！

Q 你需要喝多少水，才能變成 99% 是水？

——萊拉（LyraxH）

$$\frac{\text{新的水}+\text{身體的水}}{\text{不是水的身體}}=\frac{99}{1}$$

$$\text{新的水}=\frac{99}{1}\times(\text{不是水的身體})-\text{水}$$

$$=\frac{99}{1}\times\left(1-\frac{70}{100}\right)\times 65\text{ 公升}-\frac{70}{100}\times 65\text{ 公升}$$

$$=29\times 65\text{公升}$$

$$\approx 1900\text{ 公升}\approx 500\text{ 加侖}$$

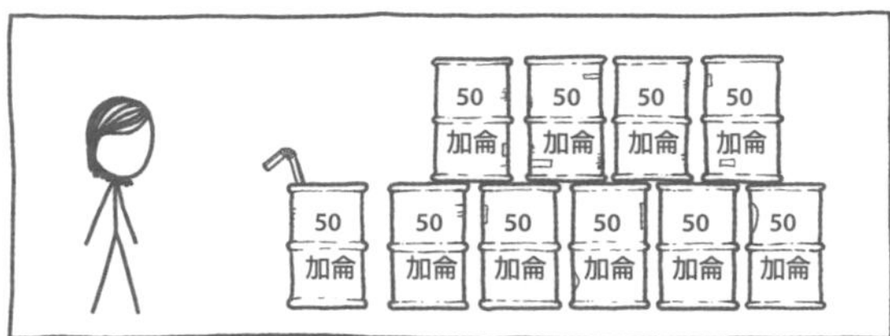

要喝這麼多水！

Q 如果我們把重量很輕的相機綁在氣球上，讓它飛走，我們會看到什麼？

——雷蒙・彭（Raymond Peng）

Q 瑪利歐一天消耗多少卡路里？

——丹尼爾和澤維爾．霍夫利（daniel and xavier hovley）

超級瑪利歐兄弟裡的蘑菇：	56
一個中型蘑菇的卡路里：	5
可用總卡路里：	280
超級瑪利歐兄弟推出日期：	1985年9月13日
有蘑菇的下一代瑪利歐遊戲推出日期：	1986年6月3日
間隔：	263天
每天的卡路里：	1.1

結論

瑪利歐在1985年底死於飢餓。

Q 如果蛇張大下顎吞掉整顆氣球，氣球可以／會把蛇帶上天空嗎？

——弗力札丘（Freezachu）

Q 如果你利用跳傘裝備，在紐約市上空從飛行速率 880980 馬赫*、離地 30,000 公尺高的飛機上跳下來，你活得了嗎？

——傑克．卡頓（Jack Catten）

---

* 編注：880980 馬赫約 99.99% 光速。

> **Q** 如果地球上沒有水，我們活得了嗎？
>
> ——凱倫（Karen）

在這兩種情境下都活不了。

情境	存活機率
相對論跳傘	0.0%
水統統不見了	0.0%

> **Q** 有可能自製噴射背包嗎？
>
> ——阿扎里・扎迪爾（Azhari Zadil）

製造可使用一次的噴射背包相當容易。使用兩次或更多次就難多了。

相對容易

難多了

Q 我想知道，有沒有辦法拿我的焊接機當成電擊器來使用？（我擁有的型號是 Impax IM-ARC140 弧焊接機。）

——魯卡茲．格拉博斯基（Łukasz Grabowski），英國蘭卡斯特

你絕對不應該拿你的弧焊接機當成電擊器來使用，看完你的問題，老實說，我認為你也不許拿它當成弧焊接機來使用。

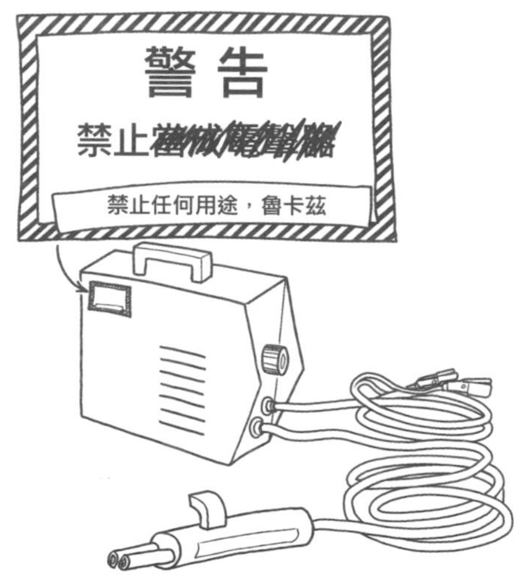

Q 如果地球上所有的原子都膨脹成葡萄那麼大，那會怎樣？我們活得了嗎？

——賈斯珀（Jasper）

我不太確定如何用科學回答這個問題，但我現在很想來點葡萄。

7. 霸王龍卡路里

Q

如果霸王龍在紐約市橫行，為了獲得所需攝取的卡路里，牠每天要吃多少人？

——T．史密茲（T. Schmitz）

大約半個成人，或一個十歲的小孩。

糟糕，我昨天忘記吃一個。可以吃兩個嗎？

霸王龍和大象的體重差不多。*

---

* 這對我來說總是不太對勁；我對大象的印象是，牠們的體型和汽車或卡車不相上下，而霸王龍像電影《侏羅紀公園》演的那樣，大到可以踩扁汽車。但是用谷歌搜尋圖片「車子＋大象」，卻出現大象赫然聳立在汽車上，就像《侏羅紀公園》裡的霸王龍一樣。這下可好，現在我也怕大象了。

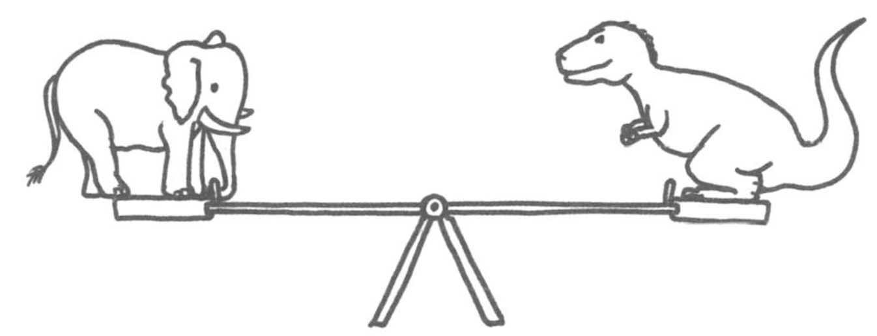

沒有人確知恐龍的代謝是什麼樣子，但霸王龍每天吃多少食物，最佳猜測似乎落在 40,000 卡路里左右。

如果我們假設恐龍的代謝類似如今的哺乳動物，那牠們每天攝取的熱量會遠超過 40,000 卡路里。但目前的想法是，雖然恐龍比現代的蛇和蜥蜴更活躍（簡單說就是「溫血動物」），但超大型恐龍的代謝可能比較類似科摩多巨蜥，比較不像大象和老虎。*

接下來，我們需要知道人身上有多少卡路里。這個數字是由恐龍漫畫作家諾斯（Ryan North）提供的，他製作的 T 恤上有人體營養標示。根據諾斯的 T 恤，80 公斤重的人大約含有 110,000 卡路里的熱量，因此霸王龍需要每兩天左右吃掉一個人。†

紐約市在 2018 年有 115,000 人出生，這些人可以養活大約 350 隻霸王龍。不過，這沒有考慮到移民——更重要的是，在這種情況下，人口外移可能會大幅增加。

---

* 對於大型蜥腳類動物來說，我們知道一定是這樣，因為如果牠們的代謝作用類似哺乳動物，牠們就會過熱。無論如何，體型大如霸王龍的恐龍還有很多不確定的地方。

† 霸王龍可能會一餐吃掉幾天到幾週的食物，所以如果可以選擇，牠可能會一次吃掉一群人，然後一段時間不吃東西。

我想搬出布魯克林。
房租這麼高，
而且大家都會被霸王龍吃掉。

全球 39,000 家麥當勞餐廳每年售出大約 180 億個漢堡，* 每家餐廳每天平均售出 1,250 個漢堡。這 1,250 個漢堡含有大約 600,000 卡路里，也就是說，每隻霸王龍每天只需要大約 80 個漢堡就可以活下去，而一家麥當勞餐廳光靠漢堡就可以養活十幾隻霸王龍。

~~賣出超過990億份~~
~~賣出數千億份~~
15隻霸王龍住在這裡

* 他們在 1990 年代中期停止更新招牌上的「賣出 X 億份」數字，所以這只是粗略的估計。

如果你住在紐約，看到霸王龍便不用擔心。你不必選擇犧牲某個朋友，只要訂購 80 個漢堡就行了。

萬一霸王龍寧可吃掉你的朋友，不管怎樣，嘿嘿，你有 80 個漢堡。

反正，或許那個朋友只是泛泛之交。

8. 間歇泉

Q

如果有人站在黃石國家公園的老忠實間歇泉頂端，被噴泉水向上沖的速率會有多快？他們可能會受到什麼樣的傷害？

——凱瑟琳．麥格拉絲（Catherine McGrath）

你不會是第一個遭到老忠實間歇泉嚴重燙傷的人，不過，你可能是第一個死於間歇泉爆發的人。

公園歷史學家惠特勒西（Lee H. Whittlesey）編寫的《黃石之死》（*Death in Yellowstone*）一書，記錄了發生於黃石國家公園的致命事件與意外事故，其中並沒有提到「間歇泉噴射水流」本身造成的任何死亡案例。因為間歇泉噴發而燙傷者時有所聞，包括 1901 年跌進老忠實噴泉口幸運獲救的德國外科醫生，但並沒有因為間歇泉爆發而死亡的案例紀錄。

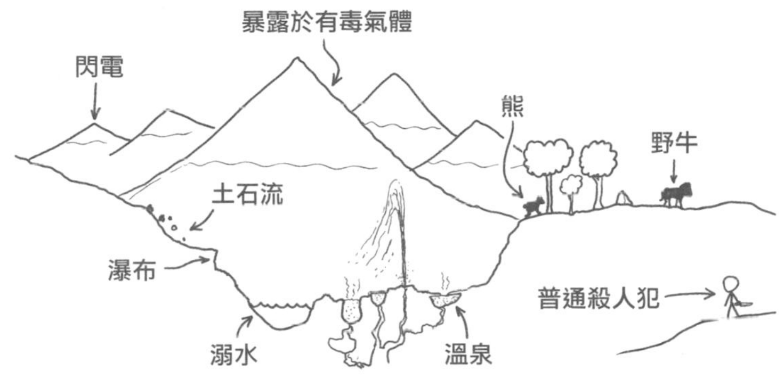

不過，雖然《黃石之死》沒有提到任何「間歇泉噴射水流」本身造成的死亡案例，卻記載了不少發生在附近的意外事件。很多時候，地熱活躍地區的沸水池會覆蓋著一層薄而脆弱的礦物外殼。在間歇泉附近走動的人常常踏破薄殼而慘遭不測。*

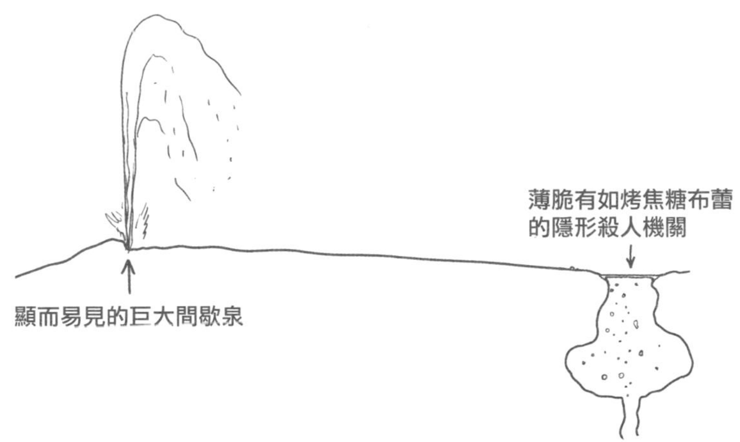

---

* 1905 年的一場意外中，苦主跌進間歇泉時正在筆記本上寫筆記，這讓我感同身受。我非常確定我也會那樣。

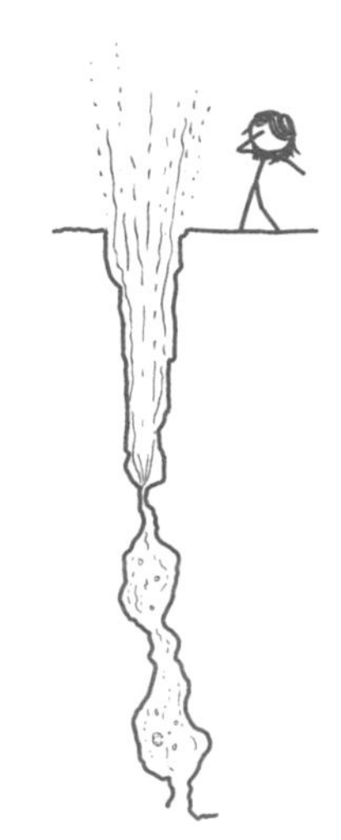

間歇泉噴發時，如果你真的有辦法在站在上面，這種經驗恐怕不會好玩。老忠實噴發時，每秒噴射出大約半噸的水。這道噴射水柱是水滴、空氣和蒸汽的混合物，密度相當於一包棉球，噴速很快（從地面噴出時大約是每秒70 公尺），因此具有相當於「高速公路車流」的動量。

間歇泉有點像是倒栽蔥的火箭。如果你用計算火箭引擎的方法計算老忠實的推力（將質量流量乘上速率），你會算出數千公斤重的作用力。這和戰鬥機彈射座椅的推力差不多，也就是說，其威力之大顯然足以將人發射到空中。

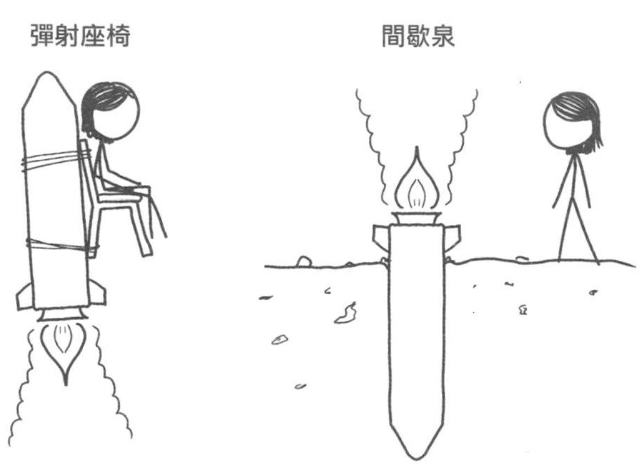

你的發射速率（以及飛上去的高度）主要取決於間歇泉噴射水柱如何撞擊你。「掃到噴泉尾」可能只會把你撞到一邊。如果你位在噴泉口正上方，盡可能擋住水柱，便可以獲得較大的上升推力。如果你拿著非常堅固的雨傘，原則上可以讓自己發射到數百公尺的高空，甚至比噴泉水柱本身還要高。即使你倖免於嚴重燙傷，著陸時恐怕必死無疑。

被黃石間歇泉燙傷的人數頗為驚人。在 1920 年代，每年約有一人被老忠實燙傷。和那些掉進沸水池的人不一樣，被間歇泉燙傷的人通常不是不小心誤闖危險地區的人。他們多半是在蒸汽口上方彎腰低頭想要 窺究竟的人。

我猜，我們有必要在清單中再多增加一項。

你不應該做的事情

（？？？？頁中的第3,647頁）

#156,812　吃洗衣膠囊球

#156,813　在雷雨中踩高蹺

#156,814　在加油站放煙火

#156,815　餵你的貓吃「與人類手部形狀質地」一模一樣的零食

#156,816　（新增！）在間歇泉噴口上方彎腰低頭想要一窺究竟

9. 咻！咻！咻！

Q

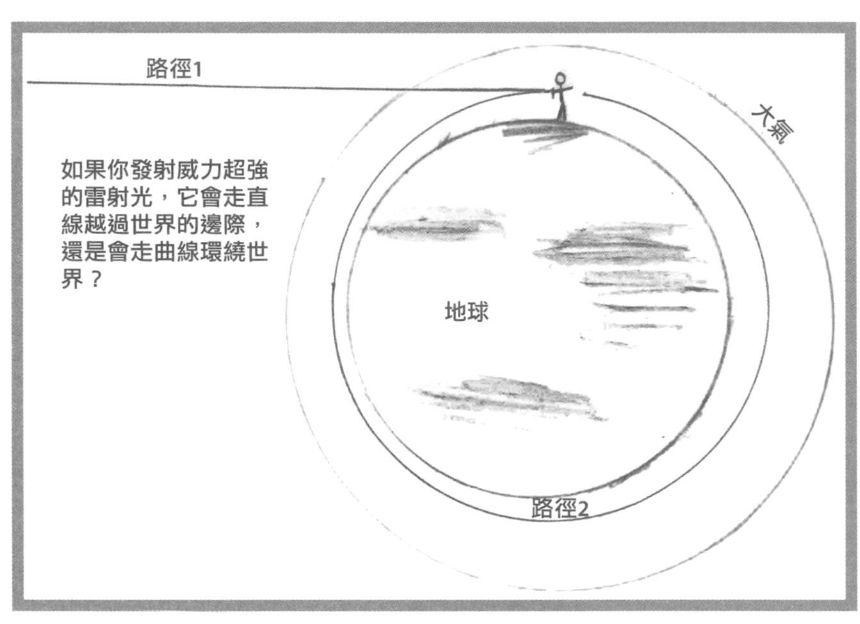

路徑1
大氣
如果你發射威力超強的雷射光，它會走直線越過世界的邊際，還是會走曲線環繞世界？
地球
路徑2

——Maelor（梅勒），11 歲

路徑 #1 是對的。光束會越過地球的邊際進入太空！大概吧。

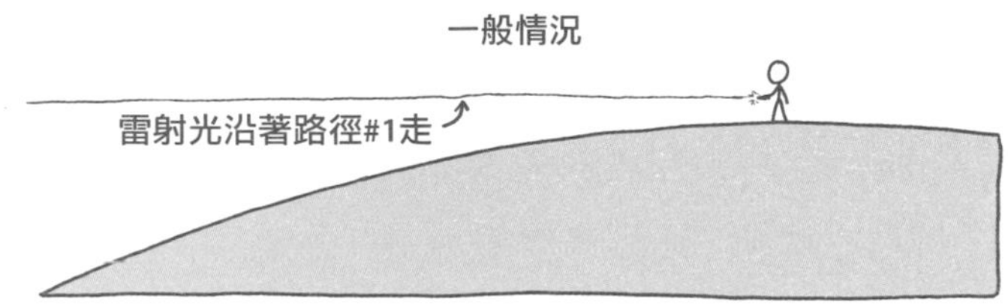

在幾種罕見的情況下，光束不會越過地球的邊際。如果大熱天時你站在海邊，在適當的時間和位置，你可以讓雷射光開始沿著路徑 #2 走。

光在大氣中不一定是走直線。空氣使光變慢，空氣密度愈大、光變得愈慢。當光束某一邊的空氣使光變得比另一邊更慢時，光就會偏往那個方向。

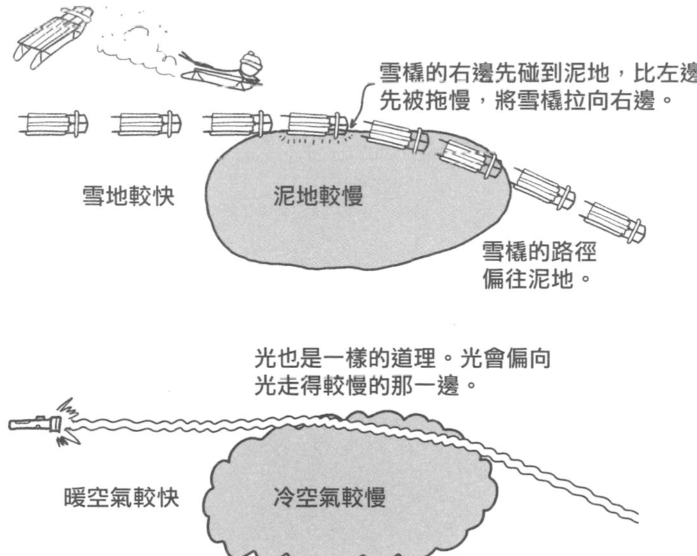

我把光的折射想像成雪橇從雪地（較快）滑到泥地（較慢）。
雪橇的右邊先碰到泥地，比左邊先被拖慢，將雪橇拉向右邊。
雪地較快
泥地較慢
雪橇的路徑偏往泥地。
光也是一樣的道理。光會偏向光走得較慢的那一邊。
暖空氣較快
冷空氣較慢

在大部分的大氣中，光都是略微向下彎曲，因為下方的空氣密度比上方的空氣密度大。*

在地面附近，你常會發現上下空氣層的溫差很大。在炎熱的艷陽天，地面可能很熱，使得靠近地面的空氣也變熱。這就是為什麼當你看著停車場時，偶爾會看到像是閃閃發光的水——海市蜃樓。海市蜃樓是天空的倒影；光從天空照下來，照到地表附近，然後向上彎曲照到你的眼睛，所以看起來像是從地面照過來。

如果你用雷射槍瞄準那片「水」，雷射光會向上彎曲射向天空。

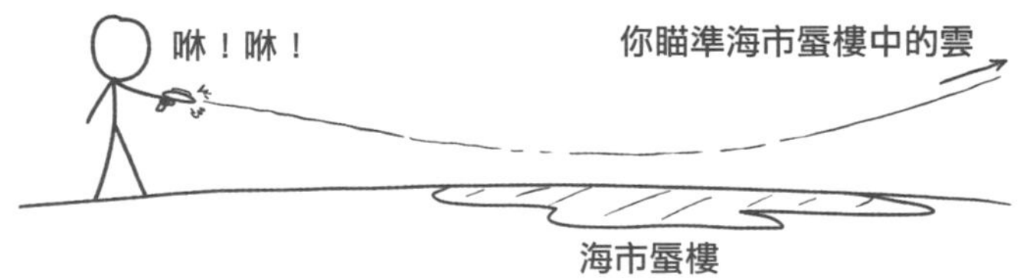

* 大氣也會使太陽光彎曲。日出時，當你看到太陽出現，事實上它還在地平線以下一點點。如果沒有大氣，就會看不到太陽。但是大氣使光線彎曲，讓你可以早一點點看到太陽。

如果你想要雷射光彎曲而不至於射向太空，你需要找「近地面空氣比上方的空氣冷」的地方。海洋上方正是這種情形：當熱空氣經過冷海水時，近海面的空氣會變冷（和停車場相反）。光線經過冷空氣會向下彎曲，有時候彎得很厲害。

當你看著水面時，偶爾會看到陸地和水飄浮在水面上，因為光的折射路徑很有意思。這些閃閃發光的土地和建築物飄浮在地平線上，稱為仙女空中樓閣（Fata Morgana），因為人們覺得看起來像是女巫摩根勒菲（Morgan le Fay）* 的飄浮城堡，故而得名。

---

* 編注：亞瑟王傳奇中的女巫，原文 Morgan le Fay 意指摩根仙女。

† 編注：梅根勒菲（Megan Le Fey）是占星家，住在美國加州。

如果你想用雷射光射那個空中樓閣，直接瞄準它就好了。它其實不在那裡，但雷射光所走的路徑，和到達你眼睛的光線所走的路徑相同。飄浮在天空的東西是幻象，但幻象是光構成的。所以，如果你遇到某種可怕的虛幻魅影，只要記住這條很好用的光學守則：如果你看得到它，就可以用雷射光射它。

10. 閱讀每一本書

Q

人類歷史上，在哪個時間點有太多的（英文）書籍、多到一輩子也讀不完？

——格雷戈里・威爾莫特（Gregory Willmot）

這個問題很複雜。準確統計歷史上不同時期的現存書籍數量非常困難，幾乎是不可能的事情。比方說，埃及的亞歷山大圖書館慘遭燒毀時，損失了很多文本，* 但很難確定到底損失了多少文本，估計範圍從 40,000 本書到 532,800 卷不等。有些作家認為，這些數字左看右看都不可信。

研究人員布林格（Eltjo Buringh）和范贊登（Jan Luiten van Zanden）利用歷史書籍目錄，匯整了每個地區每年出版書籍（或手稿）數量的統計資料。根據他們的數據，在公元 1075 年左右，不列顛群島的「出版率」可能超過每天一份手稿。

1075 年出版的手稿，大部分都不是用英文寫的，甚至不是用當時流行的變體英文。1075 年，英國的文學作品基本上是用某種形式的拉丁文或法文寫的，就連坊間普遍說古英語的地區也是如此。

---

* 從另一個角度來看，許多埃及讀者說不定很高興，因為不用繳交逾期圖書罰款了。

《坎特伯里故事集》（*The Canterbury Tales*）寫於1300年代後期，在白話英語邁向成為文學語言的進程中，書中這些故事也有功勞。雖然故事基本上是用英文寫的，但在現代人眼裡根本看不懂：

「哭泣和哀嚎、憂慮和其他悔恨，
我知道得夠多了，在晚上和早晨，」
商人說，「還有其他許多
已經結婚的人。」*

（萬一我的高中英文老師正在讀這篇文章，別擔心，我只是開玩笑啦。我完全看得懂那段文字。）

即使我們知道每年有多少手稿出版，為了回答格雷戈里的問題，我們需要知道閱讀一篇手稿要花多久的時間。

與其試圖搞清楚損失的書籍和抄本總共有多長，還不如退後一步、把眼光放遠一點來看待事物。

寫作速度

托爾金（Tolkien）用11年的時間寫完《魔戒》（*The Lord of the Rings*），也就是說，他平均每天寫125字，或每分鐘不到0.085字。哈波．李（Harper Lee）用兩年半的時間寫出100,000字的《梅岡城故事》（*To Kill a Mockingbird*），平均每天100字，或每分鐘

---

* 編注：原文為 “Wepyng and waylyng, care and oother sorwe / I knowe ynogh, on even and a-morwe,” / Quod the Marchant, “and so doon other mo / That wedded been.”

0.075 字。由於《梅岡城故事》是她唯一出版的書，因此她的終生平均寫作速度為每分鐘 0.002 字，或每天約 3 字。

有些作家的速度快很多。作家特里亞多（Corín Tellado）在二十世紀中後期出版了數千部言情小說，等於每週交出一部書給她的出版商。在她職業生涯的大部分時間裡，她每年發表一百多萬字，終生的平均寫作速度大致是每分鐘 2 字。

可以合理假設，古今作家寫作速度的範圍差不多。你可能會指出，在鍵盤上打字的速度是用手寫稿的兩倍以上。不過，打字速度並不是作家的瓶頸。畢竟，以每分鐘 70 字的打字速度來說，打完《梅岡城故事》應該只需要 24 小時。

打字速度和寫作速度很不一樣，因為寫書的瓶頸在於我們的大腦組織、產生和編輯故事的速度有多快。長久以來，這種「講故事的速度」的變化，可能遠不如實際寫作速度的變化。

這給了我們更好的方法來估計書籍數量在什麼時候變得太多、多到讀不完。如果在世的一般作家一輩子所寫的字數介於哈波．李和特里亞多的字數之間，那他們一生中可能每分鐘產生 0.05 字。

普通人每分鐘可以閱讀 200 到 300 字。如果全世界的作家人數平均為 100,000 個活生生的哈波·李，或 200 個活生生的特里亞多，那你每天以每分鐘 300 字的速度閱讀 16 小時就可以跟上進度。

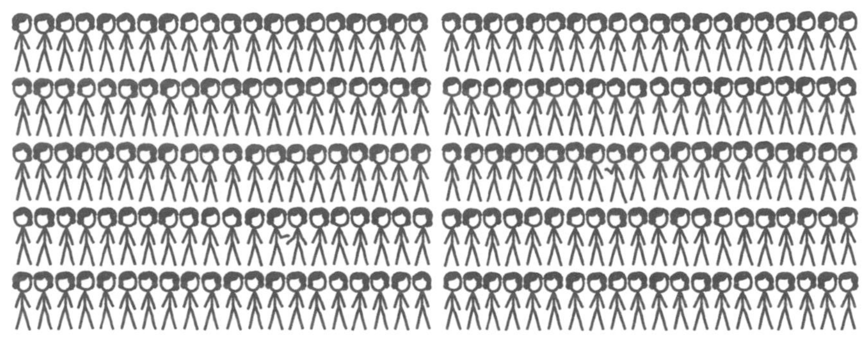

200個特里亞多

如果我們估計，作家在活躍期間每分鐘產生的字數介於 0.1 和 1 之間，則一個很認真的讀者或許有辦法跟上大約 500 到 1,000 個活躍的作家。格雷戈里的問題是：在哪一天有太多英文書、多到一輩子讀不完。答案是：在活躍的英文作家人數達到幾百人之前的某一天，那時候就再也跟不上了。

《種子》（*Seed*）雜誌估計，作家總人數在 1500 年左右達到幾百人之譜，之後便不斷的迅速增加。不久後，大約在莎士比亞時代，活躍的英文作家人數跨過了這個門檻值，而英文書籍總數超越終生閱讀極限的時間點，可能是在 1500 年代後期。

另一方面，其中有多少書是你會想要閱讀的？如果你上網站 goodreads.com/book/random，就會看到你即將閱讀的半隨機樣本。以下是我看到的書：

- 《全球化治理背景下的學校去中心化：國際上的基層反應比較》，作者：霍格・道恩（Holger Daun）
- 《闇龍紀元 II》，作者：大衛・蓋德（David Gaider）
- 《植被分析簡介：原理、實踐與詮釋》，作者：大衛・R・考斯頓（David R. Causton）
- 《AACN 重症護理要點袖珍手冊》，作者：瑪麗安・楚萊（Marianne Chulay）
- 《民族公義與民族罪惡：1856 年 11 月 20 日在紐約州威斯徹斯特郡南塞勒姆基督長老教會發表之演講內容》，作者：亞倫・拉德納・林茲利（Aaron Ladner Lindsley）
- 《禮堂魅影，雞皮疙瘩第 24 集》，作者：R・L・斯汀（R. L. Stine）
- 《高等法院 #153；債務人與債權人案例摘要——以沃倫為主》，作者：達娜・L・布拉特（Dana L. Blatt）
- 《突然沒時間了》，作者：埃米爾・加弗魯克（Emil Gaverluk）

到目前為止，我已經讀了……雞皮疙瘩那本書。

為了看完剩下的書，我可能需要找一些人來幫忙。

稀奇古怪且令人憂心的問題 #1

Q 蜜蜂或其他動物可能下地獄嗎？牠們可能殺死其他蜜蜂卻沒有遭到報應嗎？

—薩迪．金（Sadie Kim）

Q 需要多少面鏡子反射（太陽）光才能殺死某人（或至少受傷）？

—伊萊．科林吉（Eli Collinge）

魔鏡啊魔鏡，
我想請你幫個忙。

Q 如果你必須切除巨人的扁桃腺，最安全的做法是什麼？（外科醫生是普通人。）

——特爾薩（Tirzah），10 歲

嗨，我是個普通人。

我覺得……你不是。

Q 無人機需要用什麼方法才能擊下空軍一號？？？

——無名氏

喂，特勤局嗎？
對，又是我，
蘭德爾．門羅…

---

* 編注：魔王別西卜的英文為 Beel-Zebub，原文取雙關 Bee-LZebub。

11. 香蕉教堂

Q

全世界所有的教堂裝得下全世界所有的香蕉嗎？這個問題我的朋友們已經爭執十年多了。

——喬納斯（Jonas）

裝得下。

我們十年來的爭執總算可以罷休。
我們終於又可以當朋友了。

我們知道香蕉裝得下，原因很簡單，全世界的禮拜堂可能裝得下全世界的人，而且人們每年吃掉的香蕉不會超過自己的體重。

根據 2017 年皮尤研究中心（Pew Research survey）針對宗教儀式的調查，[*] 全世界有將近 30% 的人口為了宗教傳統而每週做禮拜。如果我們將做禮拜的所有空間都算成是「教堂」，調查結果認為，這些空間足以容納至少 20 億人。

一般來說，教堂和教室等建築物的每人平均占地面積介於 0.5 到 2.5 平方公尺之間。如果我們假設每人平均占用 1.5 平方公尺，其中大部分的人只有參加一種禮拜集會，那就代表禮拜場所占用大約 2,500 平方公里的地表面積。

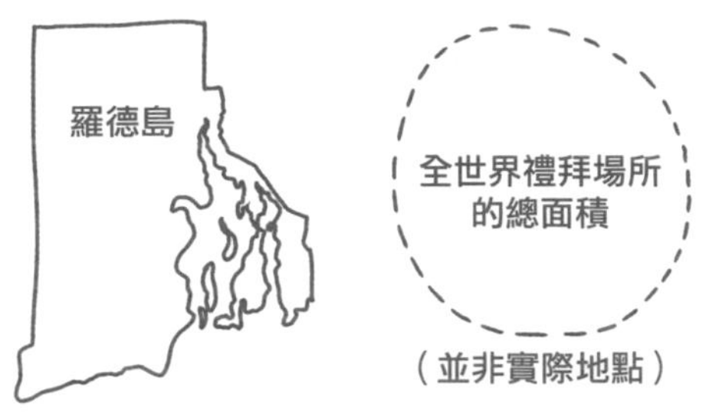

假設我們可以蒐集到一整年的香蕉供應量，大概是 1.2 億噸左右。香蕉裝箱的密度約為每立方公尺 300 公斤。想要知道它們裝進全世界的禮拜堂能裝多高，可以把香蕉的總體積除以我們估計的 2,500 平方公里：

$$\frac{1.2\text{ 億噸}}{300\text{ 公斤／立方公尺}}\ ／2{,}500\text{ 平方公里} = 16\text{ 公分}$$

* 有些國家未能進行調查，只好用猜測來填補缺口。

結果發現，一年的香蕉供應量只到人的腳踝高度而已。

香蕉層會比 16 公分更淺，因為一年的香蕉供應量實際上不會出現在同一時間。香蕉花需要幾個月的時間才會成熟，從小如手指的果實長成可以吃的成熟香蕉……

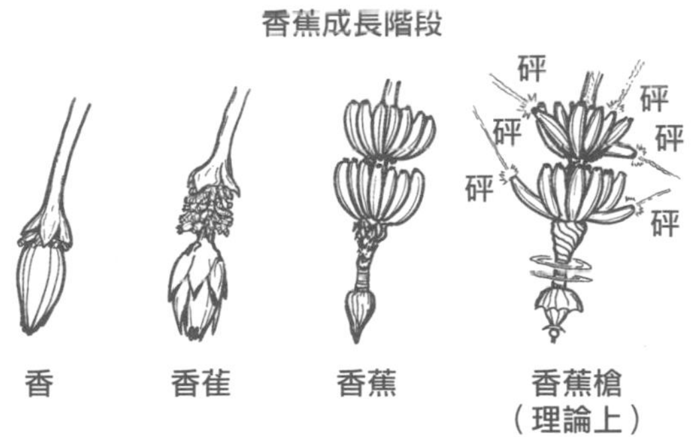

……所以任何給定時間存在的香蕉數量，只是年產量的一部分，使得香蕉層更淺。

即使我們的香蕉數據是錯的，答案仍然有可能是對的。反過來算，我們可以算出需要多少香蕉才能裝滿全世界所有的教堂，看看算出來的數字是否合理。

如果 4 人之中有 1 人定期參加室內禮拜，每個參加者在舉行禮拜的建築物中占用大約 1.5 平方公尺的空間，相當於地球上每個人（包括未參加者）大約有 0.4 平方公尺的占地面積。如果世界上有足夠的香蕉，可以裝進所有的教堂到天花板的高度，代表全球香蕉產量分給每個人的配額，會裝進「0.4 平方公尺 × 平均天花板高度」的體積裡。

每個人要吃多少香蕉才行得通

許多宗教建築以挑高的天花板而聞名。但即使我們假設天花板的平均高度只有 2.5 公尺（相當低），把每個人的空間裝滿大約需要 2,000 根香蕉。我很確定，全世界一年不會生產每人 2,000 根香蕉，原因很簡單，因為我每天沒有吃 6 根香蕉，我也不知道有誰吃這麼多。

除非有人吃掉這麼多香蕉，多到遠遠超過全球的平均。

香蕉喬治住在山上，每年吃掉17兆根香蕉，他是個例外，不應該算進來。

12. 接住！

Q

有什麼方法可以開槍讓子彈在空中飛，然後安全的用手接住？比方說，開槍射擊的人在平地，而接住子彈的人在山上，位於射程的最遠處。

——艾德蒙．許（Edmond Hui），倫敦

「接住子彈」是舞台上的特技，表演者看似接住射擊出來飛到一半的子彈——通常是用牙齒接住的。當然啦，這是錯覺，像那樣接住子彈是不可能的。

但在適當的條件下，你可能接得住子彈，只是要有很多的耐心和運氣。

直直向上射擊的子彈最終會達到最大高度。* 子彈可能不會完全停止；比較可能的是，它會以每秒若干公尺的速率往旁邊偏移。如果有人舉槍向上射擊子彈……

* 不要做這種事。人們舉槍慶祝時，附近的路人常被落下的子彈擊斃。

……而你乘著熱氣球在射程範圍的正上方閒晃……

……當子彈飛到最高點時，你伸手出去抓住子彈，這是有可能的。

你不應該做的事情

（清單已更新）

#156,812　吃洗衣膠囊球

#156,813　在雷雨中踩高蹺

#156,814　在加油站放煙火

#156,815　餵你的貓吃「與人類手部形狀質地」一模一樣的零食

#156,816　在間歇泉噴口上方彎腰低頭想要一窺究竟

#156,817　（新增！）搭乘熱氣球飛越射程範圍

如果你在子彈弧線的最高點成功抓住子彈，或許你會注意到奇怪的事情：子彈除了很燙之外，還會自旋。它會失去向上的動量，但不會失去自旋角動量；子彈仍然具有槍管造成的自旋。

當子彈射擊在冰面時，可以很明顯的看到這種效應。正如數十部 YouTube 影片所證實的那樣，我們常發現射進冰中的子彈仍在快速自旋。你必須緊緊抓住子彈，不然它可能會跳出你的手掌心。

如果你沒有熱氣球，在山頂很有機會行得通。加拿大索爾山（Mount Thor）[*]的垂直落差有 1,250 公尺。根據「近距離對焦研究」（Close Focus Research）彈道學實驗室的數據，這幾乎剛好是 0.22 長步槍子彈直直向上射擊會飛的高度。

喂，我等一下再打給你。
這裡有點狀況。
砰
砰

如果你想要用更大的子彈，就需要更大的落差；AK-47 子彈向上射擊可能超過 2 公里。地球上沒有那麼高的垂直懸崖，因此你需要以某個角度發射子彈，結果子彈在弧線頂點會具有顯著的橫向速度。不過，夠硬的棒球手套也許有辦法接住子彈。[†]

---

* 在《如果這樣，會怎樣？》第一集的〈自由落體〉章節中，我們提過這座山。

† 事實上，據《步槍》（*Rifle*）雜誌報導，有一名槍砲作家曾聲稱自己可以在 1,000 碼（約 914 公尺）外用棒球手套接住普通步槍子彈。當然啦，他只是打個比方——你會看不到子彈飛過來，所以你可能用你的手套接住，也可能用你的臉接住。

其中任何一種情境下，你都必須非常走運。由於子彈的弧線有不確定性，你恐怕必須射擊數千發子彈才能碰巧接個正著。

等到那個時候，你可能會發現自己招來了某些人的關注。

小姐，我們接獲舉報，
說妳在開槍射擊熱氣球。

那個巫師別想逃！
他必須回到奧茲國，
為他的謊言付出代價！

13. 超高難度慢速減重法

Q

我想要減重 10 公斤。為了達成目標，我必須將多少的地球質量「遷移」到太空？

——萊恩．墨菲（Ryan Murphy），紐澤西

這似乎很簡單。你的體重來自於地球重力把你向下拉。地球重力來自於地球的質量。質量較小應該代表重力較小。移除地球的質量，你就會減重。

好，你決定試試看。

大量移除地球質量會消耗很多能量，所以首先要取得整個地球的石油儲備。

你加工石油成為燃料，用燃料將數千億噸的岩石發射到軌道上。這樣可以使地球表面的岩石平均削除 0.2 公釐。你站上磅秤。

好吧，這樣沒效。但這很合理；幾千億噸只是地球質量的一小部分。

燃燒地球上的其他化石燃料有一點點幫助（尤其是煤，地球上有很多），可以讓你移除將近 1 公釐的地球表面。* 你又站上磅秤。

怎麼搞的。

你需要更多能量。

你用高效率太陽能面板覆蓋整個地球，花一年的時間吸收所有照射地球的陽光，用來供電給你的岩石發射器。人類生活在面板底下的陰影裡。這時候，人們可能會對你發脾氣。

---

* 人們可能會抱怨，但是往好處想，那 1 公釐可能涵蓋了地上所有的汙垢。你就把它說成是免費打掃吧！

一年份的陽光會提供足夠的能量，讓你移除將近 100 兆噸的岩石，相當於幾公分厚的地球表面。可惜，那樣還是不夠。

顯然，這種漸進式的方法行不通。

你需要更多的能量。與其只取得一小部分照射到地球的太陽能量，不如在太陽周圍建造「能量蒐集圈」（戴森球，Dyson sphere），以便取得全部的太陽能量。一旦你握有太陽的全部輸出，就有足夠的能量開始更快速的剝掉地球表面。

你愈往地球深處走，岩石就愈熱。你剝掉幾百公尺厚的地殼之後，人們開始注意到地面變暖了。等到你移除一公里厚的岩石，地表溫度將高達 40°C。在寒冷的早晨起床時，你的腳可能會覺得很暖和，但那樣會讓生活變得很不舒適。而且，由於你把各地熱點的頂部都移除了，全世界的火山都會爆發。

你去量體重。

該死。

你用戴森球移除更多的岩石。你現在已經剝掉5公里厚的地層，這大約需要花20分鐘。（為了體重數字好看，你又花了幾分鐘移除海洋。）地球不再適合居住。由於黃石超級火山底下的岩漿露出來，懷俄明州西北部成了熔岩湖。大部分地區的地面熱到足以將水煮沸、引發火災。

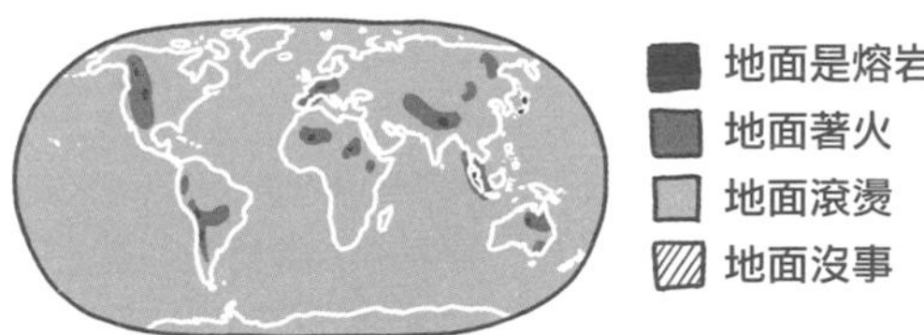

你又去量體重。

沒關係，你只需要移除更多的岩石，或許用某種「太陽能削皮器」試試看。

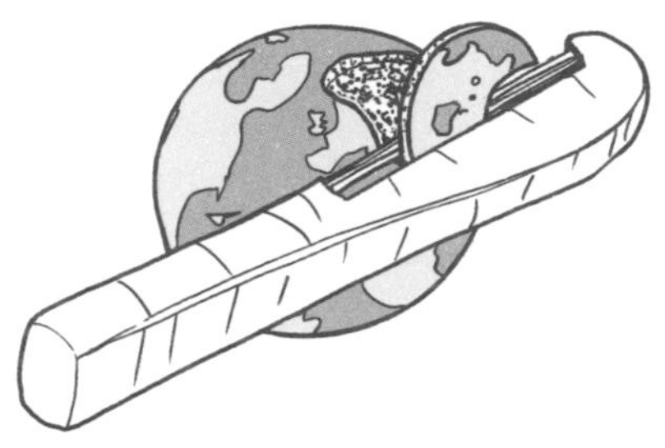

你削掉 20 公里厚的地殼，使得地幔暴露於原先的海底之上。

好吧，沒有人說過減重很容易。你又拿掉 20 公里，移除熔融的地幔層和深殼層。

你繼續加油。用「地球削皮器」努力工作四小時後，你移除了 60 公里厚的大部分熔融岩石。當你踏上磅秤，你終於看到了變化。

你重了 0.5 公斤。

怎麼會這樣？

如果地球密度是均勻的，移除層層地表會讓你變輕。但是地球愈深的地方密度愈大，而密度抵消了質量損失。隨著你移除地表，地球會逐漸變得輕一點，但同時你也愈來愈接近緻密的地核，淨效應是：移除地球外層使地表重力變得更強。

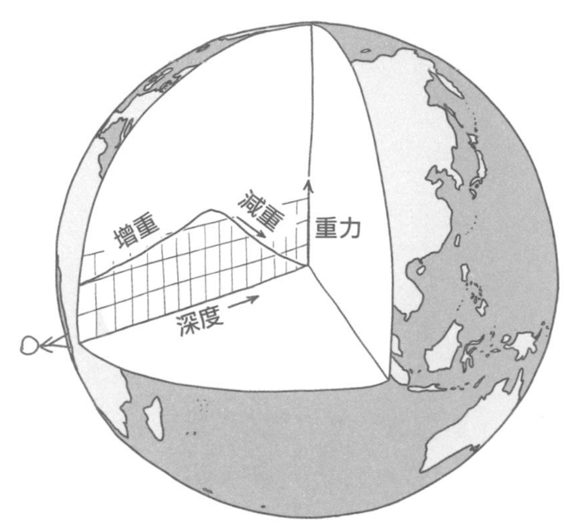

愈深入地心，重力會不斷增加，等到你剷掉大約 3,000 公里厚、地球直徑減少一半、噴掉三分之二的地球質量之後，重力才會平緩下來。（你的「太陽能地球削皮器」要花大約一週的時間。）你的體重巔峰達到 94 公斤，等你開始移除密度較大的外地核之後，體重就會開始下降。

等到你移除了 3,450 公里厚的岩石，你的體重恢復到一開始的數值。移除 3,750 公里厚的岩石之後，你終於達成減重 10 公斤的目標。這時候，你已經移除了 85% 的地球質量，不過你減重成功了！

這個計畫有一些缺點。地球毀了，是的，而且也不需要這麼沒效率。有一種方法簡單多了，不用改變你的質量或離開地表，就可以減少地球對你施加的重力。

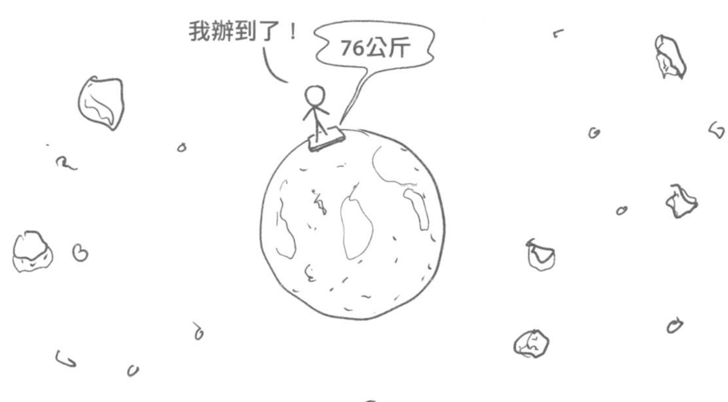

球殼狀的物質對其內部的物體不會施加任何重力，也就是說，如果你在地底下，你上方的岩石層對你的體重沒有作用。從重力的角度來看，就好像岩石消失了。你其實不需要「移除」地球的質量，只需要進到地球底下。何必大費周章，挖個相對簡單的隧道就行了。

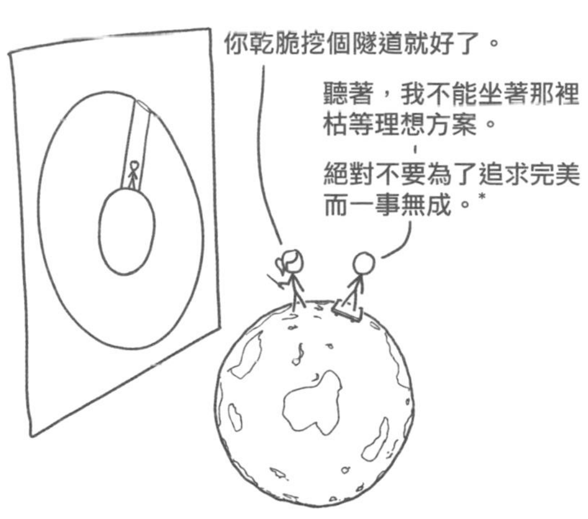

* 編注：出自伏爾泰。

至少你不用運動？嗯，這就難說了。這項大工程最終需要你做超級多的功。移除地球表面需要 5×10^{28} 卡路里的能量，比「全人類從現在開始每天 24 小時激烈健身直到太陽燃燒殆盡且其殘餘物冷卻到室溫」所消耗的卡路里還要多。

	需要做的功（消耗的卡路里）
你的計畫	50,000,000,000,000,000,000,000,000,000
任何人想出來的其他計畫	比上面的數字少

如果你的目標是避免做功，那你實在是錯到不能再錯了。

14. 粉刷地球

Q

人類生產的油漆夠不夠用來粉刷地球的整個陸地區域？

——喬許（Josh），羅德島州文索基特市

這題的答案很容易計算。我們可以查出全世界油漆產業的規模，再推算出油漆的總生產量，並針對我們如何粉刷地面做一些假設。*

* 當你去粉刷撒哈拉沙漠時，我建議不要用刷子。

不過首先，讓我們考慮用不同的方法來猜測答案可能是什麼。這類的思考通常稱為費米估算（Fermi estimation），重點是估算出正確的範圍；也就是說，答案應該有正確的位數。進行費米估算時，你可以將所有的答案取捨*至最接近的數量級：

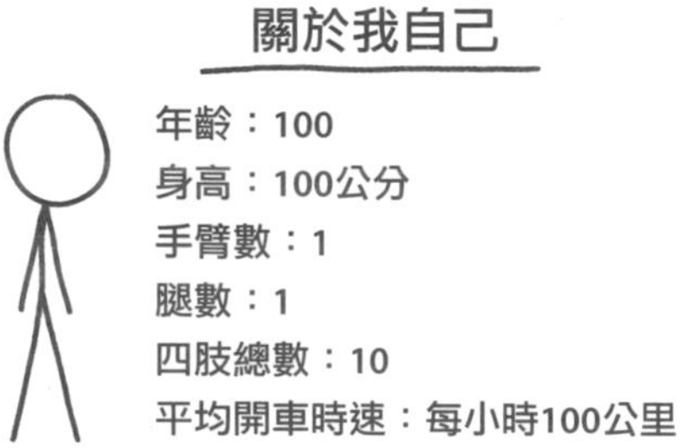

關於我自己

年齡：100
身高：100公分
手臂數：1
腿數：1
四肢總數：10
平均開車時速：每小時100公里

假設平均來說，世界上的每個人都有兩個房間，兩個房間都有塗油漆。我家客廳的可粉刷面積大約有 50 平方公尺，兩個就有 100 平方公尺。80 億人乘上每人 100 平方公尺，算起來略小於 1 兆平方公尺——比埃及的面積還小。

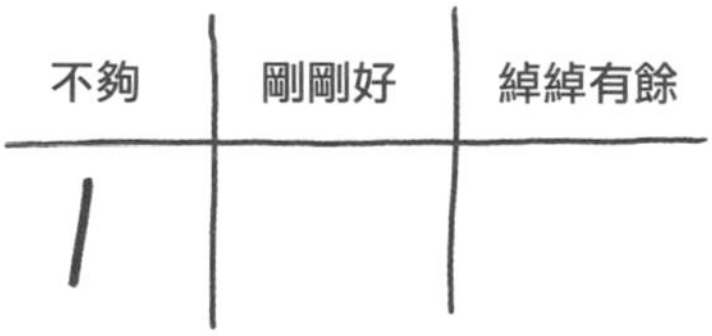

不夠	剛剛好	綽綽有餘
1		

* 使用公式 $Fermi(x)=10^{round(\log_{10} x)}$，意思是 3 捨為 1，4 取為 10。

我們做個大膽的猜測，每一千人當中，平均有一人的職業生涯都花在粉刷上。如果假設我會花三個小時粉刷自己所在的房間，[*]曾經在世的人有 1,000 億人，那些靠粉刷維生的人 30 年來每天花 8 小時粉刷，算出來是 150 兆平方公尺……幾乎剛好是地球的陸地面積。

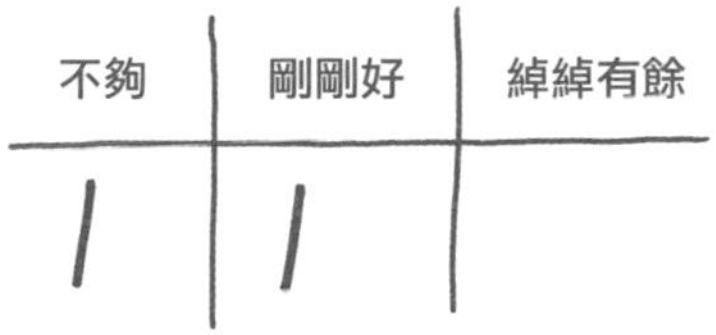

不夠	剛剛好	綽綽有餘
/	/	

粉刷一棟房子需要多少油漆？我還不夠資格當大人，沒什麼概念，所以我們再做一次費米猜測。

根據我在走道逛過的印象，家居裝修店的燈泡和油漆罐的庫存一樣多。一棟普通的房子可能有大約 20 個燈泡，所以我們假設粉刷一棟房子需要大約 20 加侖的油漆。[†]沒錯，這樣聽起來差不多。

美國的平均房價約為 400,000 美元。假設每加侖油漆可以粉刷約 30 平方公尺，那就是每 70 美元的房地產有 1 平方公尺的油漆。我隱隱約約記得，全世界房地產總值約為 400 兆美元之譜，[‡]這表示全世界的房地產上頭有大約 0.6 兆平方公尺的油漆，比法國的面積略小一些。

---

* 這可能太樂觀，尤其是如果房間裡有網路連線。

† 這些是非常粗略的估計。

‡ 引用來源：我有一次做的非常無聊的夢。

不夠	剛剛好	綽綽有餘
II	I	

當然啦，這兩種與建築物有關的猜測可能被高估（很多建築物沒有塗油漆）或低估（很多非建築物[*]有塗油漆）。但根據這些大膽的費米估算，我的猜測是：恐怕沒有足夠的油漆來粉刷所有的陸地。

那麼，費米估算是怎麼做的呢？

根據《聚合物油漆顏色雜誌》（*Polymers Paint Color Journal*），2020 年全球生產了 415 億公升的油漆和塗料。

有一個妙招可以幫上忙。如果某個數量（例如世界經濟）在一段時間內的年增率是 n，例如 3%（0.03），則「最近一年的量」占「目前為止的總量」的比例是 $1 - 1/(1+n)$，所以「目前為止的總量」是「最近一年的量」乘上 $1 + 1/n$。

如果我們假設近幾十年來，油漆產量隨著經濟發展有每年約 3% 的增長率，這代表油漆的總生產量等於目前年產量乘上 34。[†]

---

* 非建築物的例子：鴨子、樹葉、M&Ms 巧克力、汽車、太陽、沙粒、墨魚、微晶片、指甲油去光水、木星的衛星、閃電、鼠毛、齊柏林飛船、絛蟲、泡菜罐、用來烤棉花糖的木棍、鱷魚、音叉、牛頭怪、英仙座流星、選票、原油、網紅、可以射出一把訂婚戒指的彈弓。這些都是我能想到的非建築物；如果你能想到我漏掉哪些東西，可以記在頁邊的空白處。

† $1 + 1/0.03$

計算結果約為 1.4 兆公升的油漆。若以每加侖 30 平方公尺計算，[*] 那樣足以粉刷 11 兆平方公尺——小於俄羅斯的面積。

所以答案是否定的；沒有足夠的油漆可以粉刷地球的陸地，而且（按照此增長率）直到 2100 年恐怕還是不夠。

費米估算得一分。

費米最喜歡的電影

- 100忠狗
- 決勝10點
- 戀夏1000日
- 1000太空漫遊
- 100街的奇蹟
- 靈異第十感
- 1個傻瓜
- 100歲處男

---

* 「每加侖平方公尺」是個很討人厭的非公制單位，但還有更討厭的。我在實際的技術論文中看過「英畝－英尺」這種體積單位，等於一英尺乘上一鏈（chain，長度單位，約 20 公尺）乘上一浪（furlong，長度單位，約 201 公尺）。

15. 小鎮上的木星

Q

親愛的蘭德爾，如果你把木星縮小到和房子一樣小，然後把它放在某個社區裡（例如取代某間房子），那會怎樣？

——扎卡里（Zachary），9 歲

你可能會覺得不高興，但是「屋主協會守則」裡
沒有哪一條說不行。
HOA

這個問題，一聽就是那種會造成大災難的問題，但是當你想一下，其實好像不會糟到那裡去。然後，如果你再多想一下，就發現這樣會糟到極點。

像房子那麼小的木星不會有太大的重力，所以不會產生黑洞之類的東西。[*] 木星的密度只比水大一點，所以直徑 15 公尺的木星只會重大約 2,500 噸。那很重，但沒那麼重，和一棟小型辦公大樓或幾十隻鯨魚一樣重。如果你把直徑 15 公尺的水球放在你們社區裡，它會搞得一團亂，可能在形成小池塘之前就把附近的房子給毀了，但它並不會產生任何奇怪的重力作用。

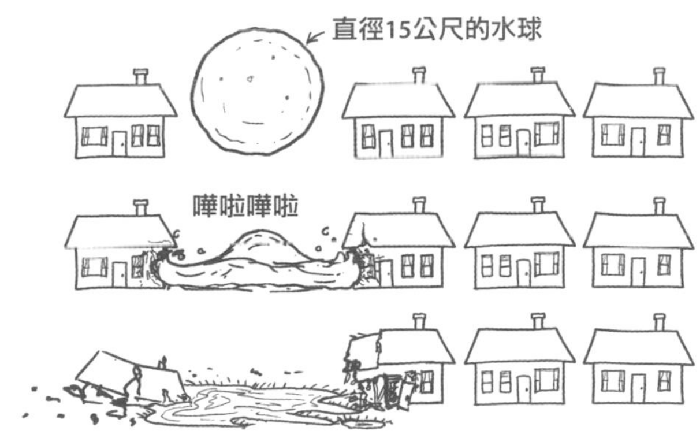

由於扎卡里的木星只有大約 15 公尺水球的大小和重量，似乎不會太糟糕。

* 我們假設這顆小小木星的密度保持不變——由相同的物質構成，只是物質變少了。這些是電影《親愛的，我把孩子縮小了》的規則。

問題是：木星很熱。

和地球一樣，木星的組成也是由薄而冷的外層包裹著酷熱的內層。木星內層大部分是氫，溫度被壓縮加熱到幾萬度，而又熱又緻密的東西想要膨脹。

20,000°C 的氫球會以超級高的壓力向外推。真實的木星之所以沒有爆炸，原因在於它的巨大重力抵消了那樣的壓力，使它固定住。如果你把木星縮小，然後把它放在你們社區中間，那又熱又高壓的氫沒有重力把它固定住的話，就會膨脹。

木星會劇烈膨脹，幾乎立刻將你們街區的所有房屋夷為平地，說不定整個社區都會遭殃。隨著火球愈來愈大，它會冷卻並上升到大氣中。五到十秒鐘之後，上升的氣體會形成蕈狀雲。*

---

* 我們看到蕈狀雲會聯想到核武器，但事實上，當你把大量熱能一下子丟進大氣中就會發生這樣的事情。熱量的來源是什麼並不重要——如果熱量夠多且釋放夠快，就會產生蕈狀雲。

如果你錄下這些事件（希望是在安全距離以外），再逆向播放影片，某種程度上就像是木星的形成過程。

木星之所以這麼熱，原因在於46億年前重力導致一團氣體塌縮在一起。氣體受到壓縮會變熱，因為分子撞來撞去、彈來彈去得更快。由於大量氣體擠在一起形成了木星，它的重力非常強，所以緊緊拉攏在一起而變得非常熱。

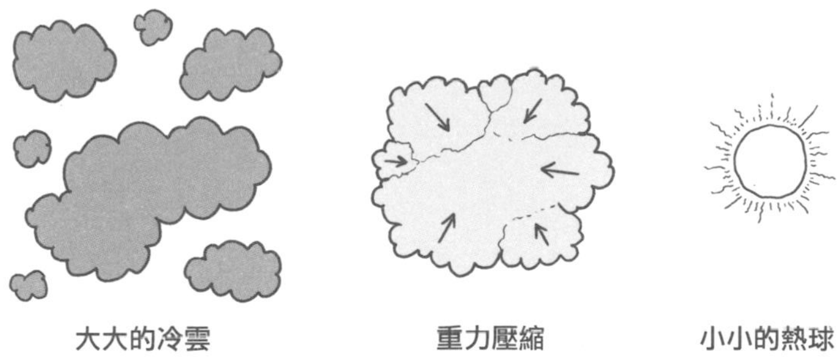

四十幾億年之後，那些熱量還有很多（大約一半），被困在木星的巨大重力和隔熱的雲層下。迷你木星不會有那種緊壓的向內拉力，它的熱核心有辦法甩開它的隔熱層而向外膨脹、擴散、迅速冷卻。

毀掉社區的大爆炸代表被壓抑 40 億年的熱量終於釋放了。擺脫重力束縛的木星會再度變成太陽形成之前的樣子——一團薄而冷的氣體雲，在天空擴散開來。

那顆明亮的星是土星。
那片遮住土星的朦朧的雲是木星。

16. 銀河沙灘

Q

如果把銀河系裡的星星按照大小比例縮小成沙粒，堆成一座沙灘，那樣的沙灘看起來會是什麼樣子？

——傑夫．沃茨（Jeff Wartes）

沙子很好玩。〔誰說的？〕

「沙粒比天上的星星還多嗎？」是很多人探討過的熱門問題。這個問題的簡短答案是：可見宇宙裡的星星，可能比地球上所有沙灘的沙粒還要多。

當人們試圖回答「星星是不是比沙粒多」的問題時，通常會挖出一些關於星星數量的良好資料，然後對沙子的顆粒大小（粒度）進行推估，得出沙子的等效數量。這麼說吧，這是因為地質學和土壤科學比天文物理學還要複雜。

我們不打算去數沙粒，不過為了回答傑夫的問題，我們倒是有必要弄清楚沙子是怎麼回事。具體來說，我們需要對黏土、淤泥、細沙、粗沙、礫石的粒度有一些概念，這樣我們才能明白「如果銀河系是沙灘」會是什麼樣子、什麼感覺。*

---

* 而不是隨便抓一把沙子來看看。

幸運的是，科學家最喜歡的事情莫過於「提出分類定義」。一個世紀前，地質學家溫特沃斯（Chester K. Wentworth）曾發表明確的粒度指數，定義了粗砂、細砂和黏土的顆粒大小範圍。根據對沙子的調查，在沙灘上找到的沙粒往往從 0.2 公釐到 0.5 公釐不等（最細的沙層在最上方），這些沙子在溫特沃斯量表上屬於中到粗沙。

個別的沙粒差不多這麼大：

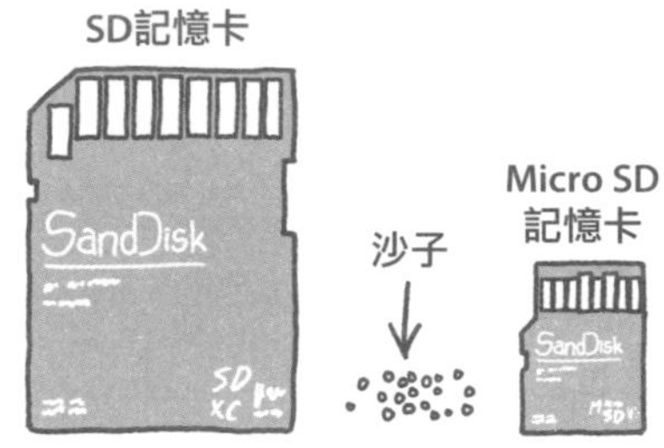

如果我們假設太陽相當於一顆典型的沙粒，然後乘上銀河系的恆星數量，算出來的沙子相當於一個大沙箱。*

如果所有的恆星都和太陽一樣大，這樣的估算會是正確的，但事實並非如此。有的恆星很小，有的超級大。最小的只有木星那麼大，有的大恆星卻是大到不行，相當於整個太陽系的規模。在我們的沙箱宇宙裡，有些沙粒會比較像是巨礫。

主序星†的星沙顆粒看起來會像這樣：

* 我的意思是，我們算出一堆數字，但我們的想像力把數字轉換成沙箱。

† 處於「燃燒燃料生命週期」主要階段的恆星。

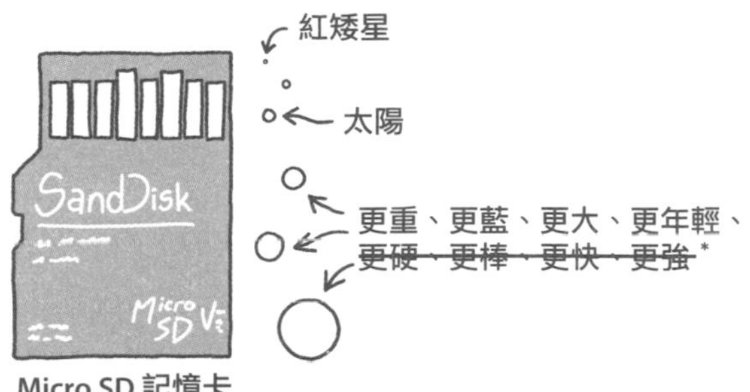

天文學小知識：這些恆星基本上都稱為「矮星」，即使大恆星也是一樣，因為天文學家不像溫特沃斯那麼擅長命名。

這些主序星大多落在沙粒量表的「沙子」類別，不過更大的「傻瓜龐克級」†恆星則是超越此類別，進階到「細礫」或「小卵石」之列。

不過，那些只不過是主序星而已。垂死的恆星會變得更大更大。

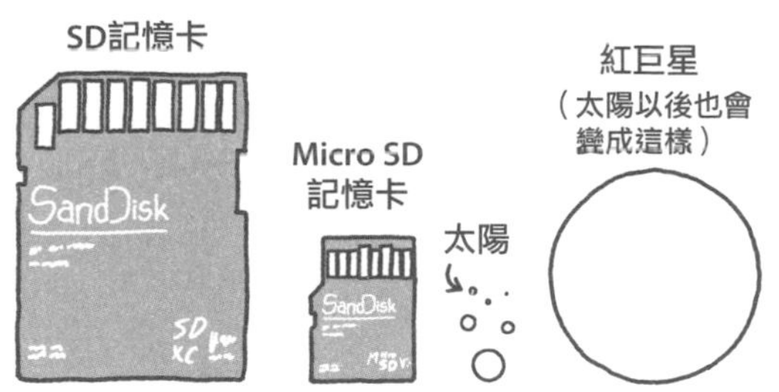

它們幾乎和SD記憶卡一樣大！

* 譯注：〈更硬、更棒、更快、更強〉（Harder, Better, Faster, Stronger）是傻瓜龐克樂團（Daft Punk）的單曲，作者用來形容更大的恆星。

† 譯注：傻瓜龐克是著名的法國電音團體，音樂風格深具星際科幻未來感，曾以〈Get Lucky〉一曲榮獲葛萊美獎。

當恆星耗盡燃料時，會膨脹成為紅巨星。即使普普通通的恆星也可能長到巨大無比，但是當原本就非常大的恆星進入這個階段時，可能會變成龐然怪物。這些紅超巨星是宇宙中最大的恆星。

這些大如沙灘球的星沙很罕見，但大如葡萄和棒球的紅巨星比較常見。雖然它們的數量不像類似太陽的恆星或紅矮星那麼多，但它們的龐大體積意味這座沙灘有一大半都是它們構成的。這座沙灘會有等同於一個大沙箱的沙粒……以及綿延數里的礫石場。

這片小沙地包含了沙灘上 99% 的沙粒個數，但體積不到總體積的 1%。我們的太陽並不是在鬆軟銀河沙灘上的一粒沙子，應該這麼說：銀河沙灘是「參雜了一些沙子的礫石場」。

不過，和地球上真實的海邊一樣，岩石縫間的那一小片沙地，才是最好玩的地方。

17. 鞦韆

Q

人們利用擺動雙腿的力量來盪鞦韆，請問鞦韆可以盪多高？有沒有可能建造很高的鞦韆，高到足以讓盪鞦韆的人在適當的時機一跳就發射到太空？（假設人類有足夠的力氣，我的 5 歲小孩好像有喔。）

——喬．科伊爾（Joe Coyle）

令人意外的是，有很多關於鞦韆的物理學研究，可能因為鐘擺是非常有趣的物理系統，也可能因為物理學家都曾經是小孩。

玩盪鞦韆的小孩很快就明白，要靠腳的擺動才盪得起來——雙腳踢出去、身體向後靠，然後雙腳收回來、身體向前靠。物理學家稱之為「驅動振盪」（driven oscillation），自 1970 年代以來，有一系列的研究分析過盪鞦韆究竟如何運作，以及怎麼盪才會最有效率。

經過半個世紀的研究，物理學家發現，小孩完全知道自己在做什麼。用手抓著鏈條，利用自己的身體力量，規律的踢腳及身體向前、向後靠，似乎這正是盪鞦韆的最佳策略。有一陣子，一些物理學家提出理論，認為更好的盪鞦韆策略可能是站在鞦韆板上、利用站直與蹲下交替來抬高和降低自己的身體，但進一步的計算顯示，小孩早就搞懂了。

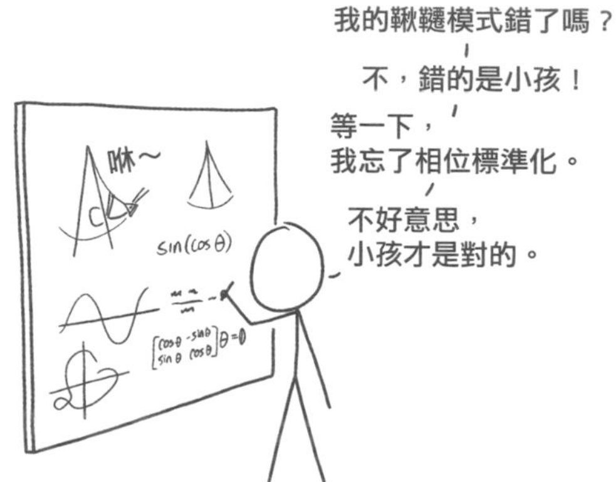

擺動雙腳愈盪愈高，這看似違反了能量守恆定律。沒有東西你怎麼推？但你並不是沒有東西可以推；你是在間接推著鞦韆的橫桿。

如果在鐘擺的底部裝上電動輪子，當你啟動馬達使輪子旋轉時，鐘擺會朝相反方向微微扭轉，使整個系統繞著橫桿的角動量保持不變。

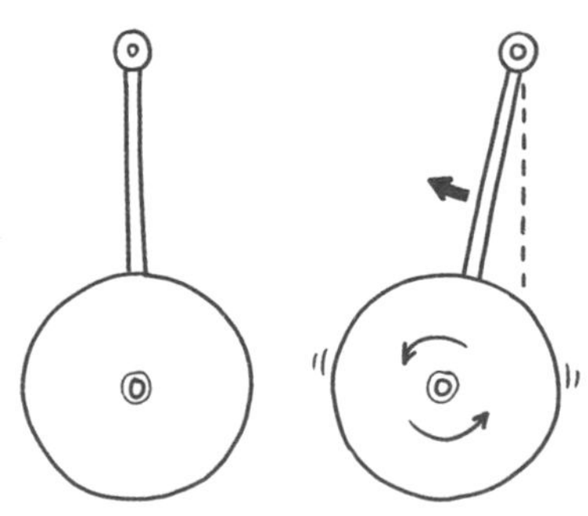

盪鞦韆的原理也是一樣。當你握著鏈條同時扭動身體時，鞦韆會往相反方向扭動一點點，違反重力將你向上推。然後，一旦

重力改變你的方向，你又把身體扭回另一個方向。由於你往另一個方向移動，因此扭力會把你推往你的運動方向多一點。只要在鞦韆的適當位置扭動，無論向前或向後扭動，都會讓你愈盪愈高。

如果鞦韆非常高，盪鞦韆會變得比較沒效果。當你離橫桿非常遠時，你的旋轉對整個系統產生不了太大的扭動，鞦韆就會盪不起來。成年人在 2.4 公尺的鞦韆上，每次一向後靠可能會讓鞦韆繞著軸點轉動 1 度，但在 9 公尺的鞦韆上，同樣的動作只會微微轉動 0.07 度。

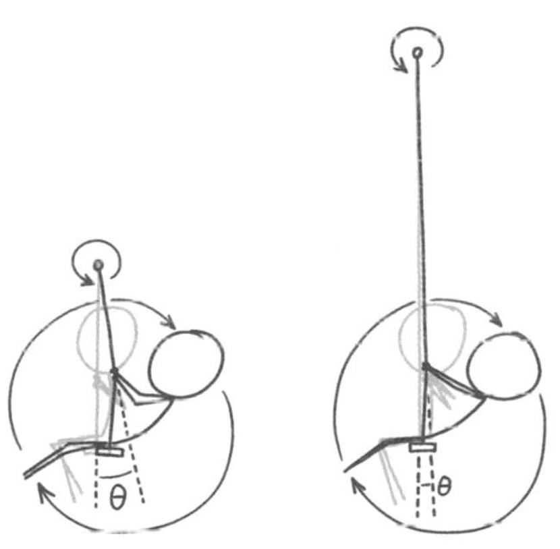

較高的鞦韆盪起來效果較差，意味需要更長的時間才能讓鞦韆動起來。在 2.4 公尺的鞦韆上，每盪一下，角度會增加一點多度，所以如果你希望鞦韆盪到 45 度，只需要盪 45 下，這樣大約要花 70 秒。但是在 9 公尺的鞦韆上，每盪一下並沒有增加多少弧度，你需要盪 640 下才能盪到 45 度。由於較高的鐘擺來回擺動需要較長的時間，你每分鐘踢的次數較少，所以盪 640 下會花掉半個多小時。

如果你在真正的 9 公尺鞦韆上盪盪看，你會發現根本盪不到 45 度。事實上，在 9 公尺的鞦韆上，你沒辦法盪到像 2.4 公尺的鞦韆距離地面那麼遠！由於空氣阻力，當你每次「盪到谷底」時，你會損失一點速率。當你愈盪愈高，速率會變快，途中會遭遇更多阻力。當你盪到大約 20 度時，因為阻力而損失的能量會大於利用擺動所獲得的能量。2.4 公尺的鞦韆事實上可能讓你盪得比 9 公尺的鞦韆還要高！

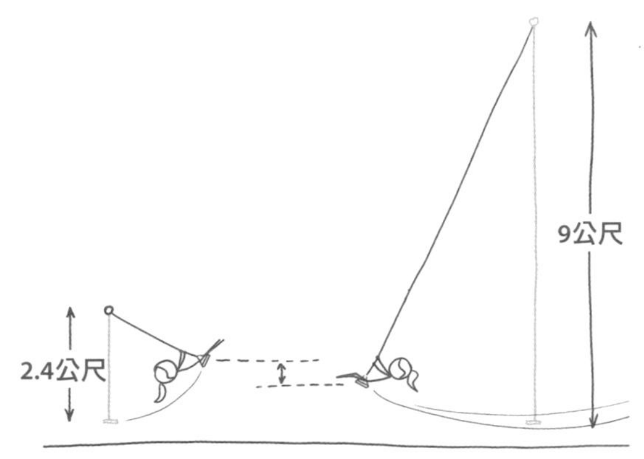

世界上有一些非常大型的鞦韆。摩西馬布海達體育場（Moses Mabhida Stadium）位於南非德班，遊客可以爬到場館上方高處的走道上，利用吊掛在體育場棚架上 60 公尺長的繩索來盪鞦韆。但是在那樣的速率下，空氣阻力會造成能量損失——當盪鞦韆的人到達底部時，已經損失了大部分的動量，所以他們盪到另一邊時盪不太遠。踢腳也無濟於事；鞦韆太高了，以致盪來盪去幾乎沒有效果。

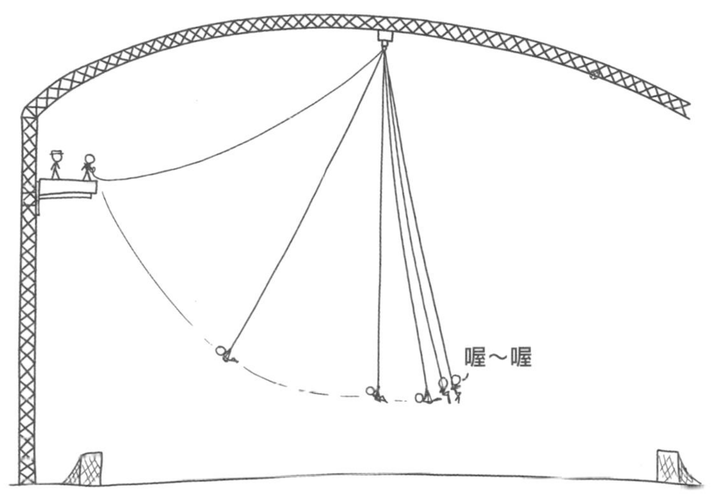

巨大的鞦韆或許很好玩，但是它沒辦法讓你更接近太空。以一般人盪鞦韆的測量來看，達到最大高度的理想鞦韆竟然是 3 到 4.5 公尺——正好是遊樂場大型鞦韆的尺寸。

這就是用數學算出來的最佳鞦韆！
對啊，普通的鞦韆
本來就很棒。
看起來和普通的
鞦韆一樣嘛。

再次重申，小孩早就搞得一清二楚了。

18. 客機彈射器

Q

我的朋友是商用客機飛行員。她說起飛時會消耗大量的燃料。為了節省燃料，為什麼不能利用彈射系統（校準到一般人可以忍受的加速度）來發射飛機，就像航空母艦上的那樣？如果彈射器採用某種潔淨能源來發動，是否可以節省大量的化石燃料？我的想像是用繩索……一端綁在飛機上，另一端綁在懸崖邊的巨石上。只要把巨石推下懸崖就可以了。

——來自華盛頓西雅圖的布雷迪．巴基（Brady Barkey）

我喜歡的地方在於，這個問題一開始聽起來很酷、很有未來感，結尾卻是用巨石和繩了。

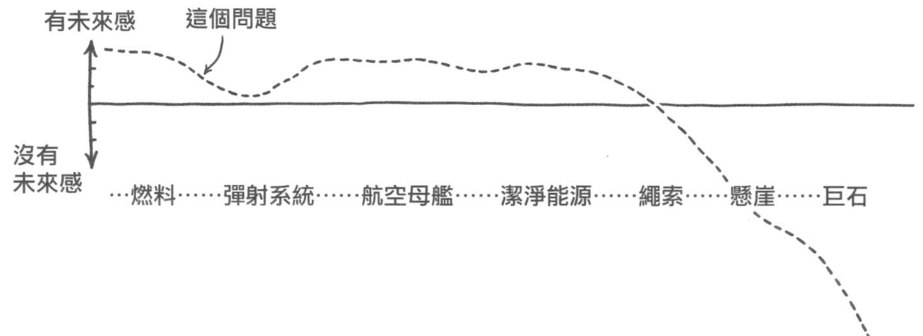

的確，客機在起飛時燃燒燃料比較快，但起飛時間很短。空中巴士 A320 之類的小型客機在跑道上加速到起飛速率，可能只燃燒 10 到 20 加侖的燃料，相較之下，其餘飛行期間則需要數千加侖的燃料。

在爬升到巡航高度期間，飛機不斷的快速燃燒燃料，花的時間比在跑道上的加速時間要長很多。以 A320 而言，這些燃料加一加可能有好幾百加侖。但彈射器只有在地面上才幫得了你。如果在爬升過程中還可以繼續幫你，那就不會是彈射器了，要電扶梯才行。

在地面上時，你可以利用彈射器來增加額外的速率。當客機起飛時，它的飛行速率通常不到其巡航速率的一半。在地表附近利用彈射器增加更多速率，意味在爬升過程中加速所燃燒的燃料較少。

這樣會有兩個問題。* 首先，在你爬升進入高層大氣之前，地面附近的濃密空氣所產生的阻力會使你的速率減慢。

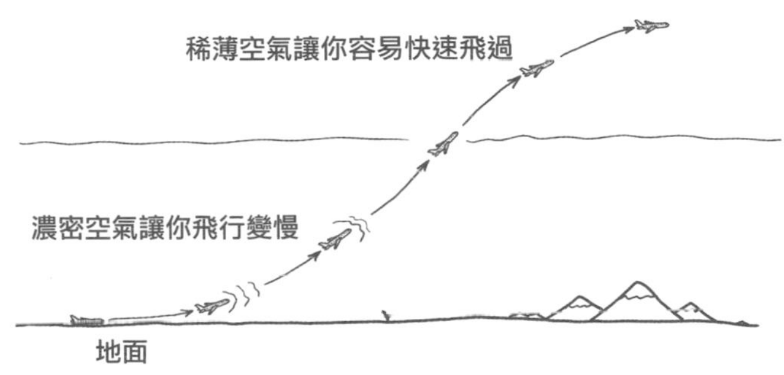
稀薄空氣讓你容易快速飛過
濃密空氣讓你飛行變慢
地面

其次，更大的問題是房地產。

客機在起飛期間一般約以 0.2 G 或 0.3 G 向前加速，這就是為什麼起飛通常需要至少 1.6 公里長的跑道。如果你想要加速到 0.5 G（和你飆車時油門踩到底所感受到的加速度差不多），理論上只要 0.8 公里的跑道就可以起飛。但是如果你想要在起飛前加速到接近巡航全速，讓你有足夠的動量滑躍通過大氣層最濃密的部分，你就需要長達九倍的跑道。就算不留任何安全限度，跑道至少也要有 7.2 公里長。

如果你把機場的主要跑道延伸到那麼長，華盛頓特區和機場看起來會變成這個樣子：

* 我的意思是「至少」。

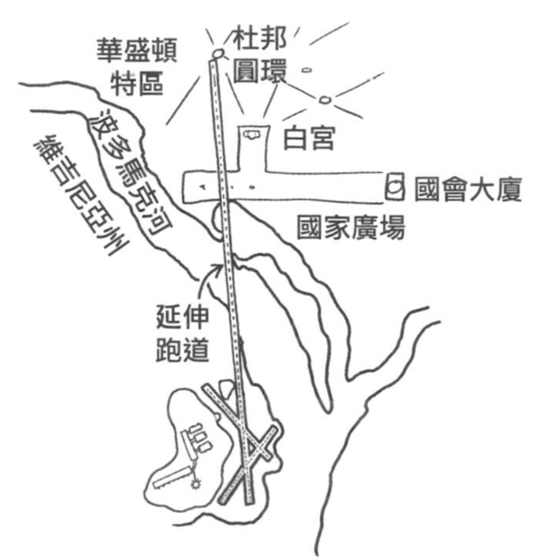

跑道會從林肯紀念堂和華盛頓紀念碑之間穿越國家廣場（剛好閃過羅斯福紀念碑和二戰紀念碑），然後繼續穿越城市，直到杜邦圓環附近某處。

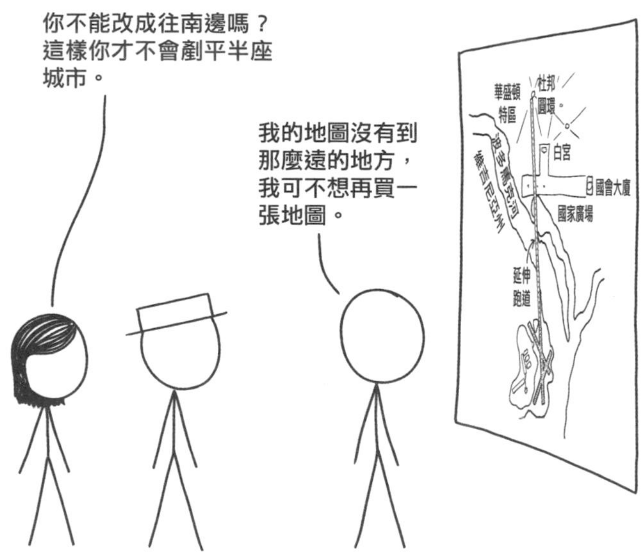

說句公道話，用彈射器來發射客機的想法並非全然荒謬。省下的燃料或許不多，但它們可以讓更大的飛機在更短的跑道上起飛，還可以讓發射變得更安靜——畢竟噪音是城市機場長期存在的問題。

過去曾有一些正經的客機彈射器提案。1937 年，美國國家航空諮詢委員會（美國太空總署的前身）研究過陸地上的彈射器發射，好讓巨型客機不需要很離譜的長跑道就能起飛。* 2012 年，空中巴士公司曾發表 2050 年航空可能樣貌的概念藝術，就包括類似彈射器的發射系統，稱為「環保爬升」（Eco-climb）。

但除了偶爾出現的實驗設計之外，彈射器向來局限於特殊情況（例如航空母艦發射）。在那樣的情況下，飛機需要在短距離內迅速加速才能起飛。相較於費用和開銷，因為可能省下的燃料微乎其微，所以飛機大概會維持現狀。

如果你堅持要打造自己的系統（最後用到繩索和懸崖），有個小提示：使 200 噸重的客機加速到每小時 640 公里，需要非常重的配重或非常高的懸崖。需要千噸重的巨物從超高摩天大樓的高度掉下來。

---

* 當然啦，對於 1937 年的人來說，「巨大」的飛機可容納 40 人，而他們想像中「很離譜的長」跑道還不到 1.6 公里——和我們後來所建造長達數公里的跑道相比，根本不算什麼。

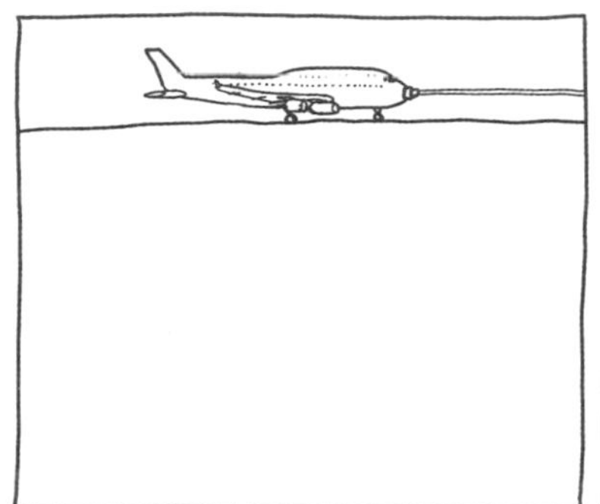

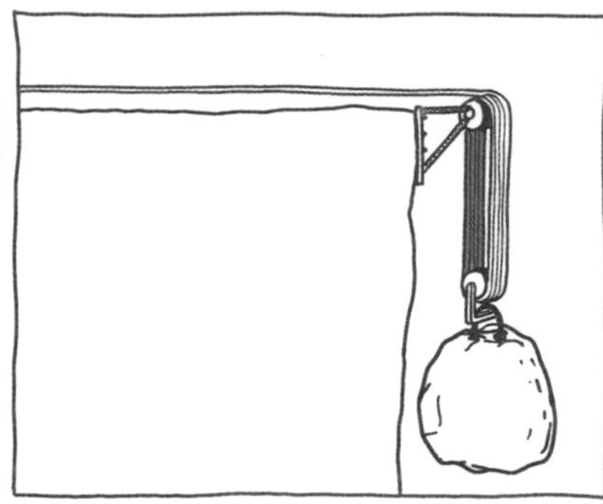

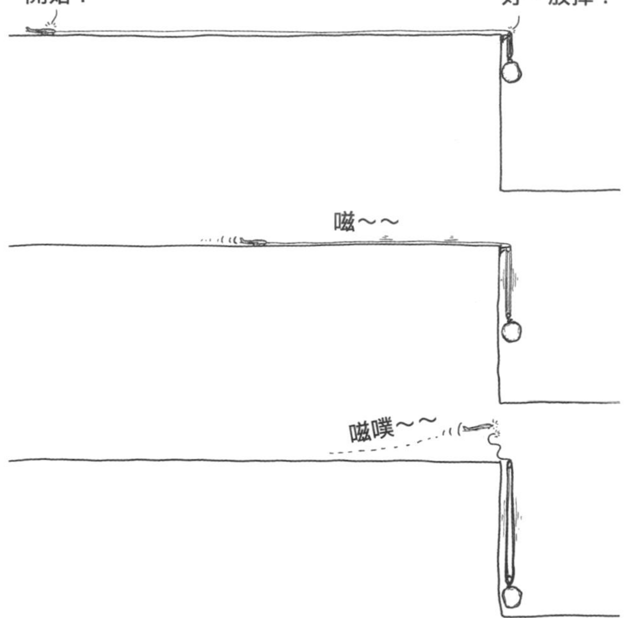
開始！
好，放掉！
嗞～～
嗞噗～～

如果你用更重的重量，就不用掉下來那麼多。在此，我並沒有提出任何具體的建議，僅供紀錄：華盛頓紀念碑的地上物重約 80,000 噸。80,000 噸重的物體只需掉下來一小段距離，就可以讓客機加速到起飛速率。

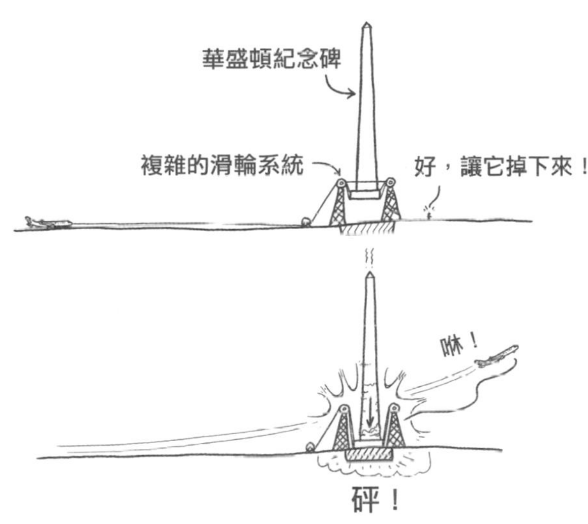
華盛頓紀念碑
複雜的滑輪系統
好，讓它掉下來！
咻！
砰！

只是個想法啦。

簡答題 #2

Q 小丑比利的現金快用完了，為了籌錢，他發明最新的把戲：他要用嘴巴吹一般的派對氣球，直到氣球的材質（某種堅不可摧的橡膠）只剩一個原子的厚度。請問吹好的派對氣球有多大？

——艾倫．方（Alan Fong）

Q 請問需要幾台吹葉機才吹得動一台標準休旅車？

——艾胥利．H（Ashley H）。

當車子在平地上打空檔時，可能只需要一、二十台重型吹葉機就可以讓車子移動，不過，如果你想讓車子快點加速以免被人按喇叭，就會需要更多台。

Q 如果將吸塵器的吸力調到超級高，對準普通的 BMW 轎車，會發生什麼事？

——無名氏

Q 炎熱的夏夜，當你坐在戶外開著燈，蟲子肯定會被燈光吸引。那在白天的時候，同樣的這些蟲子為什麼不會飛向最大、最強的燈（又叫做太陽）呢？

——無名氏

為什麼蛾和其他昆蟲會飛向燈光？這在昆蟲學上是個懸而未決的問題，但牠們為什麼都不飛向太陽，這個問題的答案就簡單多了：

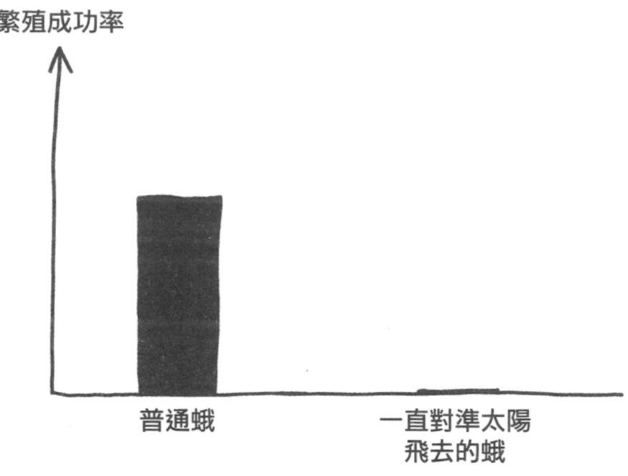

Q 如果你蒐集世界上所有的槍，把它們放在地球的某一邊，然後同時開槍，這樣會讓地球移動嗎？

——納森（Nathan）

不會，不過在我個人看來，如果你能把槍留在那邊，就會讓地球的另一邊變得更美好。

> **Q** 如果用微波爐加熱較小的微波爐，而較小的微波爐也開著，那會發生什麼事？
>
> ——麥可（Michael）

你在宜家家居（IKEA）的哪個分店？你會被趕出去。

如果你跳向彈跳床，要跳多快才會：

A. 弄斷身上所有的骨頭；

B. 讓你的身體穿過網眼的小孔。

——邁卡・萊恩（Micah Lane）

A：弄斷身上所有的骨頭，這是很難的，因為很多骨頭只有小石子那麼小，而且深深嵌在較大的身體結構中。我不太知道你要跳多快才能弄斷所有的骨頭，但一定是非常快，以致有沒有彈跳床都差不多。

B：這種事情是不可能發生的。

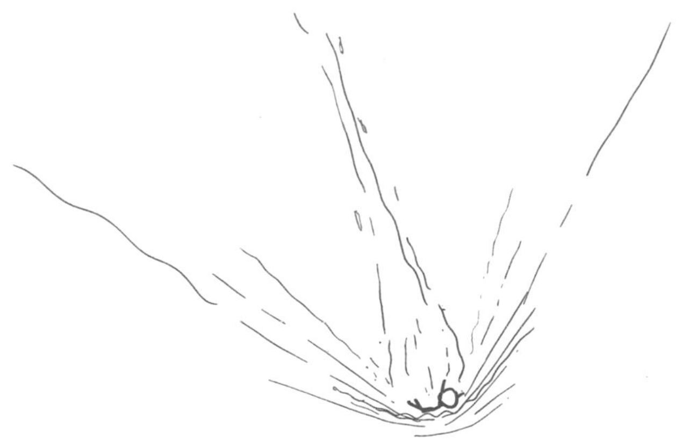

Q 我有一枚「真空手榴彈」。引爆時，它會立刻變成直徑 2 公尺的真空球體。它爆炸時到底會發生什麼事？

——戴夫．H（Dave H.）

真空球體會崩解，在中心所發生的劇烈碰撞導致迅速加熱，甚至可能短暫變成電漿。能量會以一股熱氣和衝擊波的形式向外輻射，可能造成嚴重傷亡及摧毀小型建築物。

換句話說，你擁有的是一枚普通手榴彈。

Q 太空很熱還是很冷？

——艾薩克（Isaac）

根據教科書上對溫度的定義，太空很熱，至少在我們太陽系是如此。溫度通常定義為「物質中分子的平均動能」，而太空中每個分子的運動都非常快，這代表每個分子都具有很大的能量。不過，太空中的分子太少了，即使每個分子都具有很大的能量，但加起來的總熱能很小，意思是東西不太會變暖。理論上可能很暖，但實際上感覺很冷。

太空或許很熱，但在可能凍死人的地方中，那裡是最熱的。

Q 你可以從人的身上拿走多少骨頭，而這個人還能繼續活著？（幫我朋友問的）

——克里斯·拉克曼（Chris Rakeman）

我不認為這個人真的是你朋友。

Q 如果讓人類在 417 G 的重力下待 20 秒，會發生什麼事？

——尼希爾（Nythil）

你會因謀殺罪被逮捕。

在什麼地方或如何進行謀殺不會被起訴？

——庫納・達萬（Kunal Dhawan）

法學教授卡爾特（Brian C. Kalt）寫了一篇著名的法律文章提出論述：黃石國家公園有一塊 130 平方公里大的區域，人們可以在此區域犯下重罪卻逍遙法外。憲法明文規定陪審團必須來自什麼地方，但因區域界線劃分出了差錯，在此區域起訴犯罪竟要求陪審團來自沒有人住的地方。

不過，別急著開始瘋狂犯罪。關於「黃石漏洞」，我請教了一位聯邦檢察官。他笑說，如果你想要利用這個漏洞，絕對會被起訴。我提到卡爾特教授在文章中的論點。聯邦檢察官的回答是：「法學教授說了一大堆東西。」

Q 我今天讀到：昆蟲每年為美國經濟帶來至少 570 億美元的收入。如果我們平均支付美國的每一隻昆蟲，感謝牠們對經濟的貢獻，請問每隻昆蟲會拿到多少錢？

——漢娜．麥當勞（Hannah McDonald）

經濟價值的估算很複雜，很大程度上取決於定義，但是為了這個問題，我們將以面值 570 億美元來計算。有些昆蟲負起的擔子可能比其他昆蟲多（我個人覺得螞蟻做了超級多的事情），但姑且假設我們會平均支付給每一隻昆蟲。

有多少隻昆蟲呢？1990 年代，密蘇里大學的韋佛（Jan Weaver）和海曼（Sarah Heyman）進行調查，發現密蘇里州的歐扎克（Ozark）森林每平方公尺約有 2,500 隻昆蟲。其他調查發現了更高的數字，可能因為他們調查不同類型的森林、挖土挖得更深，也可能因為他們有辦法計算更小的昆蟲。但這些調查通常在昆蟲相對較多的區域進行，全國的平均數可能比林地落葉區的平均數低很多。如果只是拿他們的數字做為全國平均數的粗略估計，意味美國大約有 2 萬兆隻昆蟲。

如果我們把這 570 億美元平均分給 20 萬兆隻昆蟲，每隻會收到 0.0000029 美元，或是每 3,500 隻昆蟲會收到 1 美分。巧合的是，在調查中，一隻昆蟲的平均重量略小於 1 毫克，所以這 3,500 隻昆蟲和牠們收到的 1 美分差不多一樣重。

根據韋佛和海曼調查的昆蟲盛行率，這筆錢將會分配如下：

- 180 億美元給蠅類（包括蚊子）
- 160 億美元給蜜蜂、黃蜂和螞蟻
- 100 億美元給甲蟲
- 70 億美元給薊馬（thrips，從植物中吸取液體的微小昆蟲）
- 10 億美元給蝴蝶和蛾類
- 10 億美元給真正的小蟲
- 40 億美元給其他昆蟲

在我看來還不錯！但做個紀錄：如果是我負責這筆預算，我要做的第一件事就是砍掉分給蚊子的資金。

> **Q** 在今日世界和昨日世界裡，就所有的社會與生物因子而言，身為人類意味什麼？
>
> **——塞斯．卡羅爾（Seth Carrol）**

我覺得，這題你本來是打算問「 Why If? 」網站吧？

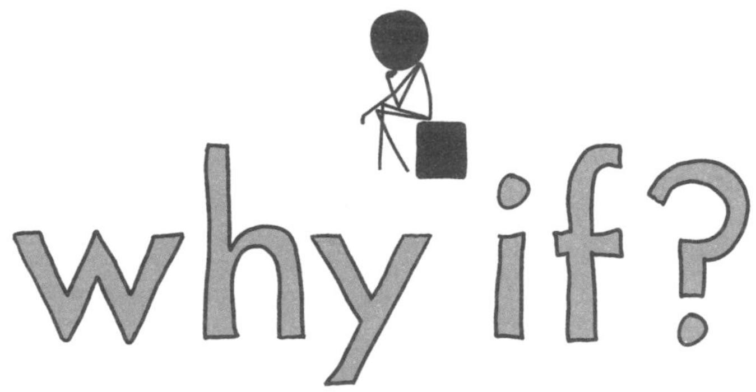

不知所云的答案
無法回答的哲學問題

19. 慢速恐龍末日

Q

如果類似希克蘇魯伯（Chicxulub）隕石的物體以較低的相對速率（比方說每小時 5 公里）撞擊地球，那會怎樣？

——貝尼．馮阿萊曼（Beni von Aleman）

它不會造成大滅絕，對於站在它的著陸點附近的任何人來說，這都會是小小的安慰。

六千六百萬年前*，一顆來自太空的大石頭撞上地球，地點在如今的墨西哥梅里達市附近。這場撞擊導致大多數恐龍滅絕。

任何來自太空的物體撞擊地球，在它到達地面時都非常快。即使物體碰到地球時正在緩慢漂移，一落入地球重力井（gravity well）範圍也會至少加速到逃逸速度。這樣的速率使物體具有大量的動能，導致小如鵝卵石的流星會燃燒的十分耀眼，而大一點的石頭可能會在地殼上撞出大窟窿。

緩慢的流星就不一樣。假設你吊著一顆流星緩緩下降，直到它懸停在地表上方 10 公分處，然後放掉。

---

* 截至 2023 年。

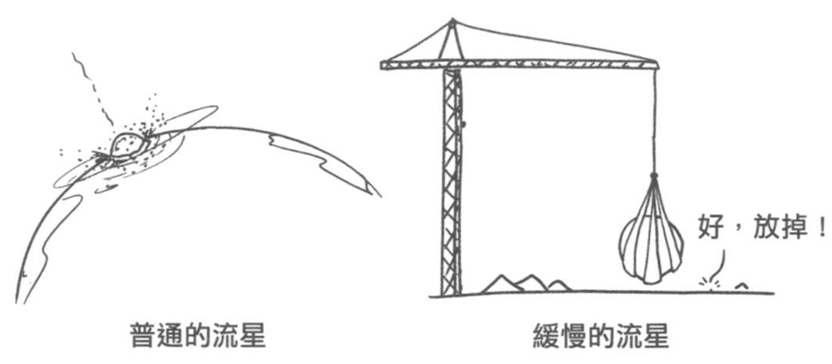

流星會跟其他物體一樣，開始掉落，十分之一秒後，它會接觸到地面。

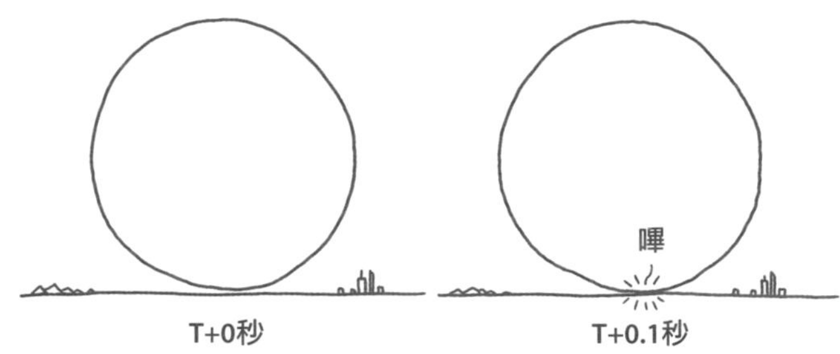

當流星的底部接觸地面時，行進速率大約是每小時 5 公里，還不到正宗「恐龍殺手流星」速率的千分之一。流星的底部可能會停在地面上，但 10 公里厚的流星上半部還會繼續下降。

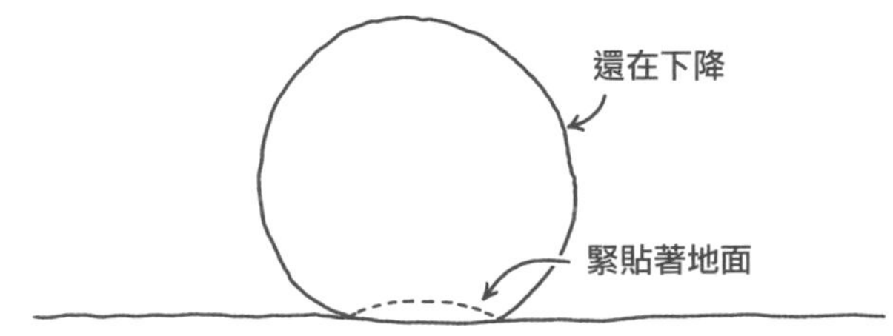

大部分的彗星和小行星都不太結實。我們習慣把小行星想像成馬鈴薯形狀的固態岩石，上面有密密麻麻的隕石坑。有些小行星看起來像那樣沒錯，但如今我們已經用機器人探測器造訪過幾個這樣的物體，得知其中有很多比較像是礫石堆，藉由重力和冰霜而鬆散的聚合在一起。它們不太像巨石，比較像沙堡。

如果用谷歌搜尋「世界上最大的沙球」，你不會找到太多東西，* 因為做一顆比壘球大的沙球很難。即使你試著用沙子加上適量的水分、小心翼翼的壓緊，你也會發現，較大的沙球無法支撐本身的重量。發生在沙球身上的事情，同樣也會發生在隕石身上。

「土壤液化」這個詞彙聽起來沒什麼，說的卻是很恐怖的事情。在某些情況下（例如地震），土壤可能會像液體般流動，這對於住在地面上的人來說真是可怕極了。隕石中的物質會經歷同樣的變形，以「超音速土壤液化全面崩塌」的方式外流到地表各處。†

在接下來的 45 秒內，流星會從下降的球體變成散開的圓盤。

---

* 我寫這段的時候真的是這樣，但等到你讀這段的時候說不定會改變。如果你是透過谷歌搜尋「世界上最大的沙球」而找到這本書，卻想不通為什麼這本書會出現在搜尋結果之首，那你終於解開謎團了！

† 我搜尋了幾個研究論文檔案，想找到關於「超音速土壤液化」的研究，但找不到，真是令人失望。或許有人正在寫計畫補助案。

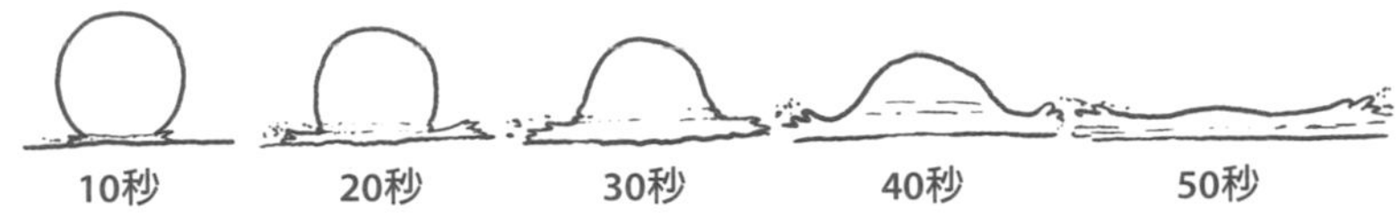

崩塌會向外蔓延好幾公里。研究「地球和太陽系其他星體上的大型崩塌」顯示，受到崩塌覆蓋的面積主要取決於物質的總原始體積，而不是沉積方式的具體細節。這告訴我們，這場崩塌會從一開始的接觸點向外蔓延大約 50 到 65 公里（說不定更遠），因為速率會比大多數的崩塌來得快。如果它發生在希克蘇魯伯撞擊的同一個地方，可能會覆蓋原本隕石坑的大部分區域。

希克蘇魯伯撞擊點位於沿岸地區，因此我們這顆流星的大部分碎片會流入海洋。如同六千六百萬年前的原始撞擊，這次撞擊也會使大量的海水移位。

白堊紀撞擊引發海嘯，席捲墨西哥灣，往內陸傳播數公里之遠。那次撞擊也劇烈震動地球，強度大到使整個地球上的水體晃動，甚至與墨西哥灣不相連的湖泊也產生海嘯般的巨浪。

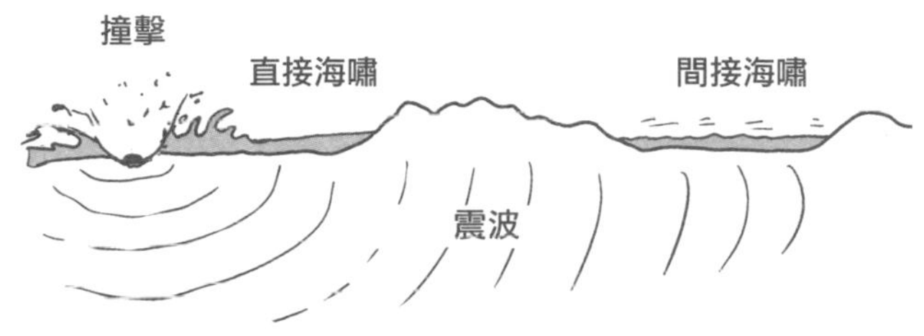

我們這次撞擊所產生的震動，不會像白堊紀那次那麼劇烈，因為我們的撞擊物會慢很多。與白堊紀的地震規模 10+ 相比，這次的撞擊相當於規模 7 的地震，我們的海嘯也會比較小。

不過，不要急著去墨西哥灣海岸看熱鬧；海浪可能不會小太多。白堊紀撞擊物的大部分能量都用來產生隕石坑，用來產生海嘯的能量部分相對較小。但是說到製造海浪的方式，把大量的物質倒入海洋可能更有效率（而不是在水裡汽化出一個洞再用物質填滿），所以我們的海嘯或許可以到達相當遠的內陸。

崩塌本身會掩埋整個梅里達市。半小時之後，海嘯會摧毀墨西哥灣沿岸的其他城市。在接下來的幾個小時裡，全世界的海洋會有較小的海浪餘波蕩漾，然後逐漸消退。

如果你住在世界的另一邊（例如雅加達或珀斯），而且在海岸短暫淹水期間遠離海岸，你就不會注意到太多別的事情。和六千六百萬年前不一樣的是，不會有噴出的碎片重新進入大氣層而引發全球性火災風暴。不會引起火山爆發。會有一些塵土被拋到空氣中，但不會有火山氣懸膠導致全球降溫。

緩慢的撞擊不會導致大規模的滅絕，但還是有可能導致滅絕。

努布拉島（Isla Nublar，電影《侏羅紀公園》的虛構地點）位於哥斯大黎加西南岸。原始影片中沒有明確提到島的規模，但哈蒙德（John Hammond）提到他安裝了「80 公里的周邊圍欄」，意味公園的面積還不到 500 平方公里。

如果人類成功複製恐龍，而且撞擊的位置往南偏移大約一千六百公里……

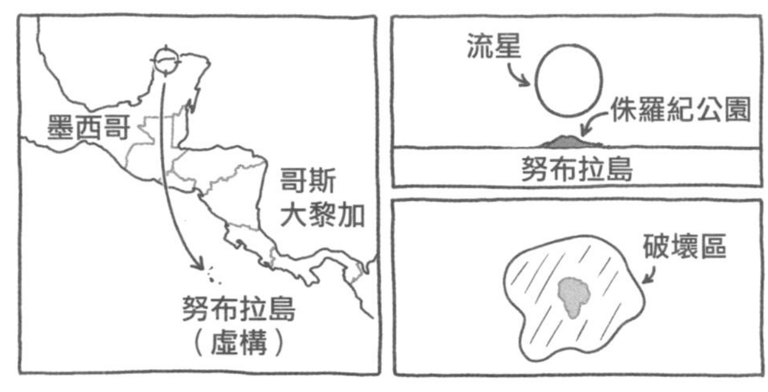

……可能會導致恐龍滅絕。

20. 元素世界

Q

如果水星（Mercury）完全由汞（英文也是 mercury）元素構成，那會怎樣？如果穀神星（Ceres）由鈰（Cerium）構成呢？天王星（Uranus）由鈾（uranium）構成？海王星（Neptune）由錼（neptunium）構成？冥王星（Pluto）由鈽（plutonium）構成呢？

——無名氏

元素世界

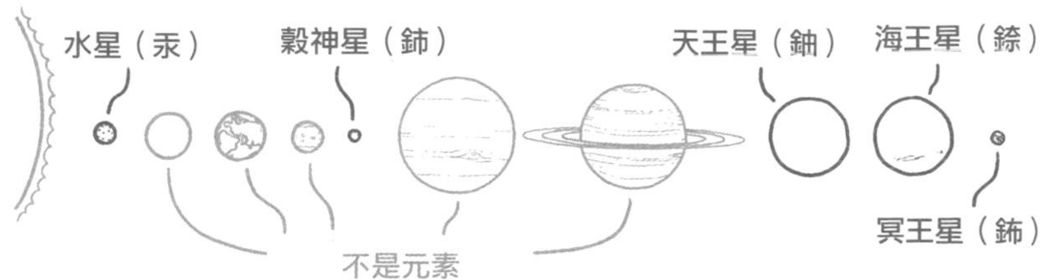

有五大星球世界與化學元素同名：水星、天王星和海王星等行星，以及穀神星和冥王星等矮行星。

從我們在地球上的角度來看，水星和穀神星不會有太大的變化。由於水星有了閃亮的半液體新表面，重量會增為兩倍多，亮度約會增為五倍。穀神星的重量會增為三倍，亮度會增為將近十倍，明亮到在黑暗的天空下用肉眼就看得到。

不幸的是，由於另外那三顆行星，會變得有點難找到「黑暗的天空」。

天王星、海王星、冥王星這三個以元素命名的世界，變化會比較劇烈一點。

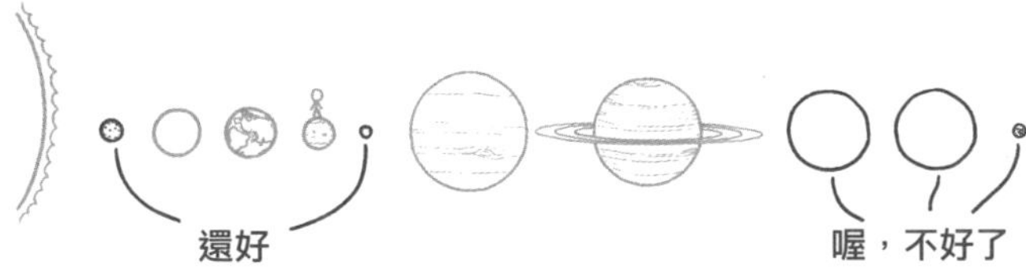

鈾、鐐、鈽都具有放射性，所以這些行星會產生大量熱能。如果冥王星由最穩定的同位素鈽 -244 構成，它的表面會變得很熱，熱到發出篝火般的橙紅色，使它的亮度從地球上勉強可以用肉眼看到——不過多虧了新加入太陽系的另外兩個成員，一年只能看到幾次。

最常見且最穩定的鈾同位素是鈾 -238，它的衰變非常緩慢，長達數十億年。一塊鈾 -238 摸起來不熱——你應付得來，沒有任何輻射中毒的危險。但是，如果你把鈾 -238 聚集成行星規模的球體，每個部分產生的一點點熱量加起來，會把行星加熱到幾千度。*

少量的金屬摸起來涼涼的，當聚集成大型球體時會變得這麼熱，或許看起來很奇怪，但這只是尺度造成的結果而已。由於體積比表面積增加得快，較大的物體每單位表面積產生的熱量較多，因此它們一定會變得更熱而輻射出去。即使每單位體積產生的熱量只有一點點，很大的物體也可能會變得超級熱。

即使是太陽的核心（發生核融合的地方），如果你能想辦法挖出一小片，那一小片也會非常冷。一杯太陽核心物質†可產生約60毫瓦的熱能。按體積計算，那和蜥蜴身體的熱量產生率差不多，但比人體的熱量產生率少。某方面來說，你比太陽還要熱——只不過，沒有那麼多的你。‡

---

* 華氏、攝氏、克氏，無論哪一種溫度都是如此。

† 如果你發現某食譜需要這樣東西，請勿嘗試。

‡ 除非你是蜥蜴，在這種情況下，嗨，謝謝你爬到這本書上！我希望這一頁能翻開曬太陽，這樣才暖和。

真實的天王星（靠陽光反射）太暗了，用肉眼看不到，不過，如果幸運的話，用雙筒望遠鏡看得到。超級熱的鈾天王星會閃閃發光，像普通恆星一樣在天空中清楚可見。

	之前	之後
水星	可見	可見
穀神星	不可見	可見
天王星	勉強可見	可見
海王星	不可見	啊，我的眼睛！
冥王星	不可見	可見

海王星會是真正的問題。

錼不是你平常會遇到的東西。鈾和鈽一點也不常見，但由於它們在核武器中扮演重要角色，所以知名度很夠。錼在元素週期表上是它們的鄰居之一，名氣卻遠遠比不上。

錼偶爾才會被提到。2019 年初，俄亥俄州南部一所中學在學年中突然關閉。什麼原因呢？錼汙染。學校距離普茲茅斯氣體擴散工廠（Portsmouth Gaseous Diffusion Plant）只有幾公里，這家工廠原本是核燃料的加工地點，於 2001 年停止運營。2019 年初，學區接到通知，學校對面的能源部空氣監測儀檢測出過量的錼，可能是工廠廢棄物處理的副產品。學區立即關閉學校，隨後關閉了一整年。*

錼具有高放射性。微量的錼就夠危險了，你絕對不希望整個行星都是錼。如果海王星是由錼構成的，會遠比它的鄰居天王星和冥王星產生更多的熱能。海王星不僅會熱到足以發光，還會產生超級多的熱能，以致會汽化，形成厚厚的氣態錼大氣層。

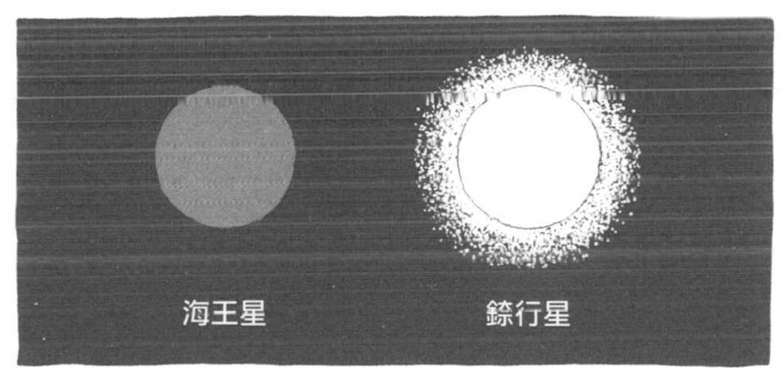

海王星會像中等規模的恆星一樣亮。它不會比太陽更亮（太陽在恆星來說算是亮的），但海王星表面會比太陽表面更熱，所以它的顏色會更藍。

海王星離我們比太陽遠得多，所以它的視亮度會降低，但它仍然會像一輪明月般明亮。

---

* 能源部表示，後續的調查並沒有發現學校受到汙染的證據，但並非所有人都認同，因此調查持續進行，學校繼續關閉。

海王星和月球不一樣，它沒有月週期。由於海王星環繞太陽一周需要一個半世紀以上，所以它會連續幾年每晚出現在大致相同的位置與群星為伍。2020 年代，從 6 月到 12 月的大部分夜晚，海王星都會在天空中掠過水瓶座、雙魚座和飛馬座。在接下來的幾十年裡，它會在天空中緩慢移動，穿越白羊座和金牛座。它的光芒會使獵戶座幾乎隱形數十年。

當大如披薩的海王星
照到你的眼睛
那就是 X 光*

除了一些天文和占星方面的麻煩之外，地球上的生命可能會繼續存在，不會有太多麻煩。新的放射性行星內部會變熱，但核分裂釋放出的能量不足以造成災難。我們的大氣層會保護我們避免受到從雙魚座方向流向地球的任何奇特粒子的影響。

喂？我是「雙子座」。
你說得對，因為我現在
正從雙魚座接收到很多
負能量。

* 編注：原曲為狄恩．馬丁（Dean Martin）的〈那就是愛〉（That's Amore），歌詞是「當大如披薩的月亮照到你的眼睛／那就是愛」（When the moon hits your eye like a big pizza pie / That's amore.）

如果我們不是用穩定的同位素，情況會截然不同。如果天王星是由鈾 -235 而不是鈾 -238 構成的，情況會糟得多。任何一塊比壘球大的鈾 -235 都夠大，可以進行核分裂。鈾 -235 會立刻產生失控的連鎖反應，使整個行星變成一團不斷膨脹的高能粒子和 X 光雲。不到三小時之後，衝擊波將會到達（並且完全覆滅）地球，掀去地表，留下一團熔融懸在天空。

我們學到的教訓是：如果有各種同位素讓你選，而你不確定該選哪一種，選最穩定的那一種就對了。

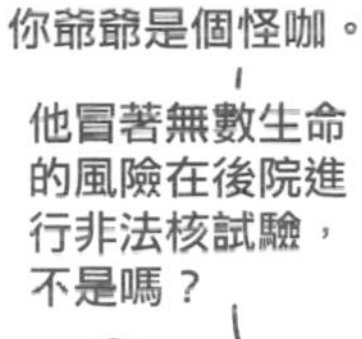

21. 一秒之日

Q

如果地球自轉加速到一天只持續一秒，會發生什麼事？

——迪倫（Dylan）

那會是世界末日，但每兩週會有一段短暫時間比世界末日還要慘。

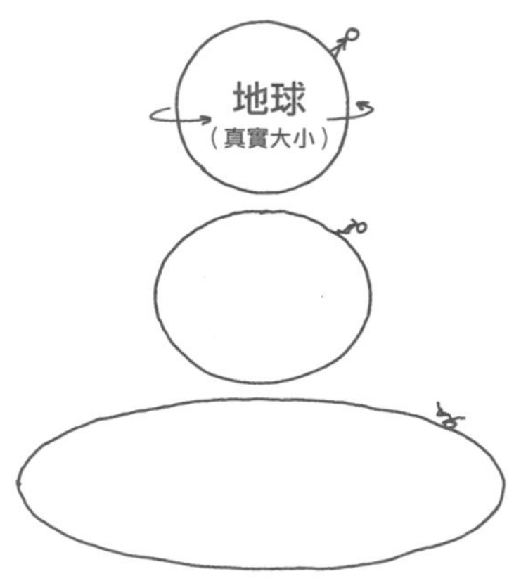

地球在自轉，〔誰說的？〕這意味地球的中間部分被離心力不斷的向外甩。此離心力雖不足以克服重力、使地球分崩離析，但足以使地球變得稍微扁平，使你在赤道的重量比你在兩極的重量少了將近 0.5 公斤。*

如果地球（及地球上的一切）突然加速到一天只持續一秒鐘，地球會連一天也撐不過去。† 赤道會以超過 0.1 光速的速率運動。離心力會變得比重力強很多，於是地球的組成物質會被甩出去。

你不會馬上死掉——你可能會存活幾毫秒，甚至幾秒鐘。這或許看起來不多，但比起其他涉及相對論速率的《如果這樣，會怎樣？》假設情境，這樣算是相當久了。

地殼和地幔會四分五裂。等到過了一秒鐘‡，人氣已經擴散到太稀薄而無法呼吸——不過即使是在相對靜止的兩極，你恐怕還來不及窒息就活不成了。

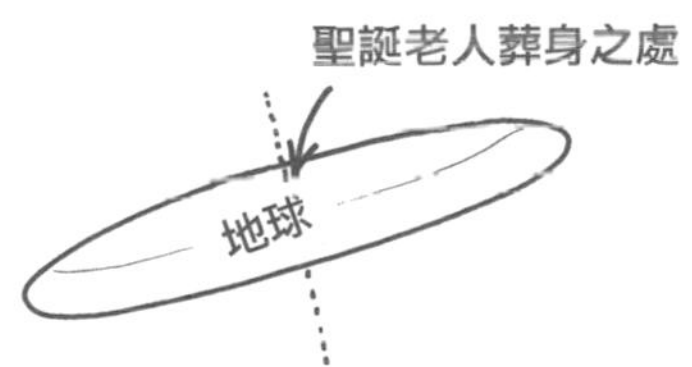

* 這是由於多種效應的綜合結果，包括離心力、地球的扁平形狀，以及如果你在北美往極地方向走得夠遠，人們就會開始請你吃肉醬。

† 無論是一天還是一秒。

‡ 我的意思是：一天。

在最初的幾秒鐘內，膨脹會使地殼粉碎成為旋轉的碎片，殺死地球上幾乎所有人，不過和接下來會發生的事情相比，那算是相當平和的。

所有東西都會以相對論等級的速率運動，但每一塊地殼的運動速率都和隔壁的差不多，所以不會立即發生任何相對論等級的碰撞。這代表事情會相對平靜……直到碟子般的地球撞到什麼東西。

第一道障礙物會是地球周圍的人造衛星帶。40 毫秒之後，國際太空站（ISS）會被膨脹的大氣層邊緣擊中而瞬間汽化。接著會有更多的人造衛星遭殃。一秒半之後，碟子般的地球會到達在赤道上方繞行的地球同步衛星帶。隨著地球吞噬衛星帶，每一個衛星都會發射出強烈的伽瑪射線。

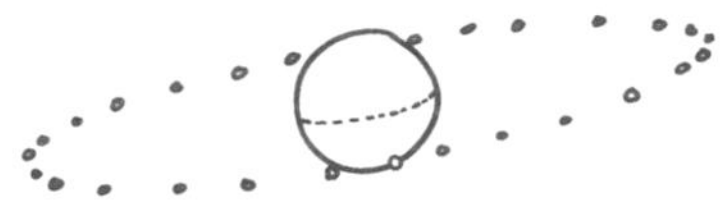

地球的碎片會像愈來愈大的圓鋸那樣往外切。碟子地球大約需要 10 秒才會經過月球，再過一個小時會延伸到太陽以外，在一兩天之內會跨越太陽系。每次碟子吞沒小行星時，都會向四面八方噴出大量能量，最終對太陽系的每一個星體表面進行消毒。

由於地球是傾斜的，太陽和行星通常不會對齊地球的赤道面，所以它們很有可能躲過地球的大圓鋸。

然而，每兩個星期，月球會穿越地球的赤道面。如果迪倫在這個時候使地球加速，月球會正好位在愈來愈大的碟子的路徑上。

撞擊會使月球變成彗星，藉著一波高能碎片衝出太陽系。發出的熱和閃光會非常亮，以致如果你站在太陽表面上，上方的閃光會比底下的太陽還要亮。太陽系的每一個星體表面（木衛二的冰、土星的環和水星的岩石地殼）都會被月光……

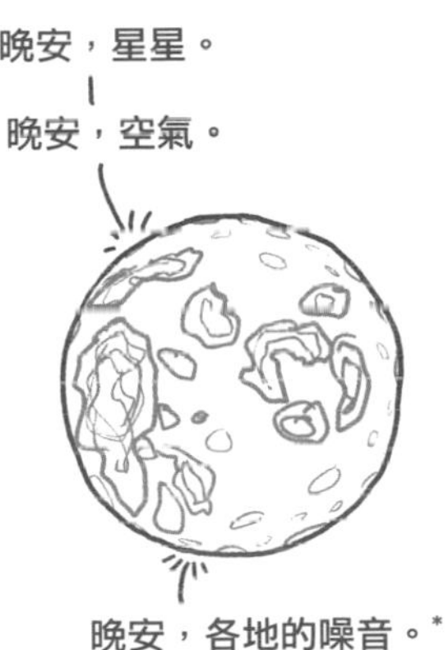

……照得亮晶晶。

* 編注：出自瑪格麗特．懷絲．布朗（Margaret Wise Brown）的繪本《晚安，月亮》（*Goodnight Moon*）。

22. 十億層樓建築物

Q

我女兒 4 歲半，她老是吵著要一棟十億層樓的建築物。結果不僅很難讓她明白這有多大，而且我根本沒辦法解釋必須克服的一大堆困難。

——凱拉（Keira）和史蒂夫．布羅多維茨（Steve Brodovicz），來自賓州梅迪亞

凱拉，如果妳蓋太大的建築物，上面的部分很重，會把下面的部分壓扁。

妳有沒有做過花生醬塔？做小小的塔很容易，像是在餅乾上塗「花生醬城堡」。它會夠堅固，可以撐得住。但是如果妳想要蓋非常大的城堡，整個東西就會垮下來，像鬆餅一樣。

凱拉請注意：如果妳爸爸跟妳說不要用花生醬蓋東西，不要聽他的。如果他抱怨桌上亂七八糟，那就偷偷把罐子拿進妳的房間，在房間的地毯上蓋塔。我說可以就可以。

發生在花生醬身上的事情，同樣也發生在建築物身上。我們蓋的建築物很堅固，但是我們不能蓋那種一路通到太空的建築物，不然上面的部分會把下面的部分壓扁。

我們可以蓋非常高的建築物。最高的建築物有將近 1 公里那麼高，如果我們想要的話，說不定可以蓋 2 公里甚至 3 公里高的建築物，它們在本身的重量之下還有辦法站得好好的。更高的話，可能會有麻煩。

但是除了重量之外，高層建築物還會有其他的問題。

其中一個問題是風。高空的風非常強，建築物必須非常堅固才挺得住風而屹立不搖。

令人意外的是，電梯會是另一個大問題。高層建築物需要電梯，畢竟沒有人想要爬幾百層的樓梯。如果建築物有很多樓層，就需要很多部電梯，因為同時會有很多人想要上上下下。如果建築物蓋得太高，整棟建築物都會被電梯占據，那就沒有空間可以用來做普通房間了。

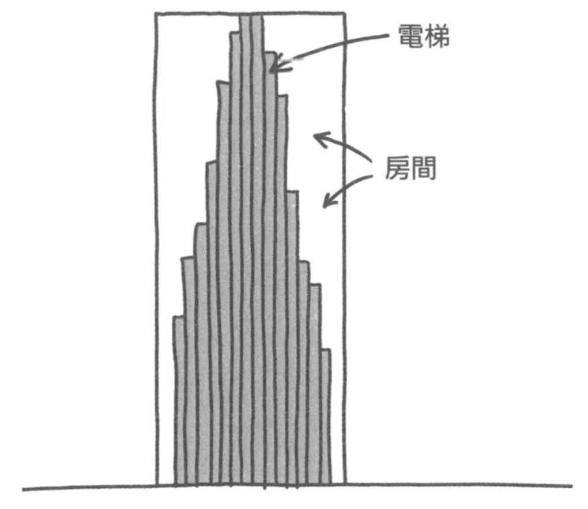

或許妳可以想辦法，在沒有太多電梯的情況下讓人們到達自己的樓層。妳可以用第 6 章裡的鴿子試試看。妳可以蓋 10 層樓高的巨型電梯。妳可以蓋像雲霄飛車那麼快的電梯。妳可以用熱氣球讓人們飛到自己的房間。或是妳可以用彈射器來發射他們。

電梯和風是大問題，但最大的問題會是錢。

要蓋很高的建築物，就得花一大筆錢，沒有人想要花大錢蓋很高的建築物。高達幾公里的建築物會花掉幾十億美元。十億美元是一大筆錢！如果妳有十億美元，妳可以買太空船、拯救世界上所有瀕臨絕種的狐猴、給每個美國人一美元而且還剩下一些。大部分的人不覺得幾公里高的巨塔有多重要，值得為它花一大筆錢。

如果妳真的很有錢，付得起一座塔給自己住，而且解決了所有的工程問題，蓋十億層樓高的塔還是會遇到問題。十億層樓實在是太多了。

大型的摩天大樓可能有大約 100 層樓，意思是它和 100 棟小房屋一樣高。

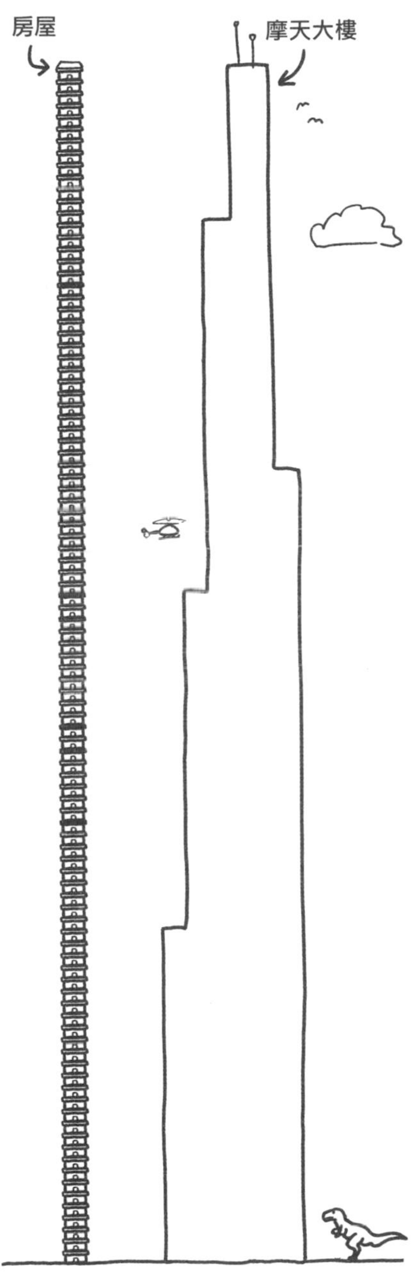
房屋
摩天大樓

如果妳把 100 座摩天大樓堆疊起來，蓋成超級摩天大樓，它會到達距離太空的一半：

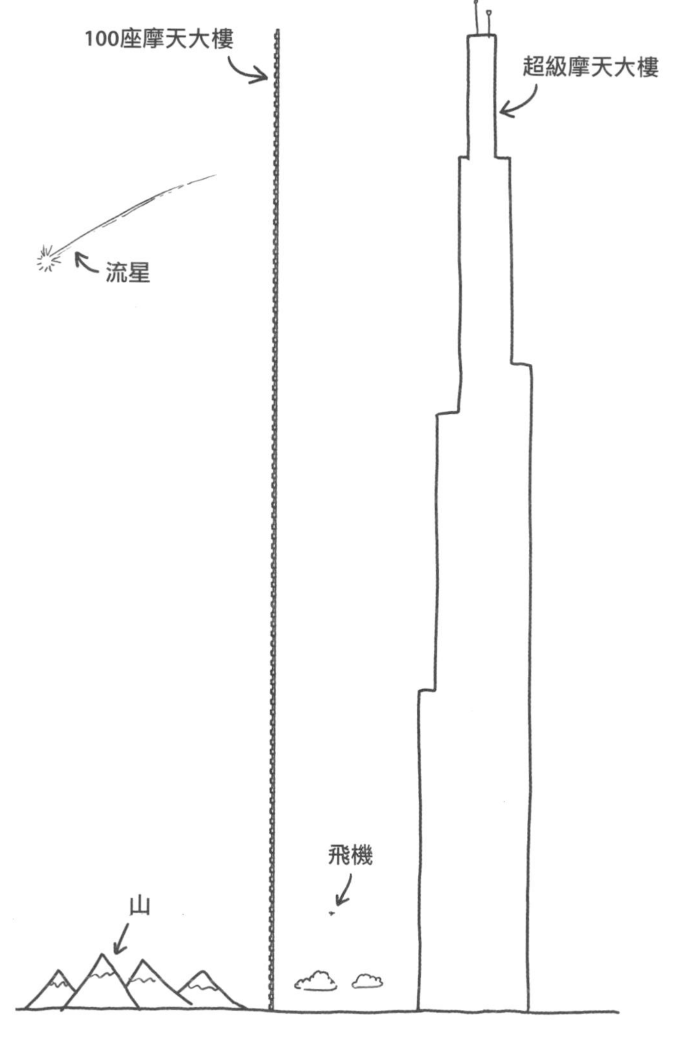

這座超級摩天大樓還只有 10,000 層樓，比妳的十億層樓少很多！這 100 座摩天大樓的每一座都有 100 層樓，所以整座超級摩天大樓會有 100 乘上 100 = 10,000 層樓。

但是妳想要有 1,000,000,000 層樓的摩天大樓。我們來堆疊 100 座超級摩天大樓，蓋成超超級摩天大樓：

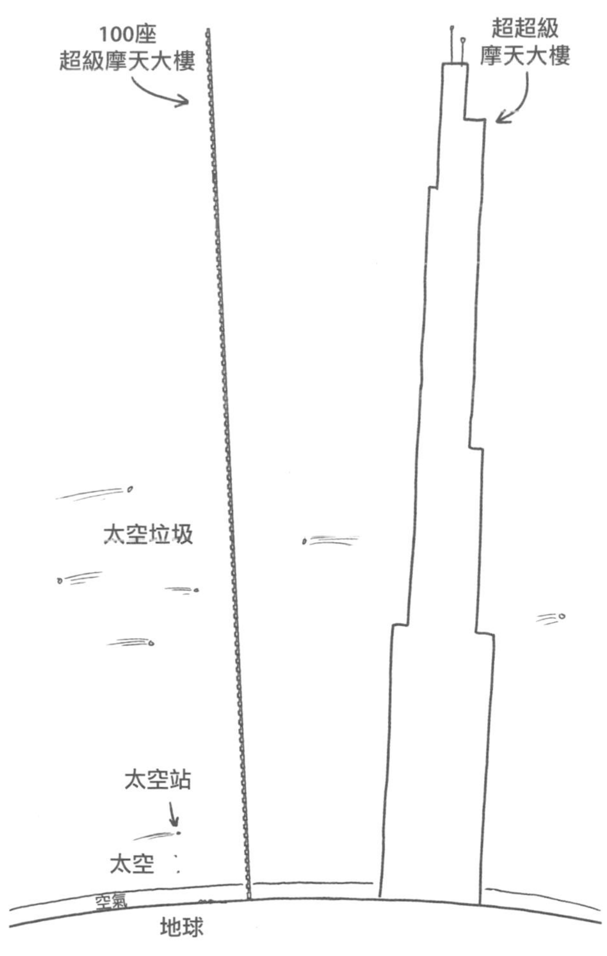

超超級摩天大樓會超出地球非常遠，遠到太空船會撞上它。如果太空站朝著巨塔前進，他們可以用本身的火箭避開它。* 壞消息是，太空充滿了殘破的太空船、衛星和垃圾碎片，它們都在到處亂飛。如果妳蓋了超超級摩天大樓，太空船的零件終究會撞上它。

無論如何，超超級摩天大樓只有 100 乘上 10,000 = 1,000,000 層樓。這樣還是比妳想要的 1,000,000,000 層樓小很多！

我們來堆疊 100 座超超級摩天大樓，蓋成超超超級摩天大樓：

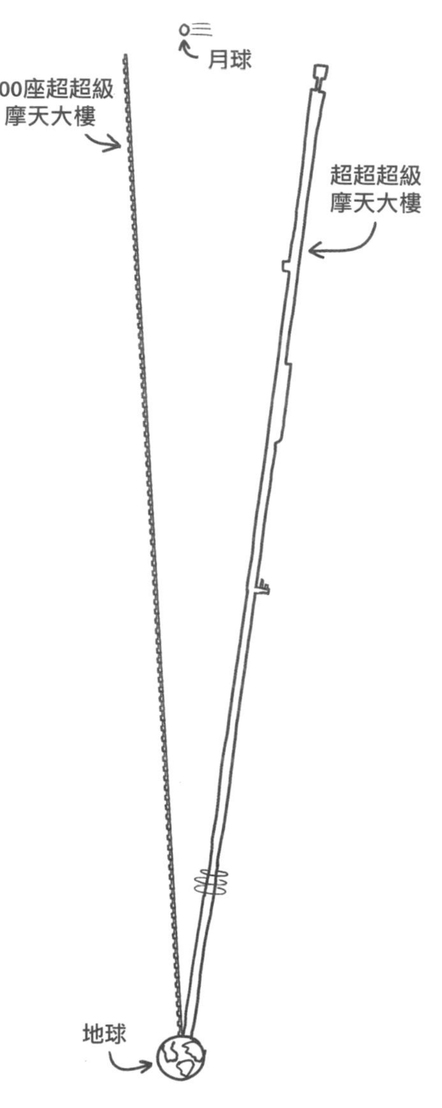

* 他們必須一再閃避妳的巨塔，脾氣可能會變得非常暴躁，所以在他們經過時，妳可能想用軌道砲將燃料和零食發射到窗外。

超超超級摩天大樓會超級高，高到頂端幾乎快要碰到月球。

但是它才只有100,000,000層樓！為了達到1,000,000,000層樓，我們必須將10座超超超級摩天大樓堆疊起來，蓋成凱拉摩天大樓：

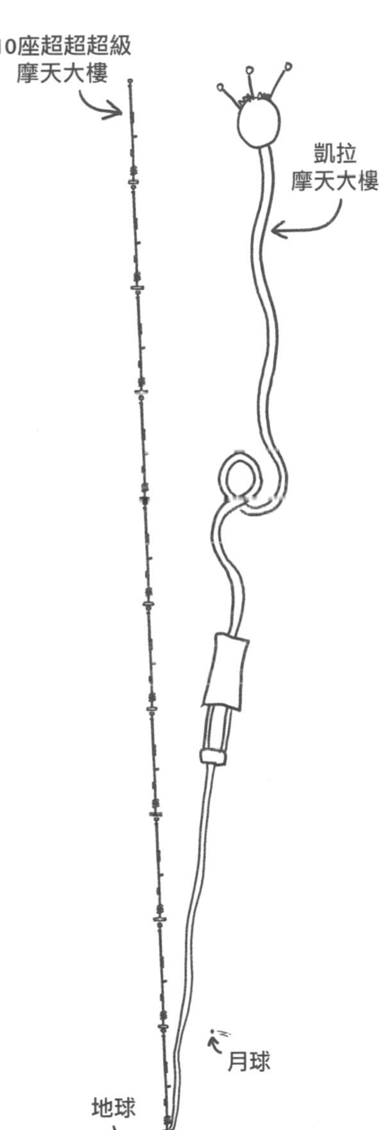

凱拉摩天大樓幾乎不可能蓋得成。妳必須防止它墜向月球、被地球的重力拉開，或是倒下來撞上地球，像殺死恐龍的巨大流星一樣。

但是有些工程師的想法和妳的巨塔有點像——稱為太空電梯。太空電梯沒有妳的塔那麼高（只會到達距離月球的半途），但很接近！

有人認為我們可以蓋太空電梯。有人認為這個想法很荒謬。我們還不能蓋，因為有些問題我們不知道如何解決，像是如何把塔蓋得夠堅固，以及如何送電上去讓電梯可以動。如果妳真的想要蓋超級高的塔，妳可以研究他們正在努力解決的一些問題，最後成為想出辦法解決這些問題的人。或許，有一天，妳可以蓋出通往太空的巨塔。

不過，我很確定，它不會是用花生醬蓋的。

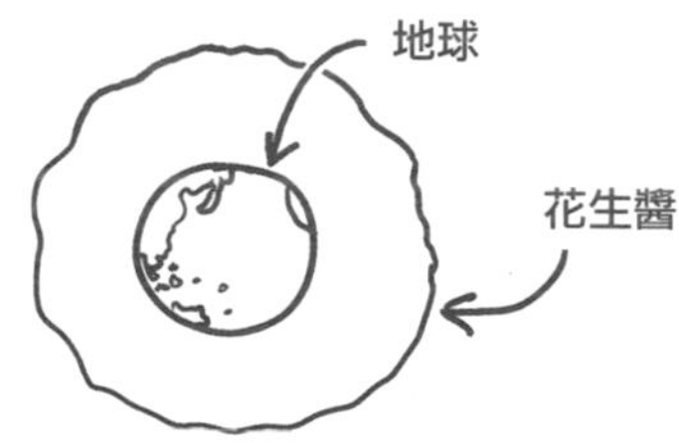

23. 天價訴訟案

Q

如果 Au Bon Pain 餐廳輸掉 2014 年的訴訟案，必須付給原告 2 澗美元的天價賠償金，那會怎樣？

凱文・安德希爾（Kevin Underhill）

2014 年，麵包咖啡連鎖店 Au Bon Pain（還有一些其他的機構）遭到某人起訴要求支付 2 澗（undecillion，10^{36}，萬億億億億）美元的損害賠償金。訴訟很快就被駁回，但很多法律人士可能不得不查一下澗這個單字。

這是原告要求的金額：

$2,000,000,000,000,000,000,000,000,000,000,000,000

根據 2021 年波士頓諮詢集團的報告，這是世界上所有的金錢總額：

$250,000,000,000,000

$2,000,000,000,000,000,000,000,000,000,000,000,000

這是粗略估計自從人類演化以來，人類生產的所有商品和服務的經濟價值：

|← ≈ →| $3,100,000,000,000,000
$2,000,000,000,000,000,000,000,000,000,000,000,000

就算 Au Bon Pain 征服了地球，讓每個人從現在開始為他們工作，直到恆星死亡，他們得到的賠償也是微乎其微。

或許人根本沒什麼價值。目前環保署用 970 萬美元當作「統計上的生命價值」，不過他們極力強調，這絕對不是他們看待任何真正人類生命的價值。* 無論如何，按照他們的衡量標準，全世界所有人類的總價值只有約 75 千兆美元。†

但地球上並不是只有人類而已。在地球的所有原子中，每 10 兆個原子中只有 1 個屬於人體的一部分。或許有價值的是其他東西。

地殼包含一大堆原子，〔誰說的？〕其中一些可能很有價值。如果你開採、提煉所有的元素，‡ 然後出售，市場就會崩潰。§ 但是如果你想辦法以目前的市場價格出售，它們的價值會是

|← 比較接近 →| $1,600,000,000,000,000,000,000,000
$2,000,000,000,000,000,000,000,000,000,000,000,000

---

* 我不禁注意到，他們沒有說他們認為這個數字會更高還是更低。

† 全球石油總儲存量僅僅價值數百兆，這代表純粹從會計的角度來看，「不用鮮血換石油」的口號是很有道理的。

‡ 這只是該想法在實行上沒有意義的眾多原因之一。許多元素（如鈾 -235）之所以有價值，是因為很難製造或提煉，而不只是因為很稀有。

§ 有兩種意義：一是供應會導致價格下跌，二是市場位於地幔上方 30 公里處，而你正好拿走了支撐它的地殼。

奇怪的是，那樣的價值並非來自黃金和白金之類的東西。黃金和白金價值不菲，但很稀有。最大宗的價值來自鉀和鈣，其餘大部分來自鈉和鐵。如果你打算把地殼當成廢料來賣，或許你應該特別注意的那些東西。

可惜的是，即使把地殼當成廢料來賣，離我們所需要的數字還是遙不可及。

我們可以連地核也賣了，那裡有鐵、鎳及少量的貴金屬，但事實證明，這樣還是無濟於事。訴訟案要求的金額太龐大了。事實上，純金打造的地球也不夠。和太陽一樣重的白金也不夠。

按重量計算，在公開市場上買賣的最有價值的單一物件，可能是瑞典三先令錯體郵票。已知它只有唯一的一張，於 2010 年賣出 230 萬美元以上的高價，相當於每公斤郵票至少 300 億美元。如果地球的重量全部都是郵票，還是不足以償還 Au Bon Pain 的潛在債務。*

如果 Au Bon Pain 公司決定故意刁難，全部用一分錢硬幣來償還債務，這些硬幣形成的球體將會擠進水星的軌道以內。最重要的是，支付這筆和解金在任何意義上幾乎都是不可能的。

幸好，Au Bon Pain 有更好的選擇。

凱文（問這個問題的人）是律師，也是法律方面的幽默部落格「降低門檻」(Lowering the Bar) 的作者，他在部落格報導了 Au Bon Pain 的案例。他告訴我，世界上時薪最高的律師可能是前總檢察長奧爾森（Ted Olson），他在申請破產時曾透露，他每小時收費 1,800 美元。

---

* 此外，如果整個地球真的都是郵票，這些郵票的價值可能會降低，但那是 Au Bon Pain 的問題中最不重要的。

假設我們的銀河系有 400 億顆宜居行星，每顆行星的人口規模都和地球一樣，住著 80 億的奧爾森。

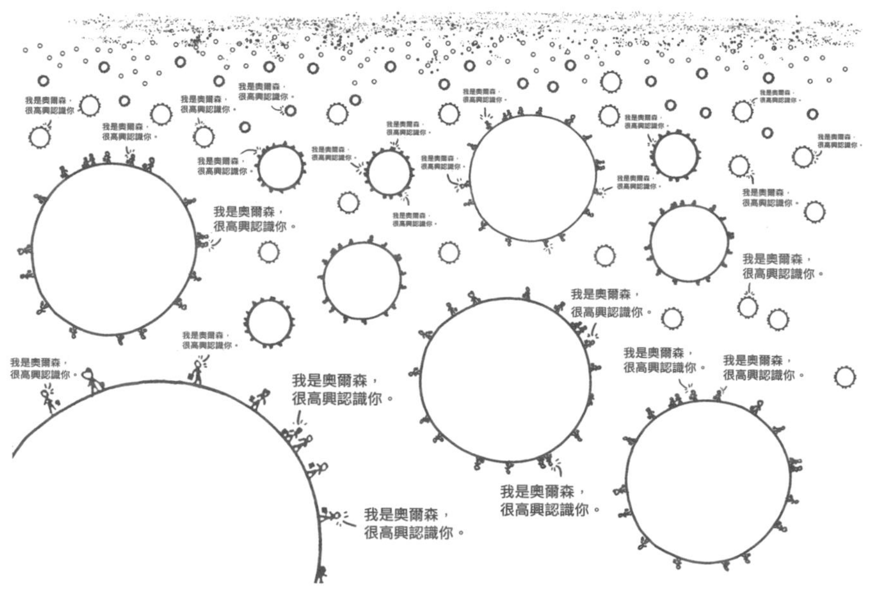

如果你被起訴 2 澗美元的天價，而你雇用銀河系裡的每一位奧爾森來為你辯護，讓他們每週工作 80 小時，一年 52 週，歷經一千個世代……

值得！　奧爾森費用

$50,000,000,000,000,000,000,000,000,000,000,000

$2,000,000,000,000,000,000,000,000,000,000,000,000

……你花的錢還是比萬一你輸了還要少。

24. 星星所有權

Q

如果每個國家的領空向上無限延伸，請問在任何給定的時間，哪個國家會擁有最大比例的銀河系？

魯文・拉扎魯斯（Reuven Lazarus）

恭喜澳洲成為銀河系的新首領。

澳洲國旗上有幾個符號，包括代表南十字座的五顆星星。根據這個問題的答案，或許他們的國旗設計師應該想遠一點。

舊國旗

有人提議的新國旗

南半球國家對於星星所有權具有優勢。地軸相對於銀河系是傾斜的；我們的北極大致上是遠離銀河系的中心。

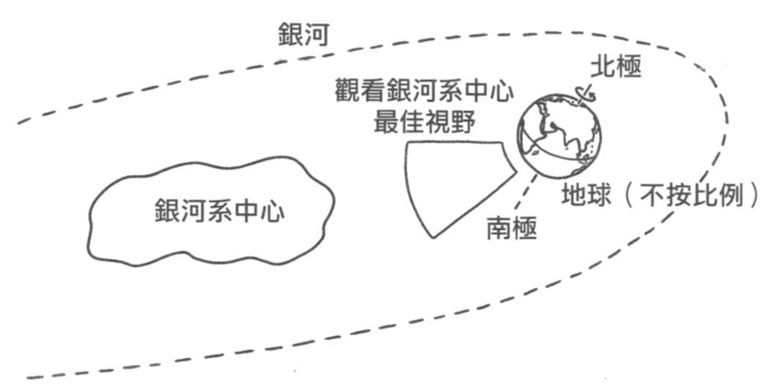

如果每個國家的領空向上無限延伸，銀河系的中心會一直處於南半球國家的管轄範圍，隨著地球自轉，其所有權在一天的過程中會不斷的易手。

若以極大值計算，澳州管轄的星星會比其他任何國家還要多。銀河系中心的超大質量黑洞每天都會進入澳洲布里斯班以南、靠近布羅德沃特（Broadwater）小鎮的領空。

大約一小時之後，幾乎整個銀河系中心（還有超大一塊的銀河星盤）都會落入澳洲的管轄範圍內。

在一天裡的不同時段，銀河系中心會穿越南非、賴索托、巴西、阿根廷和智利的領空。至於美國、歐洲和亞洲大部分地區，就只能滿足於擁有銀河星盤的外圍部分。

不過，北半球並不是只分到渣滓。銀河星盤的外圍有一些很酷的東西——例如天鵝座 X-1，那是個黑洞，目前正在吞噬超巨星。* 每天，當銀河系中心通過太平洋上空時，天鵝座 X-1 就會進入美國北卡羅來納州上方的領空。

* 天文物理學家霍金（Stephen Hawking）和索恩（Kip Thorn）有場著名的賭局，主角正是天鵝座 X-1，他們打賭「天鵝座 X-1 是不是黑洞」。霍金一輩子幾乎都在研究黑洞，他賭天鵝座 X-1 不是黑洞。他的盤算是，如果事實證明黑洞不存在，至少他會贏得賭局當作安慰獎。結果他的賭運不佳，他輸了。

雖然擁有黑洞會很酷，但美國也會有幾百萬個行星系統在領空不斷的進進出出——這樣可能會導致一些問題。

大熊座 47 擁有至少三顆行星，說不定更多。如果其中任何一顆行星上有生物，則那些生物每天都會通過美國上空一次。這代表每天在幾分鐘的時段裡，那些行星上發生的任何謀殺案基本上是發生在紐澤西州。

對紐澤西州的法庭制度來說，幸運的是，海拔高度超過 20 公里的地方通常視為「公海」。根據美國律師協會 2012 年冬季號《海事海商法委員會通訊》，這代表該海拔高度以上的死亡（甚至是太空中的死亡）受到 1920 年《公海死亡法》（Death on the High Seas Act, DOHSA）的保障。

但是，如果大熊座47上的任何外星人考慮根據《公海死亡法》美國法院提起訴訟，他們將會大失所望。《公海死亡法》的訴訟時效為 3 年，但大熊座 47 距離我們超過 40 光年……

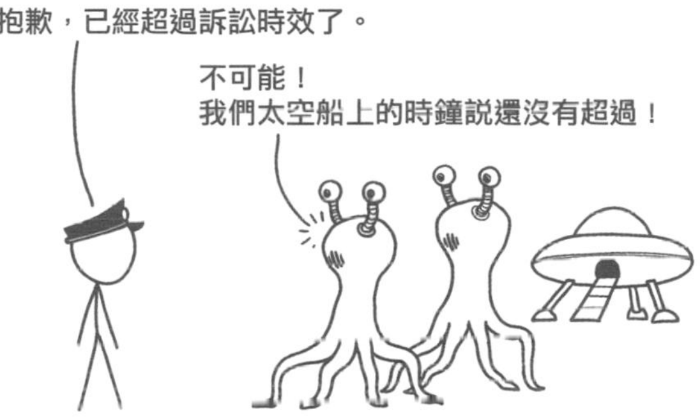

……這意味著，在物理上來說，他們不可能及時提出指控。

25. 輪胎橡膠

Q

千千萬萬輛汽車和卡車上的橡膠輪胎，胎面最初大約有 1.3 公分，到最後都磨平了。橡膠應該無所不在，不然至少公路應該會變厚才對。請問那些橡膠跑去哪裡了？

——弗雷德（Fred）

這是個好問題。那些橡膠肯定存在於某些地方，但以下的可能選項聽起來都不太妙。

輪胎損失多少橡膠，亦即新輪胎和磨平的「光禿」輪胎之間的差異，可以用簡單的計算來估計：

$$\text{損失的橡膠} = \text{輪胎直徑} \times \text{胎面寬度} \times \pi \times (\text{厚度}_{\text{新}} - \text{厚度}_{\text{禿}})$$

$$\approx 1.6\ \text{公升}$$

輪胎損失的橡膠超過一公升，這可不少，可能占了輪胎總體積的 10 ～ 20%。

一公升的輪胎橡膠

如果輪胎在磨平之前行駛了 100,000 公里，意味它會沿路留下橡膠印，印跡大約相當於一個原子的厚度。實際上，橡膠並不是均勻脫落，而是以小粒子和小塊狀的形式脫落，偶爾會一下子被刮掉一大片。如果駕駛猛踩剎車而打滑，輪胎往往會留下一條清晰可見的厚厚橡膠印。

特別繁忙的公路車道每小時可能運載多達 2,000 輛汽車。如果所有損失的橡膠都留在車道的表面上，道路每天會升高大約一微米，也就是每年升高三分之一公釐。

如果輪胎橡膠真的持續黏在路面上，其實這樣很棒（至少從環境的角度來看），但在大多數情況下並非如此。正常駕駛過程中釋放的粒子通常很小，小到可以飄在空中，或是被風、雨及其他路過的車輛沖刷出路面。這些橡膠粒子從公路上飄走，最終進入空氣、塵泥、河流、海洋、土壤和我們的肺。

我說過，肺應該是用來呼吸空氣的！

吸入那些輪胎粒子可能對我們有害，對環境也不好。輪胎橡膠粒子是河流和海洋中塑膠微粒的主要來源，它們會影響水的化學成分，而且往往被海洋動物吞食。科學家正在研究這些塑膠微粒的影響——例如，2021 年的研究發現，西北太平洋的鮭魚大量死亡和暴雨徑流中的輪胎橡膠化學物質有關。

輪胎橡膠廢棄物是很難解決的問題。我們已經減少環境中塑膠粒子的某些其他來源（許多國家已經禁止在化妝品中使用塑膠微粒），但對於輪胎排放物似乎沒有快速的解決辦法。

我不知道大家說的是什麼意思
這個問題似乎很容易解決。

關於減少環境中的輪胎橡膠，有人提出了一些想法。加強過濾道路暴雨徑流可能有幫助。研究輪胎中哪些化學物質造成最多問題、尋求替代品似乎也是好主意。還有幾個研究團體曾提出「捕捉從輪胎脫落的橡膠粒子」的機制。

不過，如果你有任何想法，這絕對是大可採用突破以往做法的領域！

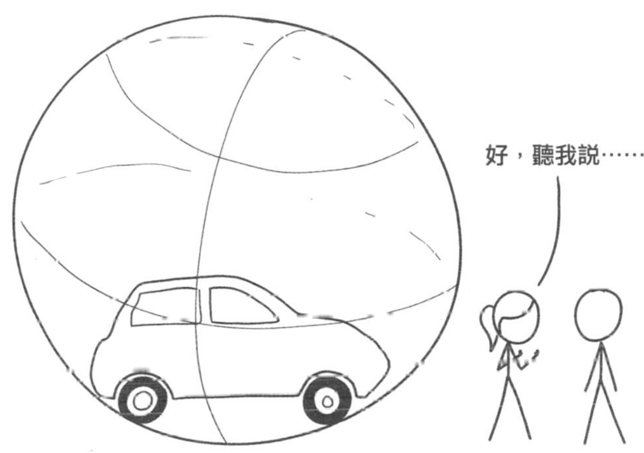

26. 塑膠恐龍

Q

塑膠是石油製成的，而石油是死掉的恐龍製成的，請問塑膠恐龍的成分中有多少真正的恐龍？

——史蒂夫．萊德福（Steve Lydford）

我不知道。

煤和石油稱為化石燃料，因為它們是由千百萬年來埋在地底下的死亡生物殘骸所形成的。「地下的石油來自何種死掉的生物？」標準答案是「海洋浮游生物和藻類」。換句話說，那些化石燃料中並沒有恐龍化石。

只不過，那個答案不太正確。

我們大部分的人看到的石油，只是它的精煉形式，例如煤油、塑膠，以及從加油槍流出來的東西，所以很容易把石油的來源想像成某種均勻的黑色冒泡物質，每個地方都一樣。

但化石燃料帶有自身原始來源的指紋。煤、石油和天然氣的不同特性，取決於進入其中的生物體，以及牠們的身體組織長久以來發生了什麼樣的變化；取決於牠們住在哪裡、牠們如何死亡、牠們的遺骸最終葬身何處，以及牠們經歷了什麼樣的溫度和壓力。

死亡的物質帶有自身生命歷史的化學印記，千百萬年來以各種不同的方式混雜在一起。我們將它挖出來之後，費了不少工夫剝掉這段故事的證據，將複雜的碳氫化合物精煉成均勻的燃料。當我們燃燒燃料時，它們的故事終於灰飛煙滅，釋放出束縛在它們身上的侏羅紀陽光，為我們的汽車提供動力。*

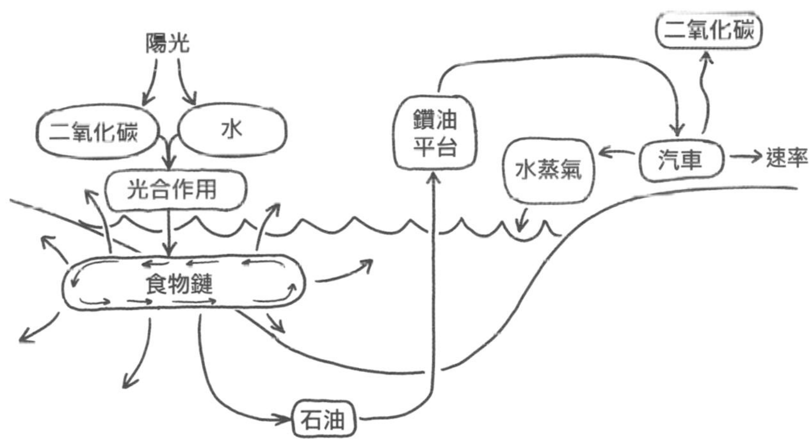

* 藉由光合作用，生物體利用陽光將二氧化碳和水結合成為複雜的分子。當我們燃燒石油時，最終又將那些二氧化碳和水歸還給大氣——將儲存了千百萬年的二氧化碳一下子釋放出來。這件事產生了某些後果。

岩石承載的故事很複雜。有時候，故事片段的缺漏、丟失或變化會以某種方式誤導我們。學術界和石油業界的地質學家都很有耐心，努力重建這些故事的不同面向，以便了解證據在對我們訴說些什麼。

大部分的石油確實來自埋藏在海底的海洋生物，也就是說，基本上不是恐龍。不過，我們的燃料中含有恐龍的魂魄——這麼詩情畫意的想法在某方面來說也沒錯啦。

石油需要幾件事情才能形成，包括在低氧環境中將大量富含氫的有機物質「快速掩埋」。這些條件在大陸棚附近的淺海區最常見，那裡有來自深海、富含養分的週期性湧升流，讓浮游生物和藻類大量繁殖。這些暫時的榮景沒多久就消耗殆盡，生物紛紛死亡，如海雪般沉落到缺氧的海底。如果牠們遭到迅速掩埋，最終可能會形成石油或天然氣。相反的，陸地生物比較可能形成泥炭，最終變成煤。

如下圖所描繪的：

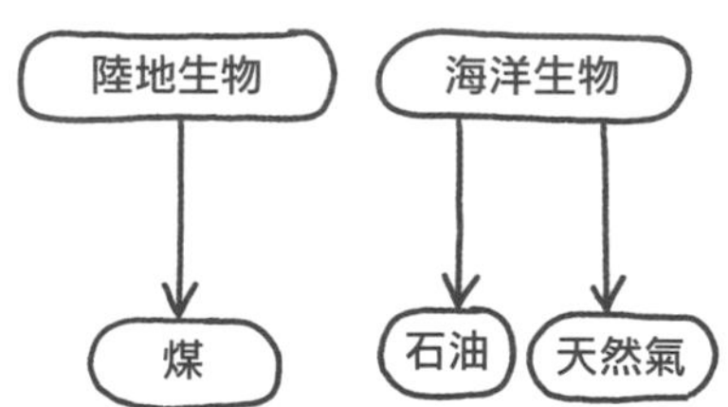

但是碳氫化合物的形成過程有很多道步驟，很多事情可能造成影響。大量的有機物質流入海洋，雖然其中大部分不會成為產生石油的沉積物，但其中的一部分確實會。有些油田（例如澳洲的油田）似乎有不少陸地來源，其中大部分是植物，但有些肯定是動物。*

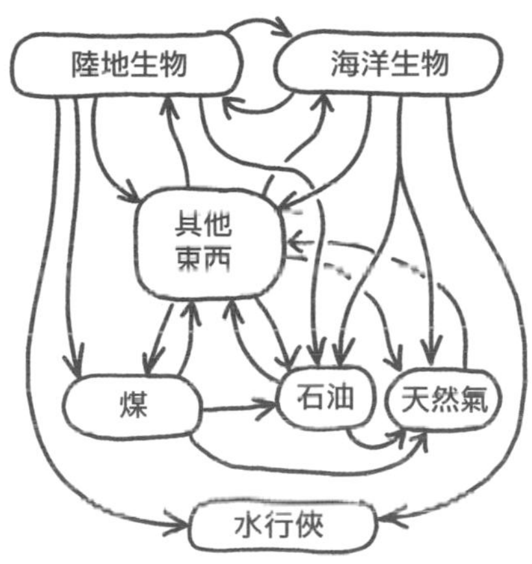

無論是哪裡來的，塑膠恐龍成分中的石油，只有一小部分可能直接來自真正的恐龍屍體。如果是來自以陸地物質為主的中生代油田，含有的恐龍可能稍微多一點；如果是來自密封於冠岩†底下的前中生代油田，可能完全不含恐龍。如果不花費心思追查特定玩具製造過程的每一道步驟，就沒辦法知道。

---

* 值得注意的是，雖然恐龍大多在陸地上，但少數恐龍（例如棘龍）至少是半水生的。

† 編注：指能避免油氣散失的岩層，性質通常較為緻密，例如頁岩。

廣義來說，所有的海水在某段時間都曾經是恐龍的一部分。當這些水被用來行光合作用時，其中的分子成為食物鏈中脂肪和碳水化合物的一部分——但那些海水其中有更多，此刻正以水的形式存在於你的體內。

換句話說，你的塑膠玩具身上含有的恐龍，遠不如你身上含有的。

簡答題 #3

Q 你覺得兩個人要連續接吻多久，才會吻到他們的嘴唇都沒了？

——阿斯利（Asli）

想想看，你的嘴唇是如何運作的。如果嘴唇壓在別的嘴唇上就會磨損，那它們早就不見了。

有沒有想過，你的上唇和下唇如何接吻？

Q 我和大學好友多年來一直在爭論這個問題：如果你把一百萬隻飢餓的螞蟻和一個人類放在玻璃方塊裡，誰比較有可能活著走出去？

——艾瑞克．包曼（Eric Bowman）

大家總是以為，如果你把兩種動物像這樣放在一起，牠們會戰死方休，這是非常「寶可夢式」的生物學觀點。我認為人類和螞蟻受到玻璃方塊的威脅會大於受到彼此的威脅。如果人和螞蟻真的出去了，我認為有危險的會是你和你的朋友。

Q 如果全體人類拋開所有的差異，同心協力將地球「整平」成為完美的球體，那會怎樣？

——艾里克．安德森（Erik Andersen）

我覺得你可能會發現，這項計畫很快又會產生一些新的差異。

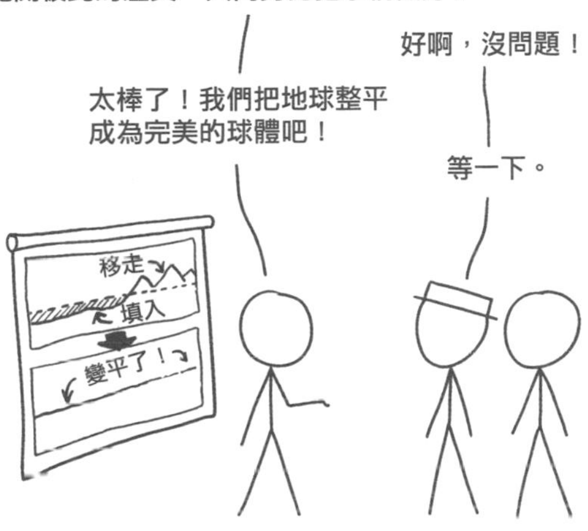

Q 人們經常談論太空電梯或是可到達低軌道的建築物，以便節省將物品送上太空的時間與資源。以下的想法可能聽起來十分愚蠢，但是為什麼沒有人提出「建造一條道路通往太空」的想法呢？既然一般認為軌道是在 100 公里以外，有沒有可能在美國找個地方建造 100 公里高的山？我建議科羅拉多州，因為那裡的人口密度不高，而且本來就比海平面高出大約 1.6 公里了。

——布萊恩（Brian）

100 公里高的山，體積會有幾百萬立方公里，如果化做一百公尺厚的岩板，那麼大小差不多等於北美洲。

所以問題是，用什麼東西來建造那座山？

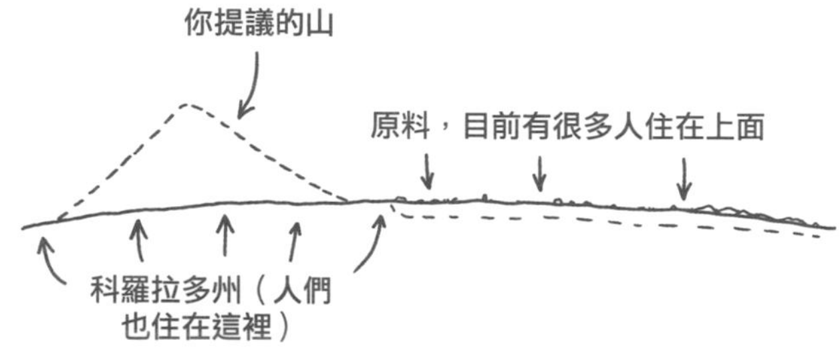

Q 如果我對準木星的中心發射火箭和子彈，它們會從另一邊出來嗎？

——詹姆斯．威爾遜（James Wilson）

不會。

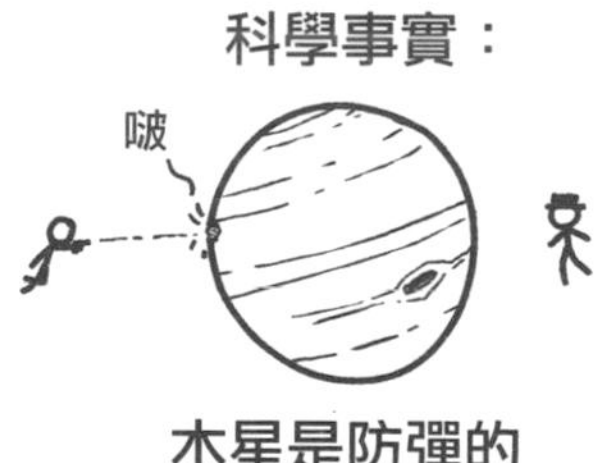

Q 如果聖母峰神奇的變成純熔岩，那會怎樣？生物會發生什麼事？我們都會死嗎？

——伊恩（Ian）

生物會沒事。

地球表面上確實會時常出現大片大片的熔岩。這些噴出的熔岩形成巨大的岩板，稱為「大型火成岩區」，對生物來說是壞消息。化石紀錄中有五次大滅絕事件，每次*都伴隨著大量熔岩噴湧出地表。

「噴湧」是科學名詞嗎？

我們通常稱之為「熱岩漿噴湧事件」或「超級噴湧」。

* 著名的恐龍滅絕事件是因為隕石撞擊目前墨西哥所在地而引起的，當時也伴隨著噴湧而出的熔岩，即目前印度所在地的德干玄武岩（Deccan Traps）。當天外飛石到達地球時，熔岩噴發已經發生了，不過大約在那段時期，熔岩噴發的情況似乎變得更嚴重。科學家還在爭論這兩個事件有何關聯、每個事件對於滅絕的貢獻有多大。主要的滅絕似乎發生在撞擊當下那一刻，所以隕石撞擊絕對是關鍵，但那些熔岩可能也有份。

眼睛大約在5億年前開始演化，在那個時期，二疊紀大滅絕可能是它們見過最嚴重的事情。目前西伯利亞所在地的大型熔岩爆發，將巨量的二氧化碳注入大氣中，導致氣溫飆升。海洋脫氧、酸化。成團的有毒氣體席捲陸地。大部分的植物從陸地上消失，地球成了一片荒蕪的沙地。幾乎所有的生物都死了。

二疊紀大滅絕涉及大約一百萬立方公里的熔岩爆發。相較之下，聖母峰的體積（看你如何定義）是數千立方公里之譜。由於聖母峰的體積遠小於這些大型火成岩區的體積，所以你設定的情境大概不會導致二疊紀規模的大滅絕。

儘管如此，人類的歷史還不夠長久。即使某件事情的嚴重程度是二疊紀大滅絕的百分之一，仍然有可能會是我們遇到最嚴重的事情。個人而言，我不會冒這個險。

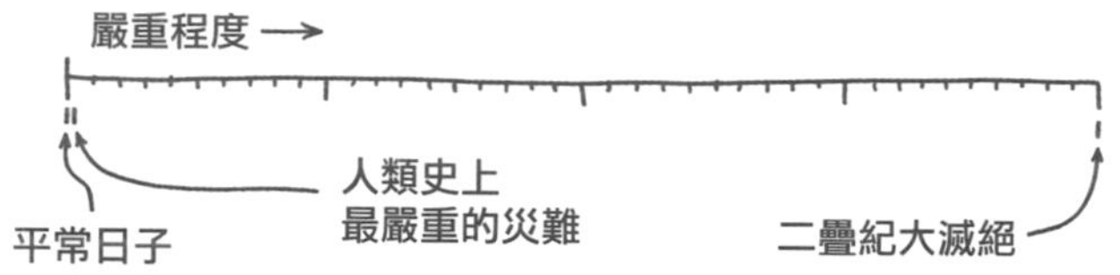

Q 你有可能掉進馬里亞納海溝嗎？還是只能從上面游過去？

——魯道佛·艾斯特瑞拉（Rodolfo Estrella）

這兩件事你都做得到。

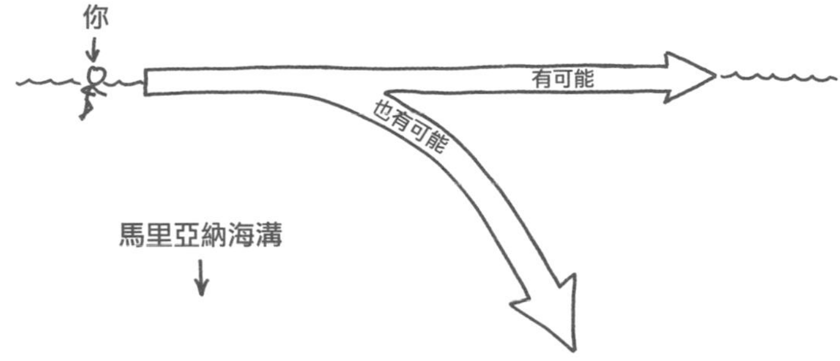

Q 我玩「龍與地下城」（Dungeons & Dragons）遊戲，我的地下城主不想讓我們用「陣風」（Gust of Wind）咒術「推風入帆」來移動船。她的論點是，你無法用這個咒術來移動船，因為帆船上的人無法「用電扇對著船帆吹」來推動船。我們的論點是，既然當你使用咒術時它不會將你向後推，那我們應該能夠用它來讓船航行。她說除非你也這麼說，她才會允許我們用咒術。

——喬治亞・派特森（Georgia Paterson）和艾莉森・亞當斯（Allison Adams）

當然啦，魔法就是魔法，所以不管地下城主說它有沒有效，它都有效。也就是說，我站在你這邊。如果咒術在你使用時沒有將你向後推，那它不是在推開別的東西，就是它根本不遵守物理學定律。所以沒有理由預期它移動不了船。

另外，如果咒術真的在你使用時將你向後推，你還是可以用它來推動船。畢竟，電扇能夠驅動船隻。

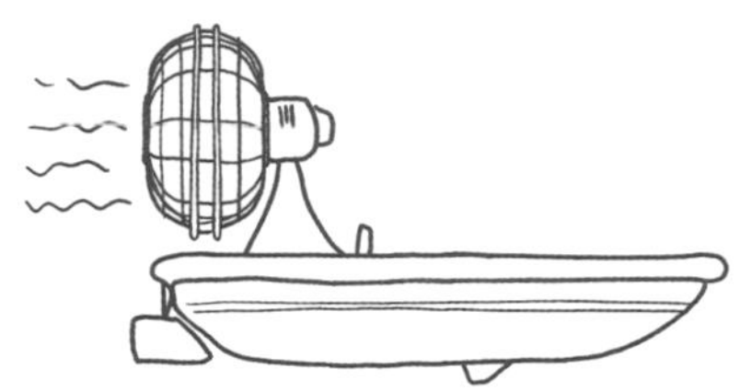

你只需要對著後方施咒就行了。

Q 如果我在土衛六上點火柴，那會怎樣？如果沒有氧氣會點得著嗎？

——伊森·菲茨吉本（Ethan Fitzgibbon）

它會發出火花，然後就熄滅了。

當氧化劑（通常是氧氣）與燃料發生反應時，就會著火。為了發生反應，火柴含有少量的燃料和氧化劑，* 點火柴時，這些物質會混合在一起而開始發生反應。一旦發生反應，大氣中的氧氣就會接手。

---

* 火柴中最常用的氧化劑是氯酸鉀，受熱時會產生氧氣，有時用來做為可呼吸空氣的緊急來源。商用客機上的氧氣面罩通常與氯酸鉀塊相連。當面罩掉落時，針被拔出，產生的化學反應會加熱氯酸鉀而產生氧氣。

土衛六上的大氣層是甲烷和氮氣，氧化劑一用完，火柴就會熄滅。

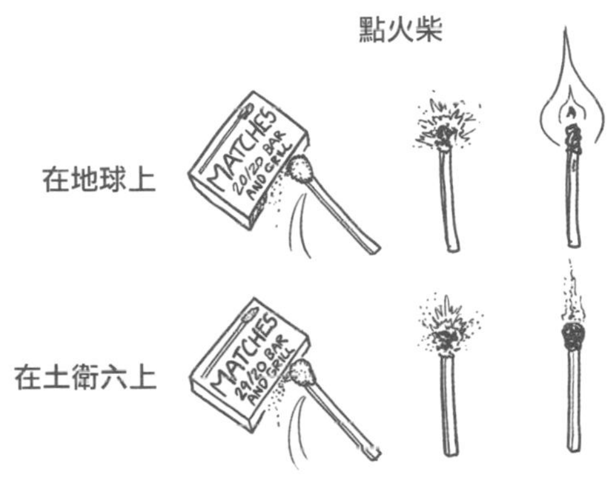

> **Q** 我在社群媒體上問了一個問題：什麼樣的最小變化會造成最大的災難。其中的一個回覆是：「如果每個原子都獲得 1 個質子」。所以我要請教您的問題是：如果每個原子都獲得 1 個質了，會發生什麼事？
>
> ——奧莉維亞・卡普托（Olivia Caputo）

27. 吸力式水族箱

Q

我小時候發現，如果把容器拿到游泳池裡，我可以在容器裡裝滿水，然後把它（開口朝下）拿到水面，結果容器裡的水位比游泳池裡的水位高。如果你試著改用巨大的容器在海洋中如法炮製，會發生什麼事？你能不能在海水的上方打造巨大的水族箱，讓動物可以自由自在的游進游出？或許用不規則形狀的容器，讓你可以在上面走來走去以便更接近魚群？

——卡羅琳．科萊特（Caroline Collett）

這行得通喔。

當你將有開口的容器倒著從水裡拿出來時，它會把水吸上來。

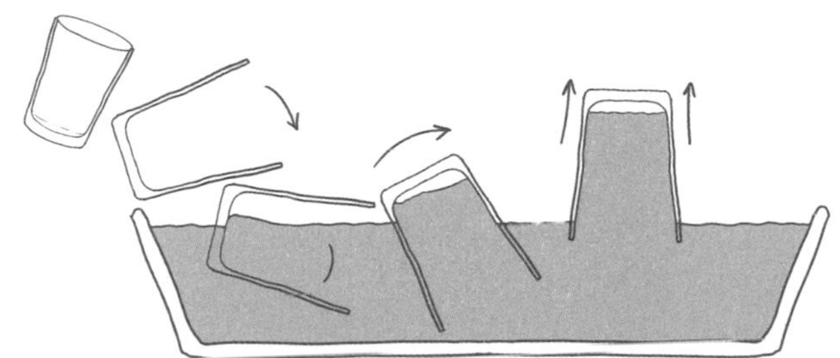

花俏的水族箱業者有時會像這樣加個凸出的柱子，他們稱之為「倒立」水族箱。你可以在海裡放個大型容器如法炮製，弄個「海水凸柱」供你玩賞。

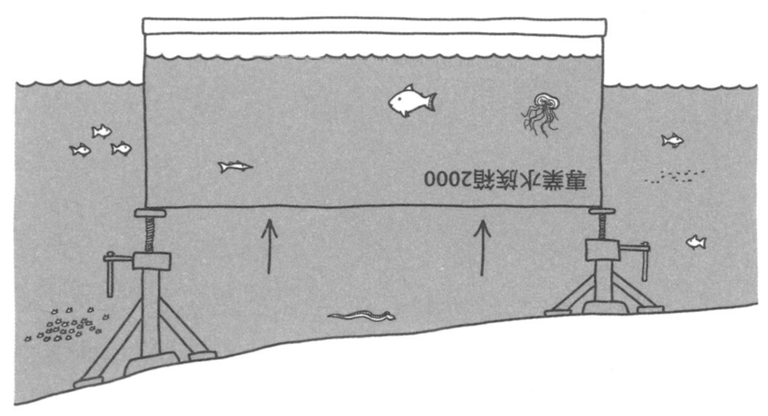

假裝你躍躍欲試。

於是你利用水族箱玻璃打造巨大的玻璃外殼，把它放在海裡堆起來，封住頂部，然後把它抬高，使一公尺高的水柱升高到水面以上。

海水之所以能保持在海面以上，是因為吸力：海水的上方少了空氣壓力將海水向下推。物理學家會指出，基本上並不是水柱內部的吸力將海水拉上來，而是海洋其餘部分上方的氣壓將那裡的海水向上推，這是對的。但是，你知我知就好，一旦你明白這點，有時候把它想成吸力還是比較簡單。我覺得無所謂。不要讓物理學家聽到就好了。

正常海水的表面處於大氣壓力下，水底下的壓力較高。吸力*代表柱中的水處於比正常大氣壓力低的壓力下。水族箱裡的水面高於海平面一公尺，壓力略低於一大氣壓的 90%，近似丹佛等高海拔城市的氣壓。如果你在裡面游泳並浮出水面，你可能不會注

* 噓。

意到壓力差，因為你的耳朵無論如何都會適應潛水帶來的壓力變化。

雖然你可能沒有注意到，但魚類肯定會。海洋生物往往非常注意壓力變化，因為在水中游上游下移動很短的距離時，壓力變化非常快。許多魚類利用魚鰾來控制浮力，這也有助於牠們在水中保持直立。當牠們上升或下降時，浮力改變了，因此牠們必須改變游泳方式來彌補，直到牠們魚鰾中的氣體量調節適當。

即使是沒有魚鰾的海洋生物（例如鯊魚），也會注意到壓力變化。2001 年，當熱帶氣旋逼近佛羅里達州沿岸時，海洋生物學家觀察到黑鰭鯊在風暴來臨前游進公海，可能是為了躲避沿岸淺水區的洶湧巨浪。海洋科學家賀佩爾（Michelle Heupel）等人進行的研究顯示，鯊魚的反應並不是針對風浪——相反的，牠們一察覺氣壓降到低於該季節的正常值，便立即開始撤離。

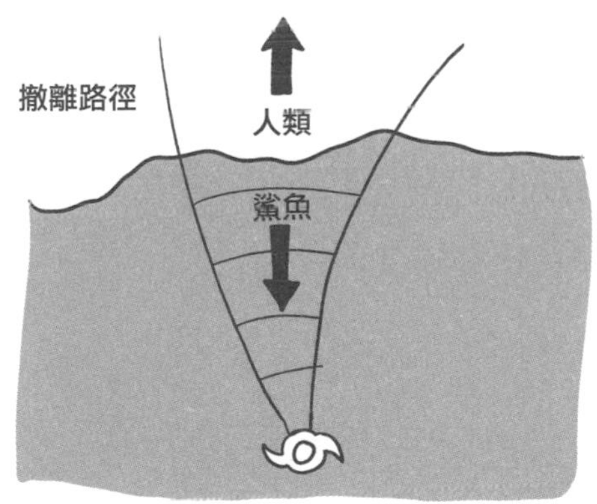

魚類處於正常海平面氣壓的 90% 下可以生存，所以牠們在你的魚缸裡游來游去不會有問題，不過牠們可能會被變來變去的壓力搞糊塗。這對牠們無害，但牠們可能會誤以為壓力下降是颶風正在逼近。

要看一些有趣的海洋生物，一公尺高的魚缸綽綽有餘，但如果你希望裝得下很酷的海洋生物（例如惡名昭彰的大白鯊），就需要把魚缸再抬高一點。你的魚缸不夠高，連普通大白鯊的背鰭都裝不下。

蒙特雷灣水族館最大的展示場域稱為「公海」，是一個 10 公尺深的魚缸。你可能會覺得，把你的水族箱深度增加到 10 公尺會很酷，連最大的鯊魚也有足夠的空間來展示。

那樣恐怕行不通。

將海水抬高的吸力，是因為空氣重量向下壓在海面上所產生的，而氣壓不夠強，不足以將水柱抬升至超過 10 公尺左右的高度。當水柱達到 10 公尺左右，無論你把水族箱抬多高，水面都不會再升高了。相反的，水族箱頂部會形成真空，表面的海水在低壓之下會開始沸騰。

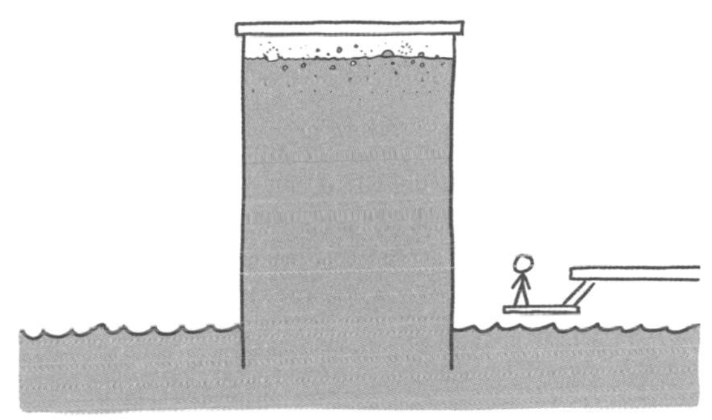

如果你不知道自己所在地區的氣壓是多少，可以藉由觀察管子裡水的高度來計算。這就是氣壓計的原理，不過氣壓計一般用的是汞（水銀）而不是水，因為汞重很多，所以汞柱比較短。（汞也不會在頂部沸騰。）當你看到氣壓以「英寸汞柱」或「毫米汞柱」（mmHg）標示時，測量的正是「汞吸力式水族箱」的汞柱高度。

你的水族箱會是很爛的氣壓計，因為頂部的沸水會產生蒸汽填滿真空，把水壓低一些，產生不準確的讀數。況且它也不會是很好的水族箱。

游進水柱裡的魚會發現自己的魚鰾膨脹得太厲害，有可能導致牠們不由自主的上升。河流工程師常常利用虹吸管使水藉由吸力流過障礙物，有時候魚會游進管子裡。當虹吸管將魚抬升到正常水面高度以上超過 3 公尺時，壓力變化會導致嚴重甚至致命的傷害，類似深海魚類浮出水面太快時所造成的傷害。

對於任何呼吸空氣的哺乳動物來說，不幸游進吸力式水族箱也很危險。當牠們想要浮出水面時，肺裡的空氣會膨脹，如果不呼氣，可能會導致肺部受傷。當牠們游到水面時，會發現氣室中殘留的任何空氣都太稀薄而無法呼吸——類似聖母峰「死區」（death zone）以上的空氣。

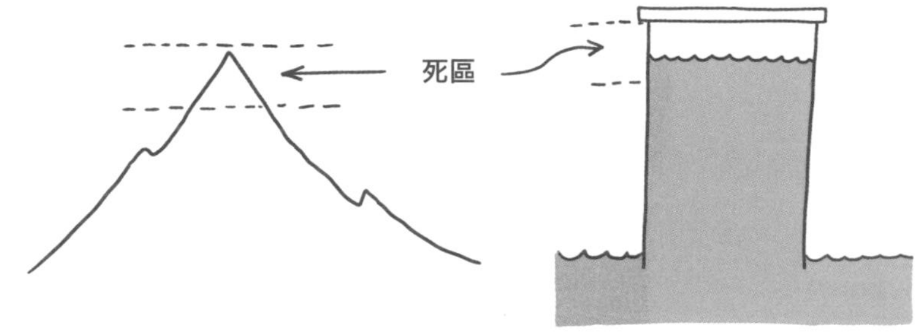

幸好，這種水族箱會很難建造。但這也是暫時的！如果你試圖建造這種魚缸，你會發現水位隨著時間下降。海水中含有溶解的氧，當壓力降低時，氧氣就會離開海水。在你的水柱中，溶解的氧會從海水中排出，逐漸填滿水族箱頂部的空間，導致壓力升高、吸力作用減弱。久而久之，海水就會重新回到海洋。

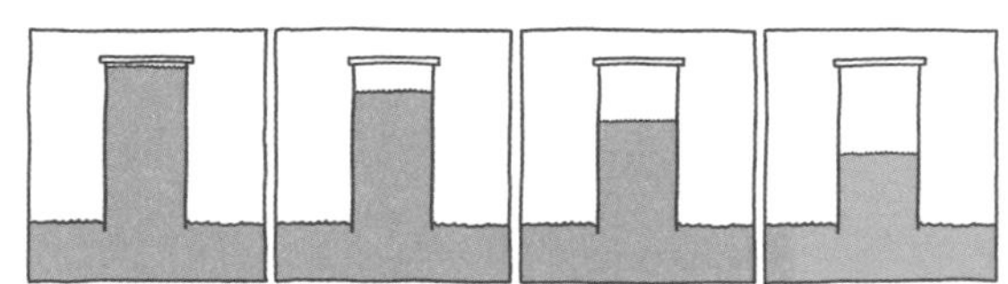

其他的氣體來源可能會導致水族箱裡的海水更快排出。呼吸空氣的海洋哺乳動物有時會在游泳時排出氣體，鯨魚三不五時可能會在你的水族箱底下游泳。

換句話說……

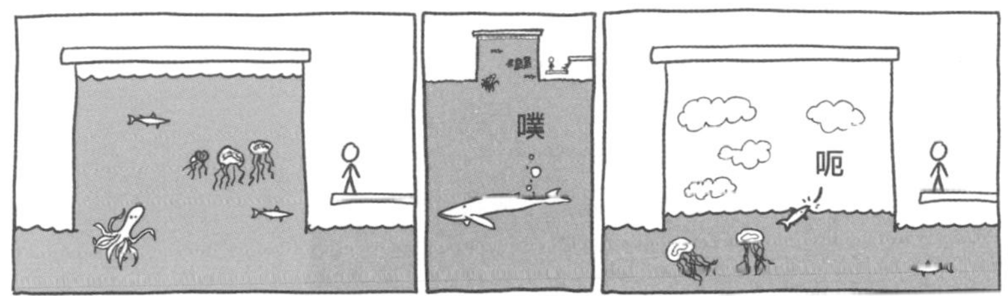

……你的水族箱可能會被鯨魚屁給毀了。

28. 地球眼

Q

如果地球是個超級大的眼睛，它會看到多遠？

——阿拉斯代爾（Alasdair）

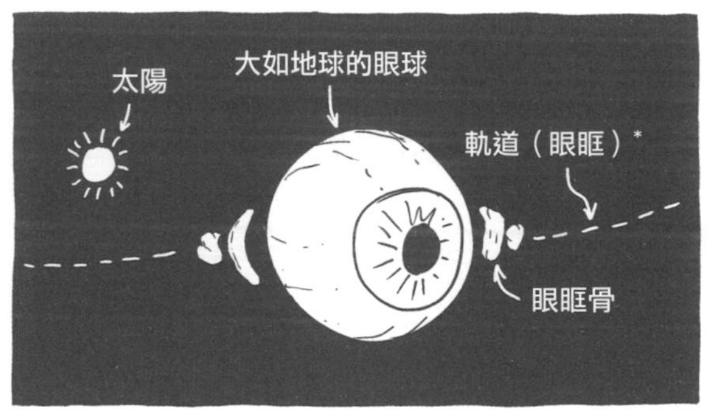

像地球那麼大的眼球會具有數千公里寬的瞳孔。隱形眼鏡將突出直到大氣層頂，一滴眼淚則含有和地球海洋差不多的水量。

---

* 譯注：軌道和眼眶的英文都是 orbit。

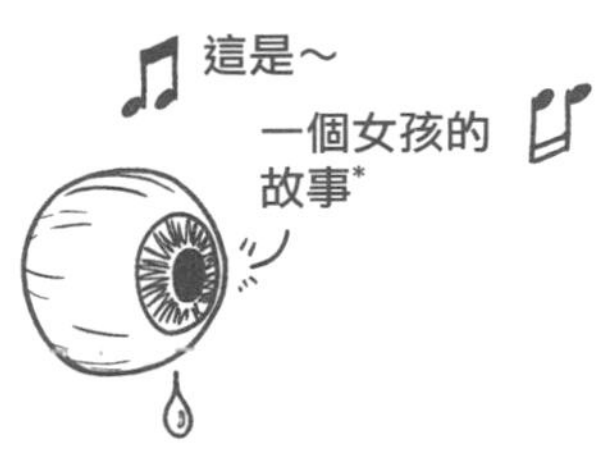

真正大如地球的眼球是行不通的。光無法穿透那麼多的玻璃體，所以視網膜只會看到一片黑漆，水晶體也無法對抗重力保持自己的形狀，因此眼睛會無法聚焦。你還會遇到「視網膜放大」的問題——如果你把每一個細胞都變大，它們便再也無法偵測可見光的波長。

為了避免這些問題，我們將大如地球的眼球想像成和「普通眼睛放大版」具有相同的功能——具有按比例放大的瞳孔和視網膜區，但透明度與形狀和較小的眼球相同，這樣的大眼球就可以看得非常清楚。望遠鏡的解析度取決於聚光的開口有多大（所以具備大型長焦鏡頭、有放大功能的相機優於手機的相機），因此眼睛的巨大瞳孔和水晶體會賦予它超強的聚光能力。

只要水晶體沒有缺陷、顏色沒有失真，眼球能夠看到的細節多寡，主要是受到繞射的限制，繞射是光的波動性質所造成的模糊現象，而這種繞射極限和開口的直徑成正比。

$$\text{角解析度} = 1.22 \times \frac{\text{光的波長}}{\text{水晶體直徑}}$$

$$\text{可視距離} = \frac{\text{目標特徵的大小}}{\text{角解析度}}$$

---

* 編注：出自九月天合唱團（Nine Days）的〈絕對（女孩的故事）〉（Absolutely (Story of a Girl)）。

如果我們看一件有圓點圖案的襯衫，圓點的間距是 5 公分，我們可以用可視距離公式來計算：如果你從 200 多公尺以外看這件襯衫，就會看不見個別的圓點，襯衫的布料看起來像是純色的。

襯衫近看的樣子　　從200公尺以外看的樣子

眼球像地球那麼大，理論上解析度會比普通眼球高五億倍。如果只受到繞射的限制，眼球就會看得到火星上的太空人穿的是有圖案還是純色的襯衫。

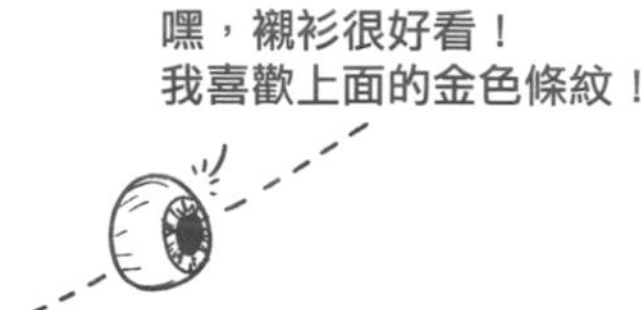

嘿，襯衫很好看！
我喜歡上面的金色條紋！

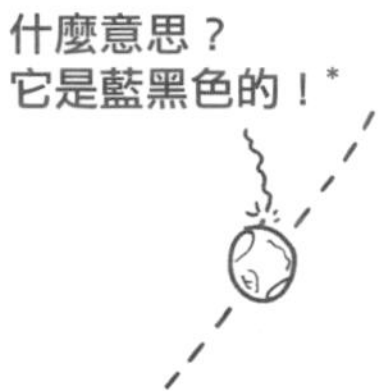

什麼意思？
它是藍黑色的！*

「眼球可以看多遠」這個問題其實很容易回答——和韋伯太空望遠鏡一樣，它幾乎可以一路看穿整個宇宙。來自可觀測宇宙最遙遠處的光因為太空的膨脹而被拉長，所以大部分的光轉變成紅外線，但眼球會有辦法清楚看到一些最遙遠的星系。

然而，由於太空本身的朦朧，眼睛可能無法分辨出那些星系

* 編注：關於衣服顏色的爭議，可搜尋 #thedress。

的細節。

地球上的大型望遠鏡受到大氣紊流的限制。由於光受到空氣的偏折扭曲，導致遙遠物體的影像變得閃爍模糊，需要複雜的調適光學處理才能抵消這種紊流，因而使地球上的望遠鏡解析度降低到低於繞射的理論極限。在太空中，影像清晰很多，所以軌道望遠鏡能夠在那些繞射限制下正常運作。

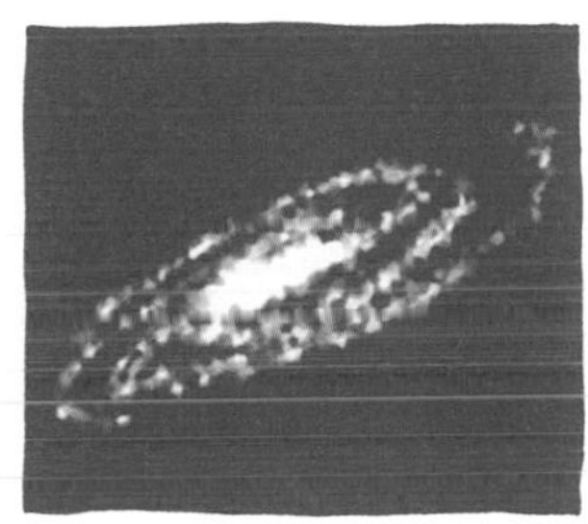

大氣的霧霾

但對於大如地球的眼球來說，太空本身可能既朦朧又不穩定。天文學家史坦布林（Eric Steinbring）在 2015 年的論文中提出，太空結構中的量子起伏可能會扭曲來自遙遠星系的光，和「空氣會扭曲來自遙遠山脈的光」是一樣的道理。這種扭曲太小了，不至於影響目前太空望遠鏡看到的影像，但可能會影響較大的影像，使大如地球的眼球視野變得模糊。

即使看到的東西很模糊，大如地球的眼球也比普通的人眼看得更遠。正常大小的人眼可以看到的最遠距離還不到 300 萬光年——如果你的視力很好且天空很暗，你可以看到仙女座星系（Andromeda galaxy）或三角座星系（Triangulum galaxy）。那樣還不到距離可觀測宇宙邊緣的 0.01%。大部分的宇宙太暗太遠了，我們看不到。

下圖用三個點來代表銀河系、仙女座星系和三角座星系。如果你把這本書放在體育館中央的地板上，可觀測宇宙的邊緣差不多和體育館的牆壁一樣遠。當你仰望夜空，你所看到的一切都在書中央的小圈圈裡，那是浩瀚宇宙中的一個小口袋。

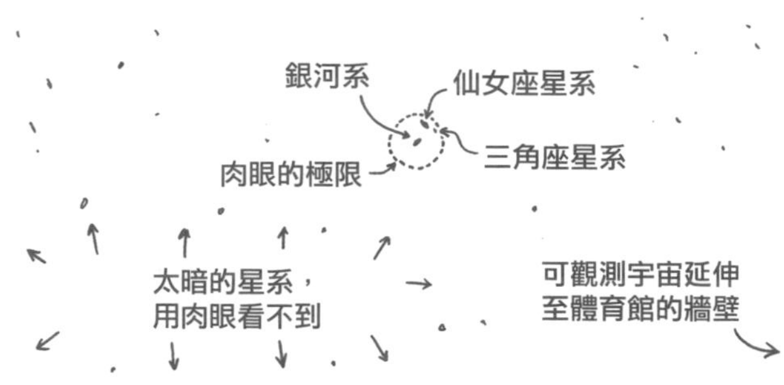

雖然大多數時候，你的視野僅限於那個圈圈裡的天體，但你偶爾可以看得更遠更遠。

2008 年 3 月 18 到 19 日的晚上，北美大部分地區是多雲，但墨西哥和美國西南部的天空很晴朗。如果那天晚上你在適當的時間仰望天空，你可能會看到一個微弱的光點出現在牧夫座（Boötes）大約 30 秒。這個光點是一顆超大質量恆星塌縮時發出的閃光（GRB 080319B），距離我們大約 100 億光年，* 比仙女座星系還要遙遠數千倍。它締造了肉眼可見最遙遠已知物體的新紀錄。

---

* 爆炸發生在大約 75 億年前，但自從那時候，宇宙的膨脹使它愈來愈遠，所以距離我們超過 75 億光年。

恆星塌縮時會從它們的北極和南極發射能量噴流，原因不明。由於 GRB 080319B 的自轉軸正好與地球對齊，所以我們被能量噴流直接照射，導致它就算遠在一百億光年之外，我們也看得到。爆炸射出細如鉛筆的光束穿越宇宙，宛如宇宙雷射筆直接瞄準我們的眼睛。

對人眼來說，GRB 080319B 發出的光看起來很微弱，但對於直徑數千公里的瞳孔來說，可想而知它的光有多耀眼。事實上，所有可見的恆星可能都太亮而無法直視；聚焦的星光可能會灼傷巨大視網膜的表面。大部分有眼睛的人都知道，直視太陽很危險。但對於大如行星的眼睛來說，能夠將這麼多的光聚焦到一個小小的點，看其他的太陽可能也很危險。

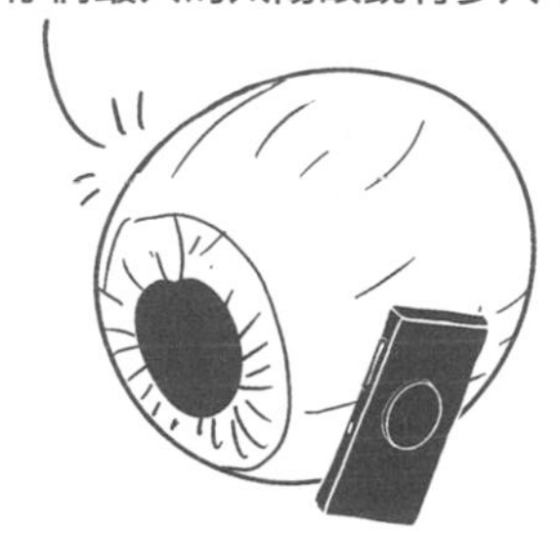

29. 用一天造成羅馬

Q

在一天之內建造羅馬，會需要多少人？

——勞倫（Lauren）

人數不見得是瓶頸。正如老笑話所說的：人要懷胎九個月才生得出寶寶，但是分派給九個人來做這件事，也不會變成只需要一個月。如果你派愈來愈多人去建造羅馬，到了某個時刻就會陷入一團混亂的局面。

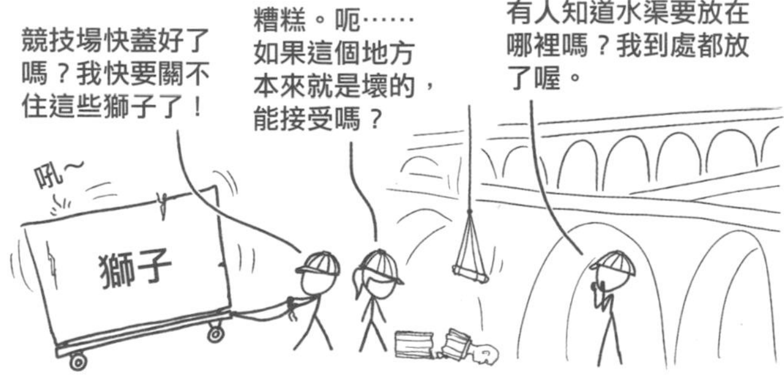

土木工程師陳煒明等人在 1990 年代和 2000 年代進行了一系列的研究，利用香港的建築數據，根據建築項目的總成本和實際

規模，提出了「完成建築項目需要多久時間」的公式。

為了進行非常粗略的估計，我們查詢同等規模城市的 GDP 和房產價值，結果顯示羅馬的所有房產總值可能約為 1,500 億美元。* 如果我們假設（再次重申，這是非常粗略的估計）建築成本約為市場價值的 60%，則建造羅馬的成本約為 900 億美元。如果我們把數據代入陳工程師的公式，結果顯示建造羅馬應該需要 10 到 15 年之久。如果我們希望在一天之內完成，就需要加快 5,000 倍左右。

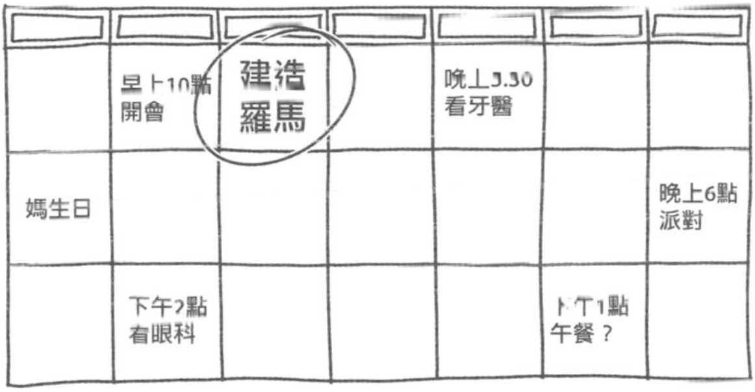

增加更多人手也只能加快這麼多。在某個時間點，主要的瓶頸會是訓練和協調每個人以免大塞車，因為供貨卡車會載來所有的人員和物資。有人說「條條大路通羅馬」，如果是真的，那會很有幫助，但是看一下地圖就發現，很多大路都在完全不同的大陸上。

---

* 看看美國的幾個城市，我們可以看出，一個地區的所有財產總值往往略大於該地區的年度 GDP。例如 2018 年伊利諾州庫克縣（芝加哥）的所有財產總值估計約為 6,000 億美元，當時該縣的 GDP 為 4,000 億美元。紐約市擁有約 1.6 兆美元的財產，GDP 為 1 兆美元。羅馬的 GDP 略高於 1,000 億美元，這代表所有財產總值可能約為 1,500 億美元。

不過，假設我們可以聚集全世界的人口，* 而且假設我們可以解決所有的訓練、協調和交通問題——只考慮勞動力就好。我們建造羅馬可以多快？讓我們試著用幾種不同的方法來估算答案，看看它們的一致性如何。

我朋友最近為他們家的浴室鋪設新的瓷磚地板，鋪設瓷磚的勞力成本約為每平方公尺 108 美元。假設（我知道這聽起來有點牽強，但請包涵一下）城市和瓷磚地板一樣。羅馬的面積是 1,285 平方公里，這代表鋪設整個地方（如果他們找的也是我朋友的承包商）至少會花費 1,400 億美元。† 如果每名勞工每小時收費 20 美元，那就是 70 億小時。如果有 80 億人一起工作，這代表我們應該有辦法在一小時之內搞定。

看起來差不多是50、
或許55分鐘的工。
我們的團隊很龐大。
要建造整個城市？？

* 將全世界的人口聚集在同一個地方，這是個餿主意，如同《如果這樣，會怎樣？》書中章節〈大家一起跳〉所討論的那樣。羅馬的面積是 1,285 平方公里，這意味人口密度會是每平方公尺 6 或 7 人，和演唱會搖滾區一樣擁擠。人口太密集，無法舒舒服服的站在那裡，更不用說進行建築工作了。

† 如果羅馬市政府需要估價，我可以和他們聯絡。

我們來試試看不同的方法。如果我們利用 GDP 900 億美元為基礎來估算羅馬的建築成本，如果 30% 的建築成本是勞力，那按照每小時 20 美元計算，建造羅馬應該需要超過 20 億小時的勞力。以 80 億人來算，這樣需要 15 分鐘——比我們用瓷磚的估算更快一點，但還在大致相同的範圍內。

建造羅馬的時間

模式	結果	對照實際歷史
浴室磁磚法	50分鐘	快25,000,000倍
GDP粗略估計法	15分鐘	快90,000,000倍

當然啦，將一座充滿古蹟、歷史藝術品和無價之寶的城市用瓷磚地板或現代公寓大樓來模擬是很愚蠢的。所以我們從另一個角度來看。

西斯廷教堂（Sistine Chapel）的天花板是世界上最著名、最具代表性的藝術品之一。米開朗基羅花了 4 年的時間創作一系列的龐大畫作，占地 523 平方公尺。*

如果我們假設米開朗基羅每週畫 40 小時，一年畫 52 週，那他的繪畫速率是每 16 小時 1 平方公尺。以這樣的速率，需要 200 億個「米開朗基羅小時」，才能讓整座羅馬城市充滿文藝復興時期的傑作。把那些時間分配給 80 億人，正好是 2.5 小時（150 分鐘）的勞力。

* 油漆工總喜歡說，如果用的是滾筒，就可以在一個週末之內完成。

建造羅馬的時間

模式	結果	對照實際歷史
浴室磁磚法	50分鐘	快25,000,000倍
GDP粗略估計法	15分鐘	快90,000,000倍
西斯廷教堂法	150分鐘	快9,000,000倍

這和我們用瓷磚地板來模擬城市所得出的半小時估計值差不了太多，而且再次顯示，從勞力的角度來看，在一天之內建造羅馬並不像看起來那樣難以置信。

當然啦，羅馬不可能一天造成。首先，它已經建造好了，所以如果你試圖再建造一次，那裡的人會很生氣。就算建造在其他地方，你也無法將每個人塞進所需的空間裡、提供他們所需的材料來建造他們負責的部分，以及讓每個人按時完成任務。

除了單純決定由誰來執行什麼任務之外，你還會面臨組織上的問題。西斯廷教堂位於梵蒂岡，而梵蒂岡位於羅馬市區（但基本上並不是羅馬的一部分），因此不清楚它是否包括在勞倫的建築項目中。如果是的話，那繪製教堂天花板的工作就會讓幾千個人來分擔。

期待某種藝術碰撞的火花。

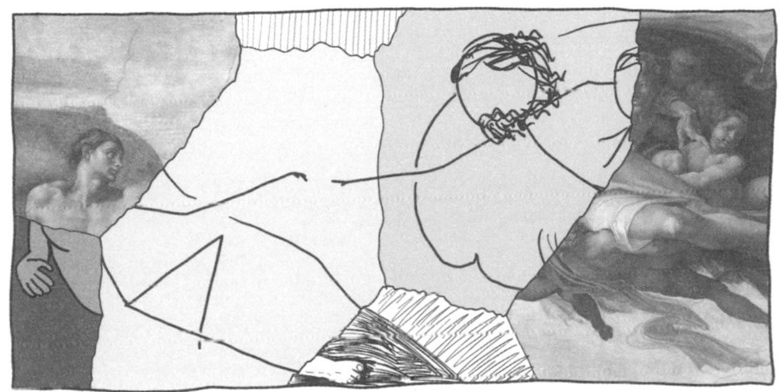

30. 在馬里亞納海溝放管子

Q

如果我在海裡放一根堅不可摧、20 公尺寬的玻璃管，一路向下延伸到海洋的最深處，請問站在管子底部會是什麼感覺？（假設太陽從頭頂正上方經過。）

——佐基・庫洛（Zoki Čulo），加拿大

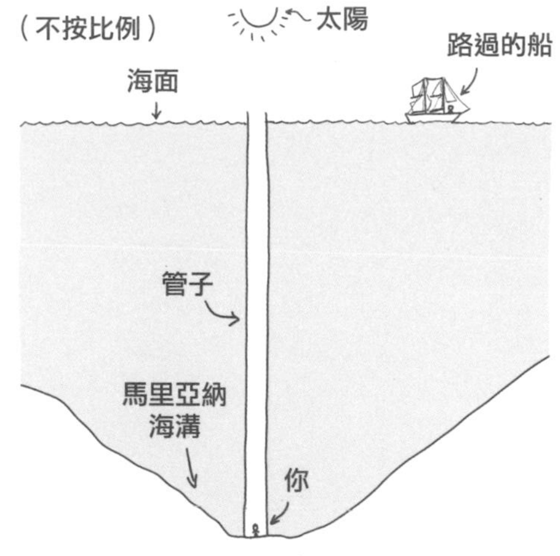

你的管子會比最深的礦坑還要深三倍。礦坑深處很熱、氣壓很高。在你的管子裡，熱不會是問題；礦坑中的熱來自岩石，礦坑愈深就愈熱。深海的溫度略高於冰點，所以你的管壁會是冷的，保持空氣涼爽。

管子裡的氣壓會非常高，是海面氣壓的好幾倍。此壓力和你周圍的高壓海水沒有任何關係，海水會被管子擋住。壓力很高是因為你離海平面很遠，每下降 6 公里，氣壓就會翻倍，所以在 10 公里深的地方，氣壓會比你習慣的氣壓高出將近三倍。幸好，人類應付得了這種壓力變化，不會有太多麻煩——例如可用來治療某些健康問題的高壓艙（hyperbaric chambers），人們也承受差不多的壓力。只不過，要確保慢慢的上升，以免罹患減壓病（俗稱潛水夫病）。

太陽每年只有幾天會從管口的正上方經過，在 4 月 20 日和 8 月 23 日前後。在那幾天，你會有一、兩分鐘真的看得到東西！雖然只看得到一小部分的太陽，但太陽非常亮，〔誰說的？〕所以管子底部會像光線充足的房間一樣亮。你上方的稠密空氣會比平時吸收及散射多一點的光，使太陽稍微變暗，但察覺不太出來。

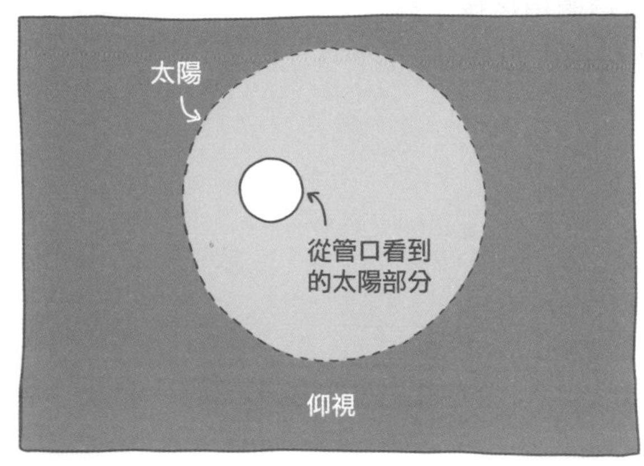

你周圍的海水會很暗。如果你用手電筒照射管壁，八成會看到空蕩蕩的淤泥，但你或許會發現偶爾經過的小動物，例如海參。如果真的看到了，你應該要做筆記；只有少數幾個人去過海溝的底部，所以我們不知道那裡最常見的是什麼樣的生物。

太陽經過頭頂之後，你會困在一片漆黑中再待 6 個月，所以你可能會想要跳進電梯，回到海面。

如果你沒有電梯，還是可以試著用好玩的方式回到海面：在管子的側面鑽洞，然後等著瞧。

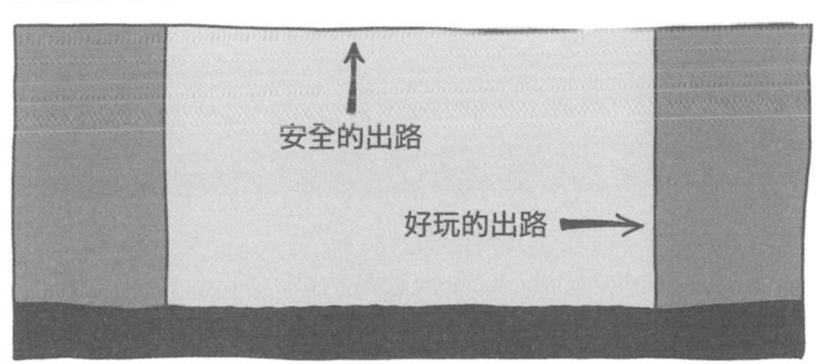

如果你決定在管子的側面鑽洞，請不要站在洞的前面。挑戰者深淵（Challenger Deep）的強勁水壓會從開口射出超音速噴射水流。

如果你完全打開管子的底部，讓海水任意湧入，水柱會以 1.3 馬赫（約每秒 440 公尺）的速率向上衝。如果你想要搭這股噴射水流上去，海水一開始衝擊的劇烈加速會要了你的命。為了安全上升，你需要讓管子以較慢、較可控的方式開始進水。

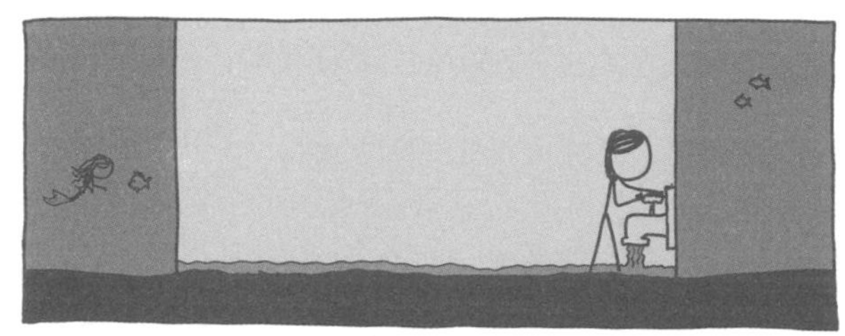

等到管子的前一、兩公里裝進海水，你就可以完全打開管子的底部，不會遭受危險的劇烈加速。如果你用某種巨大的柱塞讓所有的海水保持在你的下方，加速度會在一分鐘之內讓你向上衝出管子。當你到達管子頂部的開口時，你會以 800 公里的時速行進，冰冷的噴水柱會把你帶到海面上方的高處。

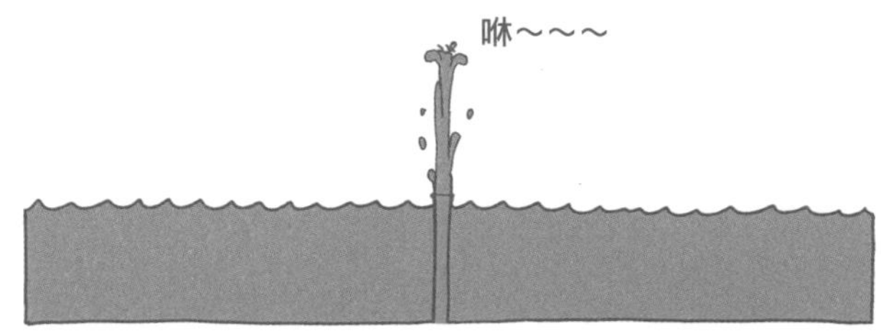

令人驚訝的是，一旦你被帶上去，噴水可能還會繼續流動。1956 年，海洋學家斯托梅爾（Henry Stommel）提出：由於海洋表面和深海之間存在溫度與鹽度差異，如果你用管子連結海面和深海，讓海水流過管子，海水可能會無止盡的持續流動。

管子並不會產生永動機。穩定的流動可能是因為海洋表面和海洋深處並非處於平衡狀態，這要歸功於兩者之間的溫度和鹽度有細微的不均衡。由於管子裡的海水可以藉由管壁與周圍環境達到溫度平衡，卻不能交換鹽度，斯托梅爾的計算顯示，管子可能會破壞平衡，導致海洋混合。2003 年，有人利用聚氯乙烯（PVC）管子在馬里亞納海溝上方進行實驗（沒有一路延伸到海底！），結果證實這種效應可能導致緩慢的海水交換。

有人認為，這樣可以用來冷卻海洋表面以削弱颶風、用深海的養分滋養海水以促進生長，或是處理廢棄物。斯托梅爾本人對此表示懷疑。他在 1956 年的論文結尾評論道：「現在推測這種現象不切實際的重要性，似乎為時過早」，並且指出，「做為動力來源是毫無希望的。因此本質上還是出於好奇心。」

我們的研究人員已經發展出一套方法，
可以混合海洋表面和深海的海水。
哇！
那樣……很好嗎？
不知道。不過還滿酷的。

31. 昂貴的鞋盒

Q

把 11 號鞋子的鞋盒裝滿，最昂貴的方法是什麼（例如裝滿 64 GB 的 Micro SD 記憶卡，每一片都裝滿合法購買的音樂）？

——瑞克（Rick）

鞋盒的價值上限似乎是 20 億美元左右。令人驚訝的是，能裝的東西竟然有一大堆。

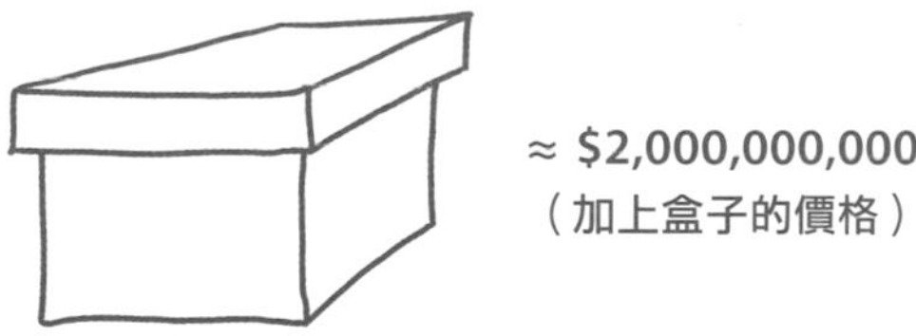

Micro SD 記憶卡是個好主意。假設你在記憶卡裡裝滿歌曲，每首大約 1 美元，而 Micro SD 記憶卡的容量大約是每公升 420 TB。11 號男鞋的鞋盒體積大約是 10 到 15 公升（取決於鞋子的品牌和類型），這代表鞋盒可以容納 15 億首 4 MB 的歌曲。（或是同一首歌有 15 億個副本，如果你真的很想支持某位藝人。）

企業軟體很昂貴，每 MB 所花的成本可能稍微高一些，因為零售價通常要數千美元，所占用的記憶空間則以 GB 計。

一旦開始考慮軟體價格，你或許可以嘗試玩加密貨幣，或是在某些付費手機遊戲裡毫無節制的購買遊戲商品，看你想讓鞋盒中的物品「成本」飆多高就飆多高。雖然你手機上的角色扮演遊戲角色理論上有可能展現出你真的花了那麼多錢，但無論怎麼說，都很難板著臉辯解說自己的角色具有一兆美元的價值。

各位美國同胞，我們的國債意外增加了2兆美元。
順便說個題外話，看看我的角色擁有多少厲害無比的寶劍！

所以，我們還是考慮真實的物品吧。

裝黃金，當然可以。截至 2021 年為止，13 公升黃金大約價值 1,400 萬美元。白金的價格稍微貴一些，裝滿鞋盒要 1,600 萬美元，大約是百元美鈔價值密度的十倍。另一方面，裝滿黃金的鞋盒和一匹小馬一樣重，所以如果你打算去購物，可能不如百元美鈔那麼實用。

還有更昂貴的金屬。例如，一克純鈽的價格約為5,000美元。[*]更棒的是，鈽的密度甚至比黃金還高，這代表你可以在鞋盒裡裝入將近300公斤的鈽。

在你花20億美元購買鈽之前，請注意：鈽的臨界質量約為10公斤。基本上你可以把300公斤的鈽裝入鞋盒，但只能短暫的這麼做。

高品質的鑽石很昂貴，但很難掌握確切的價格，因為~~整個行業都是騙局~~寶石市場很複雜。Info-Diamond.com對一顆600毫克（3克拉）無瑕鑽石的報價超過200,000美元（也就是說，鞋盒裝滿完美品質的鑽石，理論上可能價值150億美元），不過，因為你必須把一些較小的鑽石一起打包，才能將鞋盒塞滿，所以10億或20億美元可能比較合理。

---

* 至少這是我在網路上盡力搜尋到的結果。其他的新聞是：目前在很多政府觀察名單上都有我的名字。

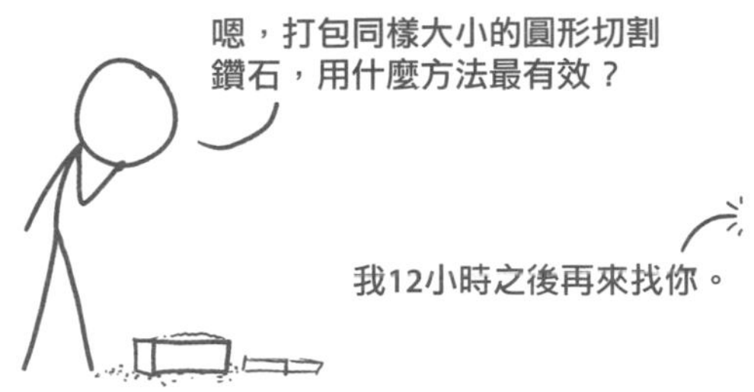

嗯，打包同樣大小的圓形切割
鑽石，用什麼方法最有效？
我12小時之後再來找你。

若按重量計算，很多非法毒品比黃金更有價值。古柯鹼的價格變動很大，但在許多地區的價格為每克 100 美元左右。* 黃金目前還不到這個價格的一半。然而，古柯鹼的密度遠低於黃金，† 因此裝滿古柯鹼的鞋盒不如裝滿黃金的鞋盒值錢。

古柯鹼並不是世界上最昂貴的毒品。LSD（麥角酸酰二乙胺，一種強烈的致幻劑）以微克為單位出售，按重量計算，金額約為古柯鹼的一千倍——它是通常以微克增量來購買的少數物質之一。裝滿純 LSD 的鞋盒價值高達 25 億美元左右。疫苗中的活性成分通常也以微克為單位，因此即使每劑疫苗的價格沒那麼高，裝滿 mRNA 或流感病毒蛋白的鞋盒也會價值數十億美元。

在每劑量價格範圍的另一端，有些處方藥並不是特別小，但非常昂貴。一劑本妥昔單抗（brentuximab vedotin，Adcetris）的價格高達 13,500 美元，使它的「鞋盒價值」與 LSD、鍩和 Micro SD 記憶卡同為 20 億美元之譜。

---

* 更新：其他的政府觀察名單上，現在也有我的名字了。

† 但是等一下——古柯鹼的密度是多少？我花了些時間拜讀 Straight Dope 留言板上對這個問題引經據典的熱烈討論，其中有幾個人試圖追根究柢。他們能夠確認古柯鹼在橄欖油中的沸點和溶解度，但最終放棄了密度的計算，只決定密度可能是大約每公升 1 公斤，和大部分的有機物質相同。

當然啦，鞋盒裡本來就可以放鞋子。

茱迪．嘉蘭（Judy Garland）在《綠野仙蹤》電影裡穿的鞋子，在拍賣會上賣出666,000美元，和我們考慮過的其他東西不同的是，那雙鞋可能有一度真的放在鞋盒裡。

如果你真的想在鞋盒裡裝任意多的錢，可以請美國財政部幫你鑄造價值一兆美元的白金幣，由於鑄造紀念幣的相關法律有漏洞，這麼做理論上是合法的。*

但是，如果你願意利用我們貨幣體系的法定權力，將價值賦予任意的無生命物體……

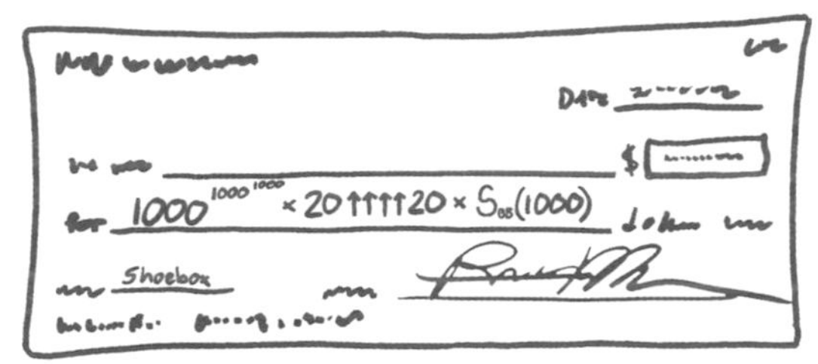

……你只要寫一張支票就好了。

* 希望在你閱讀本文時，這個漏洞依然是微不足道的怪事。

32. MRI 指北針

Q

指北針為什麼不會因為磁振造影（MRI）機器產生的磁場而指向最近的醫院？

——D・休斯（D. Hughes）

指北針確實會這樣，這可能是個問題！

喔不！我收藏的稀有磁式卡帶、
信用卡，還有鐵屑！
MRI

磁振造影醫療掃描儀內部具有強大的磁鐵。掃描儀有隔離物加以屏蔽，所以磁場最強的部分裝在掃描儀內部，但較弱的磁場會延伸到機器周圍。當你遠離機器，這個「邊緣磁場」就會迅速漸弱，但它的影響力在某段距離以外還是感覺得到。

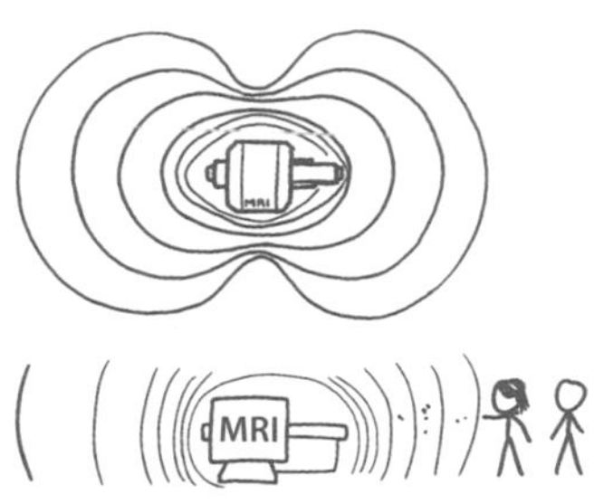

一種常用的磁振造影掃描儀手冊說，為了防止邊緣磁場造成損壞，某些敏感物品應該和機器保持距離。手冊建議，信用卡和小型馬達應該距離 3 公尺以上，電腦和硬碟應該距離 4 公尺以上，心律調節器和 X 射線管應該距離 5 公尺以上，電子顯微鏡應該距離 8 公尺以上。

如果你想要利用指北針朝著地磁北極走，磁振造影的邊緣磁場可能會使你偏離路徑，但前提是你要離得夠近。地球的磁場強度因地而異，但通常介於 20 到 70 μT（特斯拉，磁感應強度）之間。磁振造影掃描儀的邊緣磁場在大約在距離 10 公尺處就會低於地球磁場強度，所以這差不多是你可以「捕獲用指北針導航的人」的最大距離。

近似的指北針捕獲距離

被捕獲者的路徑會轉彎遠離磁振造影磁體的北極、朝向它的南極：

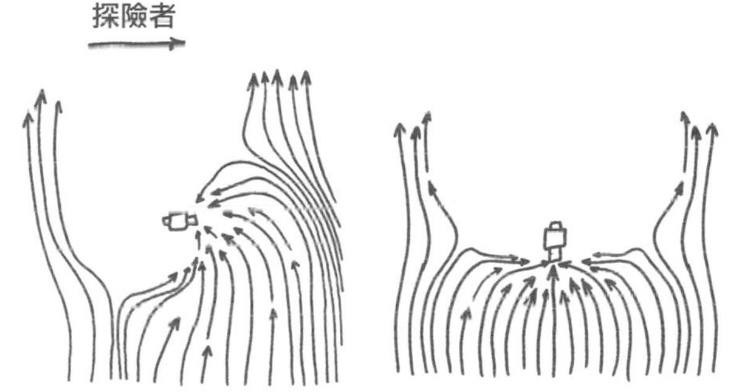

朝著地磁北極走的人會被磁振造影的南極吸引，這似乎令人不解，但那是因為地球兩極的名稱是反過來的。磁鐵的「北」端是指向地磁北極的那一端，這意味地磁北極嚴格來說是地磁南極，反之亦然。這讓我覺得很煩，但我們對此無能為力，所以還是繼續這樣吧。

如果在北美中部有人打算朝著地磁北極走，而你想要在加拿大某處放置磁振造影掃描儀來捕獲他們，那他們會轉向的機率大約是 500,000 分之一。根據加拿大醫學影像清單，2020 年加拿大有 378 部磁振造影掃描儀在運作中，這意味將它們分散在加拿大各地即可形成磁力網（magnetic net）*，大約可在 1,300 名極地探

---

* 或簡稱「磁網」（magnet，也是磁鐵的意思）。

險者中捕獲 1 名。其他 1,299 名探險者會到達真正的地磁北極，所以即使有幾百部磁振造影掃描儀，用這種方法來捕獲探險者效果不彰。

會因為磁振造影掃描儀而轉移方向的探險者

會到達地磁北極（或凍死）的探險者

但這整個假設情境並不像聽起來那麼不切實際。

雖然磁振造影機器的磁場強度不足以吸引全國各地靠指北針指引的探險者，但它們偶然玩過小規模的類似把戲。

1993 年美國交通部的報告中描述了一起事故：有架醫療直升機打算在醫院屋頂的停機坪降落。當直升機接近停機坪時，指北針和一些相關設備突然顯示直升機莫名其妙轉了 60 度。幸好飛行員處變不驚，不理會故障的儀表讀數安全降落。罪魁禍首竟然是拖車裡的磁振造影掃描儀，停在停機坪附近。

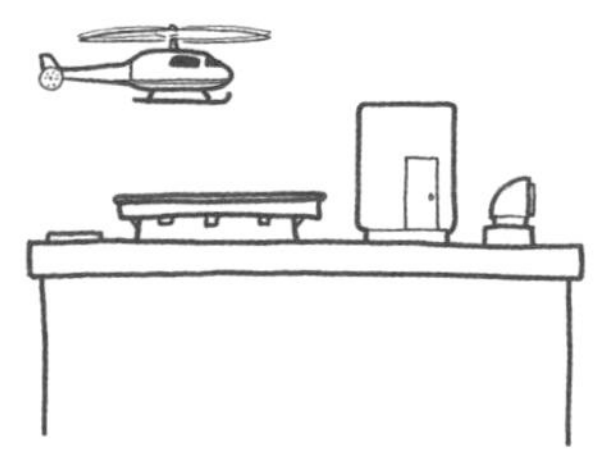

所以，你不用擔心什麼遠處的磁振造影掃描儀會影響你在森林裡用指北針導航。但是如果你的直升機打算在醫院附近降落，千萬要留意。

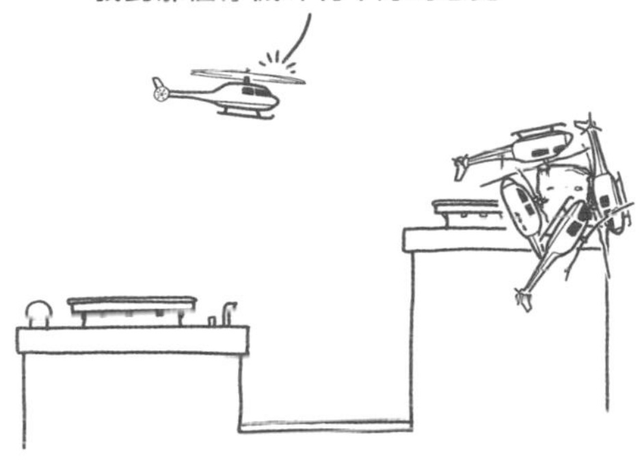

33. 祖先知多少

Q

我最近發現，家譜（family tree）中每一代的人數呈指數增長：我有 2 個父母、4 個祖父母、8 個曾祖父母，依此類推。這讓我想到：大部分人類是不是史上大多數智人的後代？如果不是，請問在史上所有祖先當中，和我有血緣關係的占了多少比例？

——西默斯（Seamus）

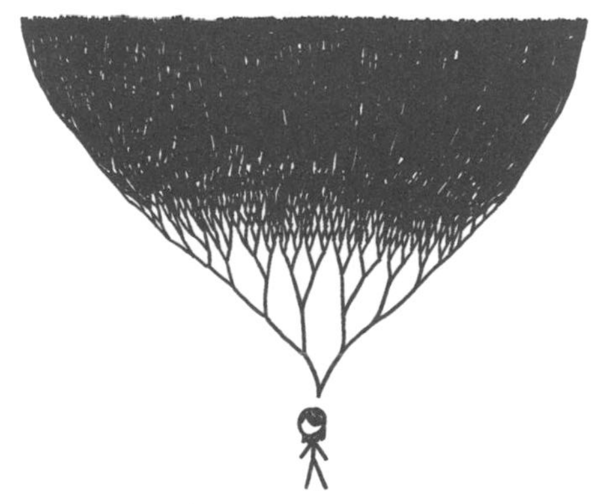

你不是史上大多數人類的後代。你可能是其中大約 10% 的後代，不過，很難知道你的祖先到底有多少人。

一般人有兩個父母，平均至少有兩個孩子（不包括全球人口下降時期）。這意味我們的祖先和後代往往呈指數增加。當你隨著時間往後或往前計算，和你有血緣關係的人愈來愈多。每個孩子牽連了兩組家譜，每個存續超過幾代的世系往往呈指數成長，直到涵蓋每一個人。

我們的祖先也以同樣的方式增加。你的每一個祖先都代表兩組家譜的結合，因此隨著你愈往回追溯，便涵蓋愈來愈多人。當你往回追溯，你的家譜可能有時候會縮小（如果你有一群與世隔絕好幾代的祖先），但絕對不會消失。如果你追溯得夠遠，不斷的倍增意味著，你終究會追溯到「所有存活的世系都被納入你的家譜」的那一天。在那個時間點，所有留下後代的人都是你的祖先，你和其他所有人都是同祖同宗。

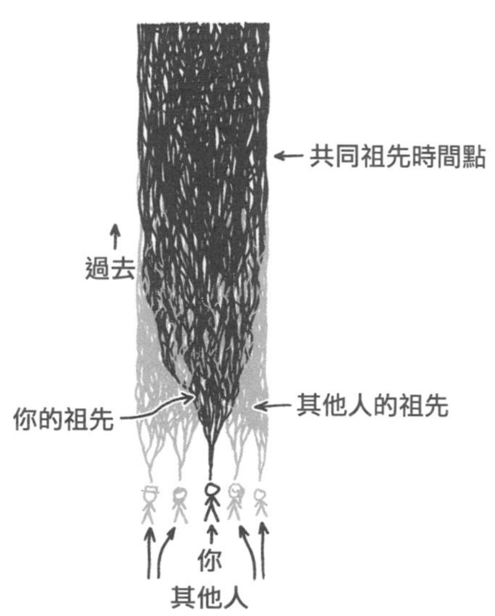

2004 年，羅德（Douglas L. T. Rohde）等人進行模擬，估算出「共同祖先時間點」可能落在公元前 5000 年到公元前 2000 年之間。在那一天，只要有留下後代的人都是每個人的祖先。每個世系從那一天開始不是消失、就是擴展到涵蓋所有活著的人，因此所有活著的人共同擁有那一天之前的同一群祖先。

大多數有生育的人都會在這組家譜中占有一席之地。羅德等人估計，在人類族群中，銘刻在家譜中的人有 60% 最後曾生兒育女，活到成年的人有 73% 會生兒育女。如果假設有 55% 的人能活到成年，根據歷史上兒童死亡率的研究，這意味所有出生的人類中大約有 25% 會繼續生兒育女，將血脈永久的傳承下去。

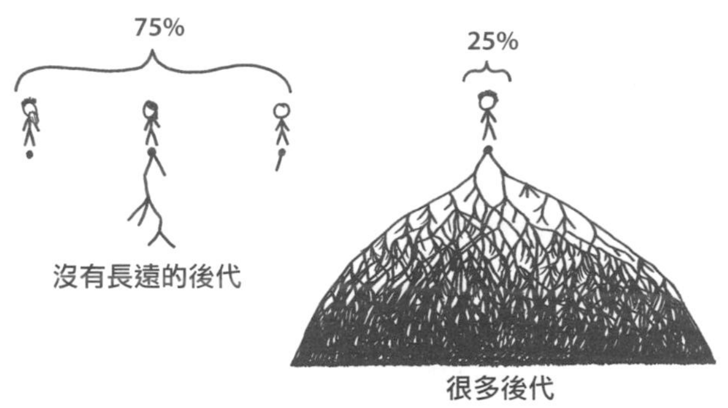

綜合該數字與歷史人口及出生率估計，顯示大約有 200 億人活在「共同祖先時間點」之前，這代表大約有 50 億人是你的祖先。

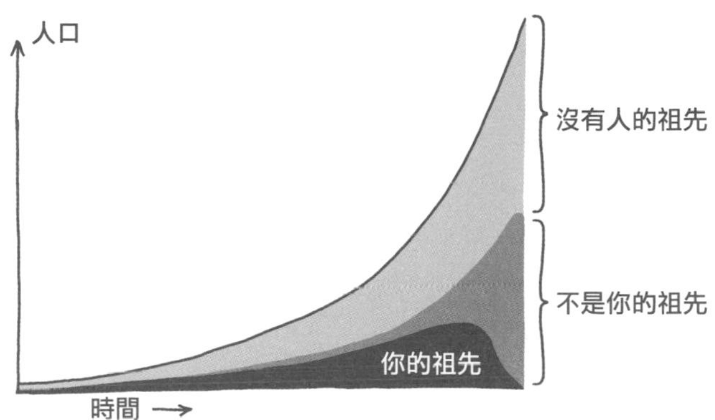

在「共同祖先時間點」之後，你的祖先不會再和其他人的祖先完全重疊，但仍然涵蓋很多人。在「共同祖先時間點」之前，你的家譜就像是錯綜複雜的溪流。只有在最後一千年左右才縮小到像是一棵樹。在這段時間裡，你可能又增加了 50 到 100 億個祖先。

總而言之，你的家譜可能涵蓋史上大約 1,200 億人當中的 100 到 150 億人。也就是說，根據現代的日曆，你有 3,300 萬個祖先在今天過生日。

除了 2 月 29 日。

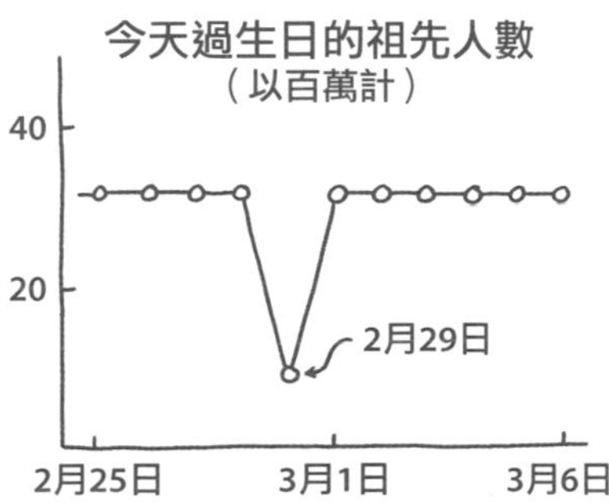

34. 鳥車

Q

我是個低調的大學生，開的是沒空調的車子，因此當我開車時，大部分時間都會搖下車窗。我開始思考：如果有一隻鳥正好和我的車速及方向完全一致，我突然轉個彎把鳥攔進車裡……除了鳥會變成「憤怒鳥」之外，接下來會發生什麼事？鳥會停留在原來的地方嗎？還是飛向擋風玻璃？掉到座位上？我和室友有不同的看法。只要幫忙解決這個問題，就能讓我們都好過一點。

——亨特．W（Hunter W.）

這種事情看起來好像行不通，但老實說吧，可能行得通，儘管說出來讓我很為難。鳥肯定會既困惑又憤怒，但如果你用巧妙的手法偷襲成功，牠可能會被你「車中攔鳥」而毫髮無傷。恭喜你有了新的寵物鳥！

我們來看一下，當你的車子突然轉向吞併這隻鳥的那一刻發生了什麼事。

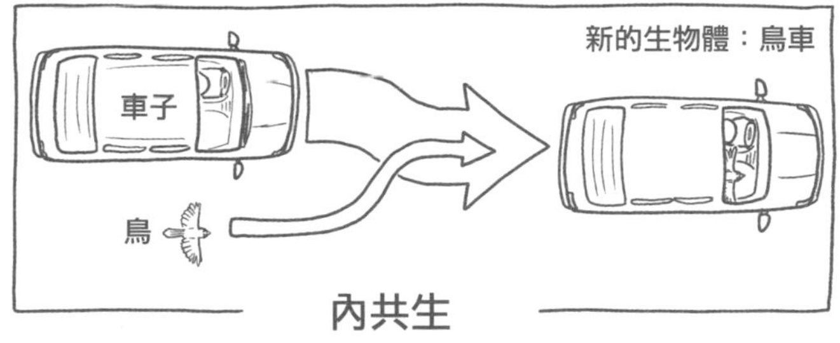

假設你和這隻鳥都以 72 公里的時速行進。當你突然轉向吞併牠時，你們都還是以 72 公里的時速行進——只是鳥會在車子裡。從鳥的角度來看，當你的車子和牠並肩而行時，牠本來正以 72 公

里的時速逆風飛行。

為了以穩定的速率飛行，鳥會拍動翅膀。〔誰說的？〕快速移動的鳥受到很大的阻力，牠們靠拍動翅膀產生推力來抵消阻力。

車內的空氣以 72 公里的時速移動。當鳥從車窗穿進來，本來飛行時的逆風會突然消失。沒有了那樣的阻力，拍動翅膀會不斷產生推力，所以如果鳥繼續拍動翅膀，牠就會開始相對於車子向前加速——就像你在跑步機上跑步時傳動皮帶突然停止那樣。

巨翅鷹在風速每小時 72 公里的狀況下飛行，承受了大約三分之一牛頓的阻力，這代表牠們拍翅需要產生三分之一牛頓的推力來抵消阻力。* 一旦沒有了阻力，老鷹卻還繼續以相同的方式拍翅，推力就會使牠開始向前加速。

如果其他的作用力都保持不變，那三分之一牛頓的推力足以讓老鷹以 1 m/s^2 的加速度逐漸往車子前方加速，使牠在一、兩秒之內輕輕撞上擋風玻璃。不過，其他的作用力並非都保持不變。

沒有了逆風，老鷹的翅膀不會再提供上升力，牠會突然發現自己一直往下掉。重力會以 9.8 m/s^2 的加速度讓牠向下加速，遠大於持續拍翅所產生的 1 m/s^2 向前加速度。

---

* 這解釋了為什麼遷徙的老鷹會滑翔，而不是一直拍翅，因為拍翅八小時會消耗掉牠們全天的代謝量。

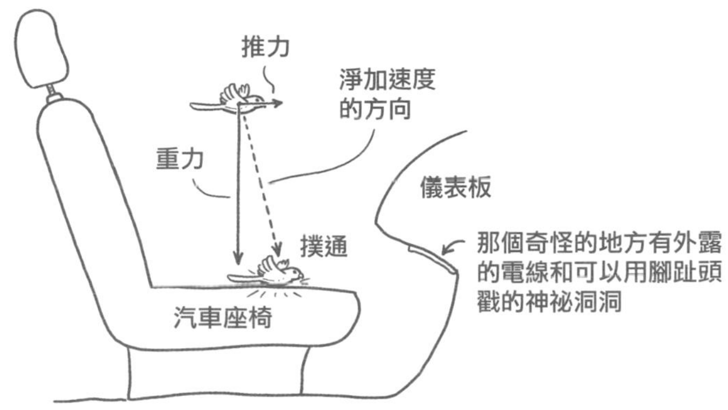

這兩種作用力加起來，會讓老鷹撲通一聲掉在乘客座位的椅墊上。

但是我們忽略了一個很大很大的因素，那就是鳥的反應。大部分的鳥都不想跟你一起公路旅行。〔誰說的？〕頻頻受到驚嚇的鳥會想要飛走，飛向看起來像是開放空間的地方，這往往是牠們撞上窗戶的原因。如果窗戶離得夠近，鳥來不及加速太多，就不至於傷害自己太嚴重，這就是為什麼奧杜邦協會（Audubon Society）建議：如果你無法將餵鳥器放在遠離窗戶 10 公尺以外的地方，就應該放在離窗戶 1 公尺以內的地方。

你車上的擋風玻璃可能太近了，所以鳥不太會受傷，但對鳥來說，撞上擋風玻璃肯定不是好事。你說你都把車窗搖下，所以希望在這種不太可能的情況下，鳥會設法找到自己的出路而不會受傷。

如果鳥不願意離開車子，那就是截然不同的問題了，你可能應該聯絡野生動物復健員來幫你的忙。

除非鳥剛好厭倦四處飛行。說不定牠會喜歡兜兜風。

35. 無規則納斯卡賽車

Q

如果拋開所有的納斯卡賽車（NASCAR）規則，進行一場單人賽車，讓賽車手以最快的速率繞行賽車道 200 圈，* 請問哪一種策略會獲勝？假設賽車手必須活著。

——亨特．弗瑞爾（Hunter Freyer）

最快完成賽車的時間大約是 90 分鐘。

打造載具有很多種方法，例如：轉彎時輪子會挖進路面的電動汽車、火箭動力式氣墊車，或是沿著鐵軌繞行的吊艙，但無論是哪一種方式，在設計上往往會發展到某種程度，使載具裡的人成為最脆弱的部分。

問題在於加速。在賽車道的轉彎處，賽車手會感受到強大的重力。位於佛羅里達州的戴通納國際賽車場（Daytona

* 編注：納斯卡盃系列賽中的納斯卡 500 英里賽車在戴通納國際賽車場舉辦，會繞行周長 2.5 英里（約 4 公里）的賽道 200 圈。

International Speedway）有兩個主要的彎道，如果車子轉彎太快，賽車手光是因為加速就會死亡。

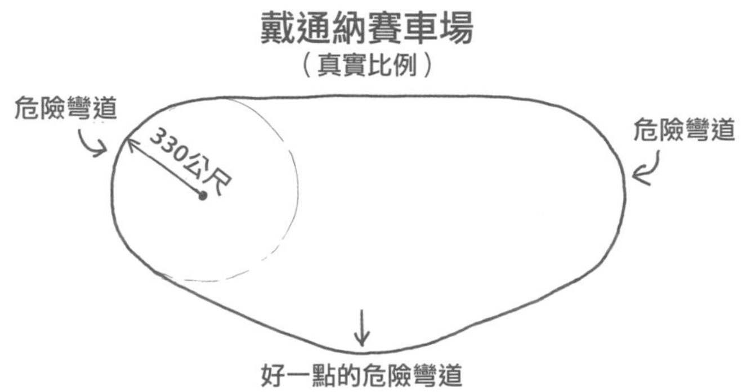

在極短暫的時間內（例如車禍期間），人們可以承受好幾倍的重力（單位G）而倖存。（1 G就是當你在地球重力下站在地面所感受到的拉力。）戰鬥機飛行員在演習過程中可能承受高達10 G的重力，或許正因為如此，10 G通常視為人類所能承受的極限。然而，戰鬥機飛行員承受10 G只有很短暫的時間，賽車手則會承受一波又一波的10 G，持續幾分鐘甚至幾小時之久。

由於發射火箭涉及大量的持續加速，因此美國太空總署對人類的耐G力（對加速度的容忍限度）進行了廣泛的研究，但最有趣的數據來自名叫斯塔普（John Paul Stapp）的空軍軍官。斯塔普將自己綁在火箭雪橇上，迫使自己的身體達到極限，每次實驗之後都會詳細記錄。他是個令人難忘的人物；史帕克（Nick T. Spark）在《戰機聯隊與空中力量》（*Wings & Airpower*）雜誌上寫了一篇文章介紹他的實驗，文中提到「……斯塔普晉升為少校軍階，令人想起人類生存極限的18 G……」

雖說斯塔普在短暫的實驗過程中承受極高的加速度，但大部分的數據顯示，以大約一小時的時段來說，普通人只能承受 3 到 6 G 的加速度。如果我們限制車子的加速度是 4 G，則車子在戴通納賽車場轉彎時的最高時速大約是 386 公里。以這種速率，完成賽程大約需要 2 小時——這絕對比任何人開真正的車子都要快，但並沒有快很多。

可是等一下！直線路段呢？車子在轉彎時會加速，但在直線路段則是滑行。我們可以讓車子在直線路段加速到較高的速率，然後在接近直線路段終點時減速。這樣會產生如下圖的速率曲線：

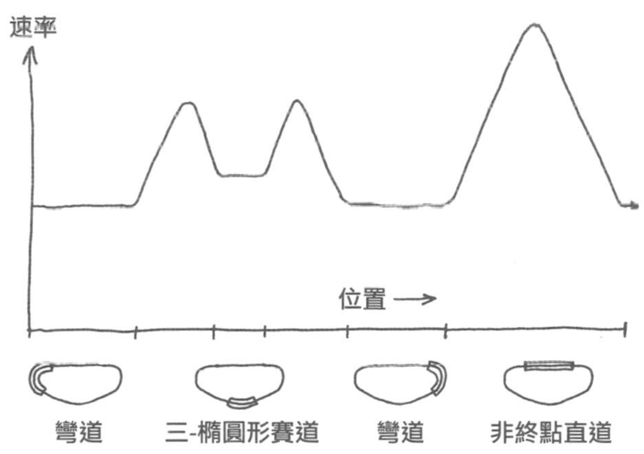

這種變速路徑具有額外的好處：利用在賽道上進行某些巧妙的來回動作，賽車手在整個賽程中可以保持相對恆定的加速度，希望使重力較容易承受。

別忘了，加速度的方向會變來變去。如果是往胸前的方向加速，人類最有可能在加速中倖存，就像賽車手向前加速那樣。身體最受不了的是往腳下的方向加速，這樣會導致血液積累在頭部。

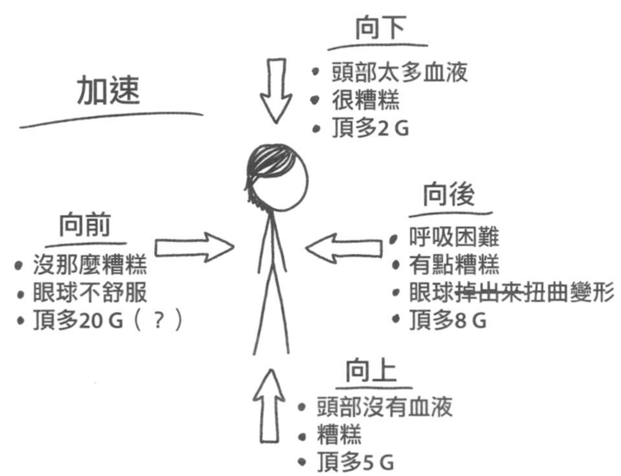

為了保住賽車手的小命，我們需要讓他們繞來繞去，這樣他們的背部才會始終靠在座椅上。（但要小心，不要改變方向太快，否則座椅旋轉產生的「離心向心力」* 本身就會變成致命殺手！）

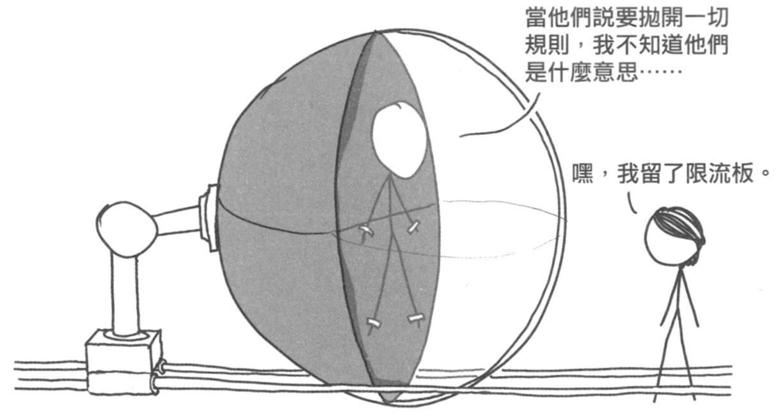

當他們說要拋開一切規則，我不知道他們是什麼意思……
嘿，我留了限流板。

* 我已經受夠了關於「離心力」和「向心力」的爭論，決定把兩個名詞合併。

最快的現代戴通納賽車手大約需要 3 小時才能跑完 200 圈。如果限制在 4 G，賽車手會用將近 1 小時 45 分鐘的時間完成賽程。如果將限制提高到 6 G，時間會縮短到 1 小時 20 分鐘。限制在 10 G（超過人類長時間所能承受的程度），仍然需要 1 小時。（這也會涉及在非終點直線賽道上突破音障。）

因此，除非有「液體呼吸」（liquid breathing，使肺部充滿含氧液體，好讓我們能承受更高的加速度）之類的令人存疑且未經檢驗的概念，否則人類的生物作用會限制我們，使完成戴通納賽程的時間超過一小時。

如果我們不管「必須活著」的要求，那會怎樣？車子繞行賽道可能有多快？

想像一下，用克維拉（Kevlar）[*] 強力纖維帶將車子錨定在賽道中心的樞軸上，另一邊則用配重物來保持平衡。事實上，這樣會成為巨大的離心機，可以讓我們應用我最喜歡的奇特方程式之一：轉盤邊緣的轉速不能大於轉盤材質「比強度」（specific strength）[†] 的平方根。對於克維拉纖維之類的堅固材質來說，此速率是每秒 1 至 2 公里。在這樣的速率下，車體可以在大約 10 分鐘之內完成比賽——不過車子裡絕對不會有活生生的賽車手。

好吧，別管離心機了。如果我們建造堅固的滑道，像冬奧的雪車滑道那樣，然後讓球軸承（ball bearing，即我們的「車子」）沿著滑道飛馳而下，那會怎樣？不幸的是，轉盤方程式又出現了——球軸承的滾動速率不能超過每秒若干公里，否則它會轉得太快而解體。

---

* 編注：一種合成纖維，強度大約是等質量鋼鐵的五倍，但密度只有五分之一。

† （抗拉強度除以密度）

與其讓它滾動，不如讓它滑動呢？我們可以想像鑽石方塊沿著光滑的鑽石滑道滑動。由於它不需要旋轉，因此它可能比滾動的球軸承還能承受更大的加速度。但是，與球軸承的例子相比，滑動會大大增加摩擦力，因此鑽石可能會著火。

為了消除摩擦力，我們可以利用磁場使車體懸浮，並且讓它變得愈來愈小、愈來愈輕，以便更容易加速和操控。喔不——我們不小心建造了粒子加速器。

雖然這不太符合亨特問題中的規範，但我們可以用粒子加速器來比較一下。大型強子對撞機（Large Hadron Collider）光束中的粒子非常接近光速。以這樣的速率，粒子在 2.7 毫秒內就能跑完 500 英里（30 圈；大型強子對撞機一圈為 27 公里，約 17 英里）。

世界上可能有一千個左右的賽車場。大型強子對撞機的光束可以在每個賽車場上繞行相當於全程「戴通納 500 英里賽車」，一個接一個，大約不到 2 秒，在賽車手進入第一個彎道之前就全部繞行完畢。

看來哥登（Jeff Gordon）*
似乎撞上了相對論性質子！
賽車道上散落著介子、
奇特粒子，還有幾個
新產生的賽車手。

沒有比這更快的了。

* 編注：美國前職業賽車手，2019 年入選納斯卡賽車名人堂。

稀奇古怪且令人憂心的問題 #2

Q 如果你把吸塵器的軟管開口放在眼睛上，然後打開吸塵器，請問會發生什麼事？

——凱蒂・格里爾（Kitty Greer）

Q 有可能將手臂伸出車窗外、一拳打掉柱子上的郵箱嗎？這麼做有可能不傷到手嗎？

——泰・格溫納普（Ty Gwennap）

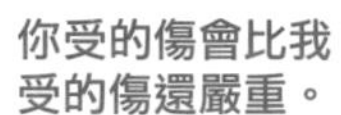

你受的傷會比我
受的傷還嚴重。

Q 如果人的牙齒不停的長，但是等到完全長好了就會掉落而且被吞下肚，要多久的時間才會造成任何問題？

——瓦倫・M（Valen M.）

這個問題已經給我
造成問題了。

Q 在自衛的情況下，要用多少劑腎上腺素注射筆（EpiPen）才能制伏攻擊者？

——亨利・M.（Henry M.）

不用擔心，腎上腺素
注射筆比劍更厲害。

36. 真空管智慧手機

Q

如果我的手機是用真空管做的，那會有多大？

——強尼（Johnny）

原則上，任何用電晶體建造的電腦都可以用真空管來建造，反之亦然。

電晶體和真空管利用不同的機制執行相同的基本任務：如果它們接收到電訊號，就會把開關撥到一邊，如果沒有接收到電訊號，就會把開關撥到另一邊。那個開關又控制其他的電訊號，用來告訴其他的開關要做什麼事。將這些組件串連起來，為接收輸入訊號及產生輸出訊號建立一堆複雜的規則，就可以建構數位電路。

數學家夏農（Claude Shannon）在 1937 年的碩士論文中，展示了如何利用真空管的排列組合來執行邏輯步驟，為使用實際電子元件建構圖靈（Alan Turing）的通用電腦提供藍圖。到了 1960 年代，因為電晶體更小、更可靠，電晶體取代了真空管，但兩者皆可用來建構相同的數位電路。

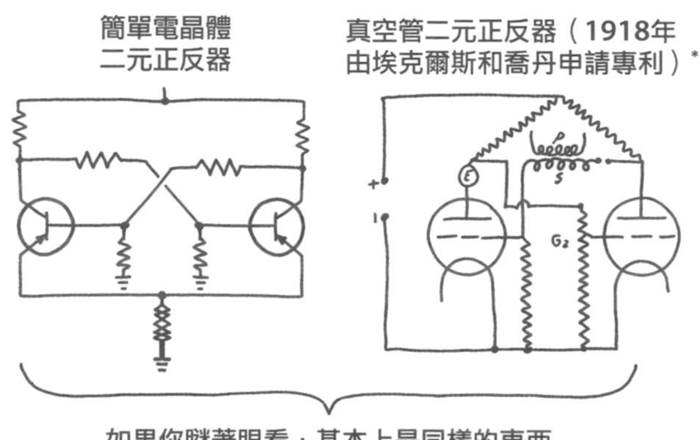

按照現代的標準來看，早期的電腦非常大。伊尼亞克（ENIAC）是最早的可程式化電腦，比人還高，有 30 公尺長。尤尼瓦克（UNIVAC）是幾年之後建造的商用電腦，具有較簡約的立方體造型，但還是像房間那麼大。

---

* 編注：威廉・亨利・埃克爾斯（William Henry Eccles）和法蘭克・威爾弗雷德・喬丹（Frank Wilfred Jordan），兩位都是英國物理學家。

現代的智慧手機比伊尼亞克或尤尼瓦克小，卻具有更多的數位開關。尤尼瓦克在25立方公尺的機身內裝了5,000多個真空管，iPhone 12 則是在 80 毫升的機身內裝了 118 億個電晶體，大約每公升有一兆倍的電腦。

如果用真空管取代電晶體來建造 iPhonc（組裝密度和尤尼瓦克中的真空管密度相同），把手機橫著立起來，差不多會有五個街區那麼大。

相反的，如果你用 iPhone 規模的元件來建造當年的尤尼瓦克，整部機器會不到 300 微米高，小到可以嵌進一粒鹽裡。

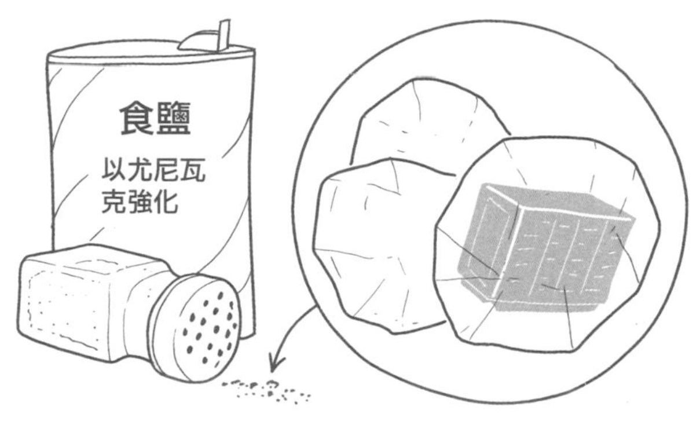

真空管本身不會占用所有的空間。如果你可以用現代元件來建造真空管手機的其他部分，就可以讓整個東西變小一點。早期用來計算的常見真空管是 7AK7，大小和一截粉筆差不多，118 億個 7AK7 組裝成 iPhone 的形狀，一個街區就塞得下。

你的手機恐怕會有一些問題。其中一個問題是，它不會運行得很快。數位電路執行步驟是一個接一個，利用時鐘來協調從一個步驟到下一個步驟的轉換。時鐘運行得愈快，電腦每秒可執行的步驟就愈多。真空管在高速切換方面其實相當不錯，但尤尼瓦克仍然只用 2 MHz 的時鐘，大約是現代電腦速率的 1/1,000。

你的手機太大了，大到你必須擔心光速的問題。訊號從一端傳輸到另一端需要很長的時間，以致手機的不同組件彼此之間會不同步。如果你的手機以 2 MHz 的速率運行，當一端的時鐘滴答時，滴答發出的訊號會來不及在下一個滴答開始之前到達手機的另一端。

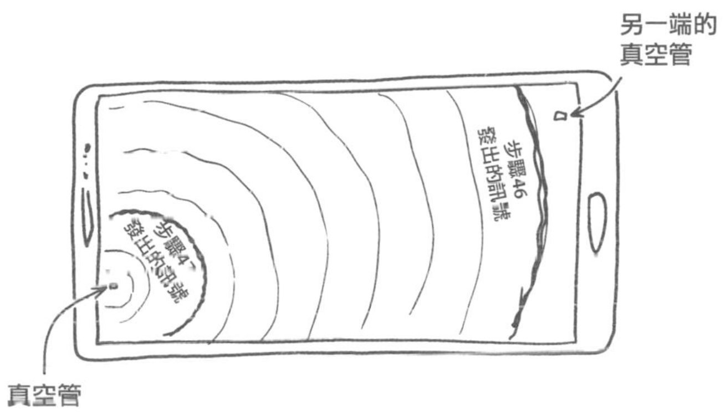

「遲滯的」光速意味著，你必須使手機的元件排列盡可能平行運作。這樣的話，一端的計算就不會為了等候另一端的計算結果而卡住。

這聽起來很荒謬，但新型電腦正好有這個問題。如果晶片以 3 GHz 的速率運行，光（和電訊號）來不及在一個時鐘週期之內從電腦的一端傳到另一端，電腦的不同組件彼此之間不同步。如果兩個組件之間要很快的一來一往，電路板設計人員需要把它們的實體擺得很靠近，這樣它們才不會被遲滯的光速拖慢。

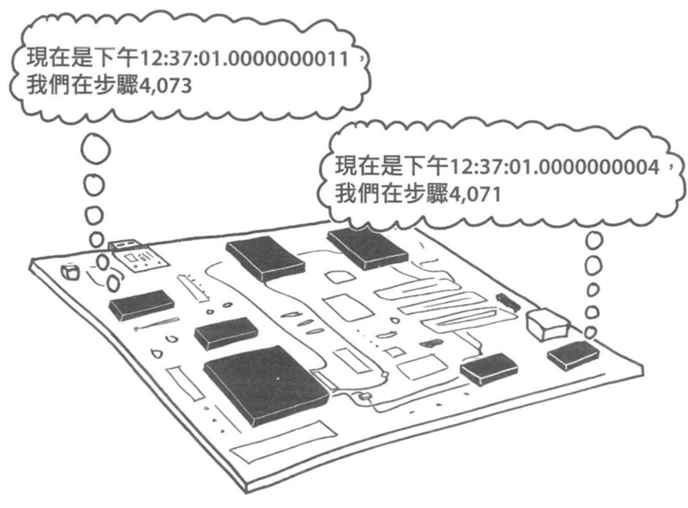

你的真空管手機注定會失敗，真正的問題不是速率，而是功率。真空管需要大量的電力：7AK7 真空管運行時會消耗數瓦的功率，這代表你的手機會發出總共 10^{11} 瓦的熱量。那會有多熱？我們可以利用史提芬－波茲曼輻射功率定律（Stefan-Boltzmann law for radiated power）來算算看：

手機表面積　手機溫度　環境溫度　物理係數

$$\text{功率} = A \times (T_{\text{手機}}^4 - T_{\text{環境}}^4) \times e\sigma$$

$$T_{\text{手機}} = \sqrt[4]{\frac{\text{功率}}{A_{\text{表面積}} \times e\sigma} - (T_{\text{環境}})^4} = \sqrt[4]{\frac{10^{11}\text{瓦}}{100{,}000\text{公尺} \times e\sigma} - (20°\text{C})^4}$$

$$T_{\text{環境}} = 1{,}780°\text{C}$$

就算你的手機很神奇的堅不可摧，世界上的其他地方可不是。1,780°C 的溫度比花崗岩的熔點還高，所以如果你的手機掉在地上，它可能會一路融化穿透地殼。

我建議加裝保護殼。

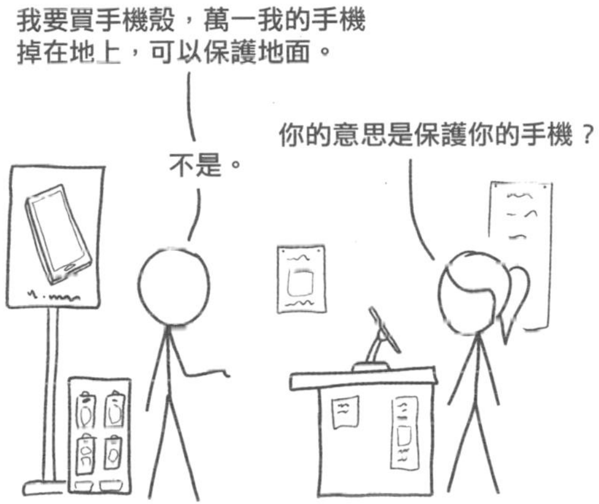

37. 雷射傘

Q

為了不讓雨淋到東西，所以用雨傘或帳篷來遮雨，這樣很無聊。如果試著用雷射來止雨，瞄準落下來的每一滴雨、使雨滴在離地面三公尺之前汽化，那會怎樣？

——扎克（Zach）

用雷射來止雨，這樣的想法聽起來完全合理，但是如果你——

雖然雷射傘的想法可能很吸引人，但它——

好吧。用雷射止雨的想法是我們目前正在談論的事情。

這個想法不太實際。

首先，我們來看一下基本的能量需求。汽化一公升的水需要大約 2.6 百萬焦耳，* 一場大雨可能每小時會下 12.7 公釐的雨。這裡用到的方程式並不複雜——只要把每公升 2.6 百萬焦耳乘上降雨率，就可以算出雷射傘的功率需求，單位是瓦 / 平方公尺覆蓋面積。奇怪，單位這麼簡單就算出來了：

* 如果水更冷，需要的能量更多，但不會多太多。將水加熱到接近沸騰，只需要 2.6 百萬焦耳當中的一小部分。大部分的能量都用來越過「從 100°C 的水變成 100°C 的水蒸氣」的門檻。

2.6 百萬焦耳 / 公升 × 12.7 公釐 / 小時 = 9,200 瓦 / 平方公尺

每平方公尺 9 千瓦的功率，比陽光傳送到地表的功率大了一個數量級，所以你的周圍會快速升溫。事實上，你在自己的周圍形成一團蒸汽，不斷將愈來愈多的雷射能量注入其中。

換句話說，你會打造出真人大小的高壓鍋，這種設備可焚燒其中的有機物來消毒物品。「焚燒其中的有機物」對雨傘來說是缺點。

但更糟的還在後頭！用雷射汽化一滴水聽起來容易，其實複雜多了。* 使水滴汽化需要大量（且輸送迅速）的能量，不然只會使水滴濺開成為小水滴。使水滴完全汽化所需要的能量，可能比我們認為已經很離譜的能量還要多。

再說，還有瞄準的問題。理論上，這或許是可以解決的。調適光學技術可用來快速調整望遠鏡的鏡面，以便抵消大氣亂流，這種技術可以又快又準的控制光束。要涵蓋 100 平方公尺的面積（扎克在他的完整信件中也問到這個問題），需要每秒發射 50,000 發左右。這樣夠慢了，不會碰到和相對論直接相關的問題，但是設備至少要比「在旋轉底座上裝個雷射筆」複雜得多。

完全忘記瞄準這回事，只要朝任意方向發射雷射就好，這樣似乎比較容易。† 如果你將雷射光束瞄準任意方向，光束要走多遠才會擊中雨滴？這個問題很容易回答，和問「你在雨中能看到多遠」一樣，答案是至少幾百公尺。除非你想要保護整個社區，否則朝任意方向發射強大的雷射可能幫不上忙。

---

* 老實說，聽起來相當複雜。

† 說實在的，有什麼問題是這一招無法解決的？

而且，老實說，如果你真的想要保護整個社區……

……朝任意方向發射強大的雷射肯定幫不上忙。

38. 吃雲

Q

人能吃掉一整朵雲嗎？

——塔克（Tak）

不能，除非你先把空氣擠出來。

雲是水做的，水可以食用。或者該說飲用，我猜。可以喝？我從來搞不清楚吃和喝之間的界限在哪裡。

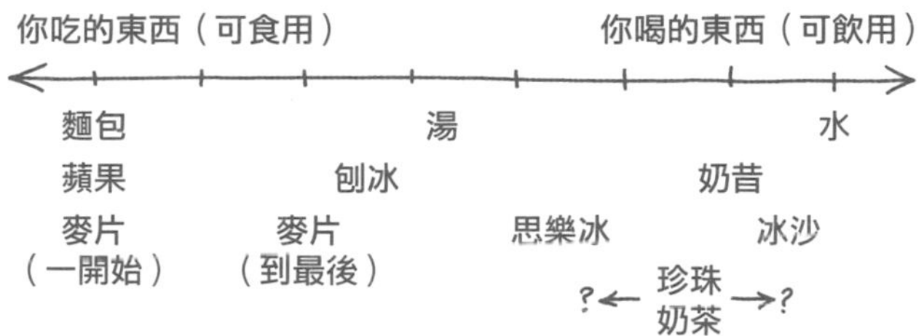

雲也包含空氣。空氣通常不算是食物，因為在你咀嚼或吞嚥之後不久（在某些情況下），空氣就會從你的嘴巴逸出。

你當然可以把一片雲放進嘴裡，吞下其中所含的水。問題是，你需要讓空氣逸出——但是你體內的空氣已經吸收大量的水分。當空氣離開你的嘴巴時，會帶走那些水分，一旦接觸到涼爽的空氣，它就會凝結。換句話說，如果你想要吃雲，你嗝出來的雲會比你能吃的雲還要多。

但是，如果你能將雲滴蒐集起來，例如讓雲通過細網再擠出雲滴，或是使雲滴電離再用帶電的電線蒐集起來，你絕對能吃掉一小朵雲。

像房子那麼大的蓬鬆積雲含有大約一公升或兩、三大杯的液態水，大約是人的胃一次可容納的體積。你吃不下超大朵的雲，但你絕對吃得下那些「像房子那麼大，經過頭頂時會暫時遮住太陽一、兩秒鐘」的小朵雲。

雲大概是你一口氣吃得下的最大的東西。比雲更蓬鬆、密度更低的東西不多。生奶油看起來很蓬鬆，但它的密度是水的15%，* 所以 1 公升生奶油的重量大約是 150 克。即使考慮到所有會逸出的空氣，超過一小桶你就吃不下了。棉花糖是最像雲的食物之一，它的密度非常低（大約是水的 5%），這代表理論上你可以一口氣吃掉大約 30 公升的棉花糖。這樣不太健康，但是有可能。不過，即使你這輩子都在吃棉花糖，你也沒辦法吃掉體積大如房子的棉花糖，尤其是因為除了棉花糖什麼都不吃的話，可能會影響你的壽命。

---

* 引用來源：威爾森（Tracy V. Wilson），她是「歷史課沒教的東西」（Stuff You Missed in History Class）播客節目主持人，當我收到這個問題時，她手邊正好有料理秤和一罐生奶油。

其他極輕的可食用物質包括雪、蛋白糖霜和洋芋片，但無論哪一種，一口氣吃得下的最大體積大約是 30 公升。

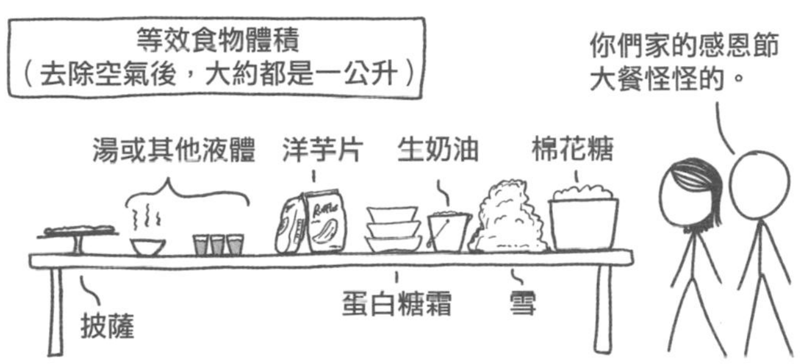

所以如果你想吃雲，就需要做點準備工作，但如果你成功了，你會因為「知道自己吃了可能吃得下的最大東西」而感到心滿意足。

雲
營養成分表

份量：1 朵雲
天空所含份量：數不清

熱量：0

	每日參考值（%）*
脂肪：0 克	0%
飽和脂肪：0 克	0%
反式脂肪：0 克	0%
膽固醇：0 克	0%
鈉：0 克	0%
碳水化合物：0 克	0%
膳食纖維：0 克	0%
糖：0 克	0%
蛋白質：	偶爾有幾隻蟲

鈣：0%	鐵：0%*
鎂：0%	鋅：0%

* 如果你住在第4章那些房子的下風處，鐵的含量可能會高一點

請記得將你的雲存放在可重複使用的瓶子裡。沒有必要浪費那些塑膠！

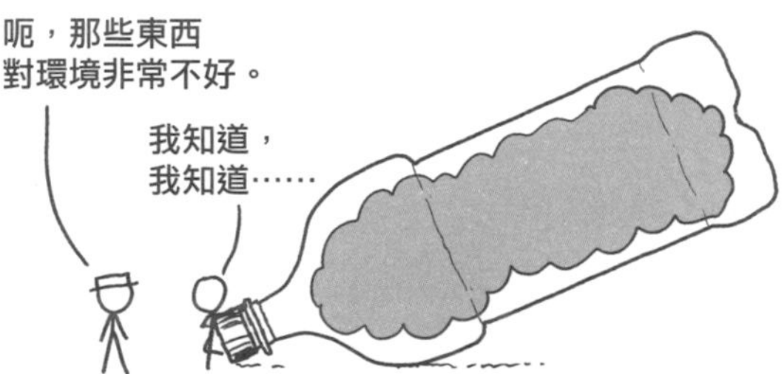

39. 高個子看夕陽

Q

假設兩個不同身高（159 公分和 206 公分）的人肩並肩站在一起看夕陽。個子高的人看得到太陽的時間比個子矮的人長多久？

——拉斯穆斯．邦德．尼爾森（Rasmus Bunde Nielsen）

長了超過整整一秒！

對於個子高的人來說，日落比較晚，因為個子愈高，看到的地平線愈遠。

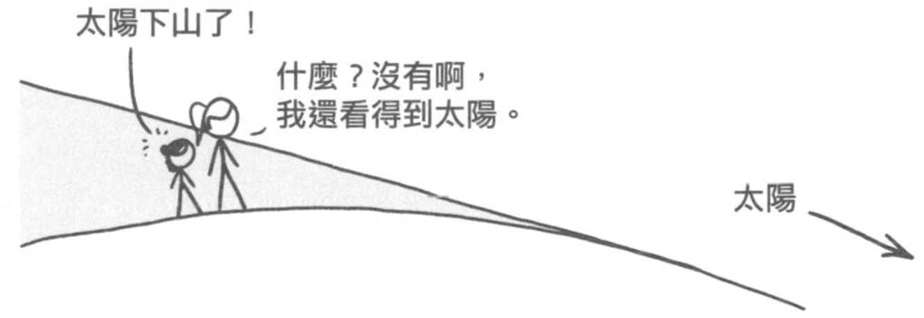

除了日落比較晚之外，個子高的人也比較早看到日出，這代表他們的白天通常會持續比較久。如果你位在赤道海平面附近，

海拔高度每升高 2.5 公分，相當於每年增加將近一分鐘的白天，高緯度地區甚至增加更多。在海拔高度 30 公尺處，這種效應比較不明顯，但高度每升高 2.5 公分，每年還是能多出至少 10 秒的白天。

反過來說，個子高的人會承受更強的風、上樓梯的時候更常撞到頭、走路碰到更多蜘蛛網，而且不小心走進處處陷阱的古廟之後更容易慘遭飛刀斬首。（我不知道發生這種情況的機率究竟是多少，但我知道一定是隨著身高增加而增加。）

飛刀死亡方程式

$$P_D = Ah$$

P_D = 飛刀死亡機率
h = 身高
A = 未知常數

如果你的視野很好，看得到海平面附近的地平線，就可以利用這種高度效應連續看兩次日出或日落，你只需要能快速爬上爬下的台階、梯子或小山丘就行了。

看兩次日出比看兩次日落容易，因為快速上樓梯比下樓梯費力，但這意味要早起。

反過來說，如果你的目標是獲取更多陽光，那早起本身就是一種獎勵。如果你住在海平面附近而且通常晚起，那每天提早 10 秒起床會讓你多照一些陽光，相當於你的身高增加 600 公分。

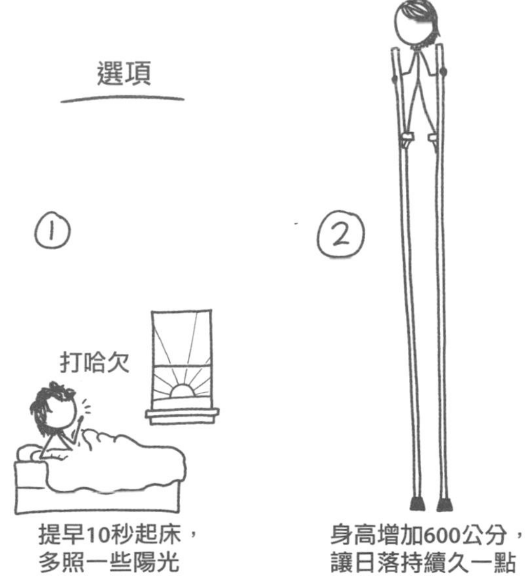

不過，賴床還是不錯啦。

40. 熔岩燈

Q

如果我用真正的熔岩來製作熔岩燈，那會怎樣？我可以用什麼東西來充當透明介質？我可以站在多近的地方看它？

——凱西．約翰斯頓（Kathy Johnstone），六年級教師（請學生問的）

按照《如果這樣，會怎樣？》的標準，這個想法竟然是合理的。

我的意思是，不是那麼合理啦。最起碼，我猜你會保不住你的教職，或許也會保不住坐在前排的一些學生。但是你可以這麼做。

你為什麼要用蒸汽、碎玻璃
和熔岩來噴灑學生？

如果我們要教他們，
他們就得怕我們。

關於可以用來裝熔岩、不會讓熾熱的紅色熔岩液滴噴濺大半個教室的透明材質，你有幾種選擇。熔融石英玻璃會是很好的選擇。高光度燈泡用的也是這種東西，它的表面很容易達到中等範圍的熔岩溫度。* 另一種可能的選項是藍寶石，它在高達 2,000°C 的溫度下還能維持固態，通常用來做為高溫設備的窗片。

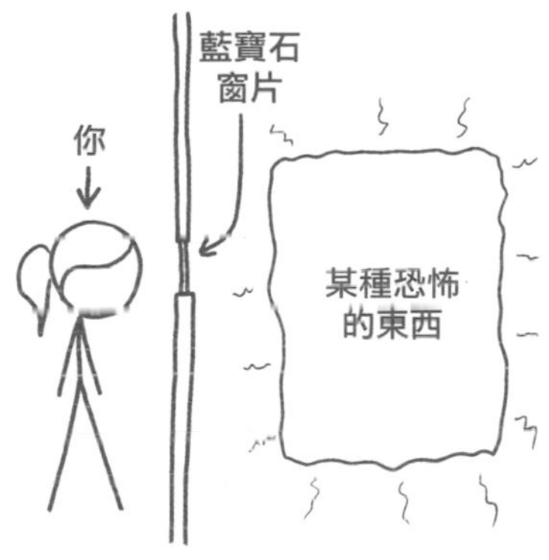

至於要用什麼樣的透明介質，這個問題比較棘手。假設我們發現一種在低溫下就會熔化的透明玻璃。即使忽略熱熔岩中的雜質可能會使玻璃混濁，我們也會遇到問題。†

熔融的玻璃是透明的，那它為什麼看起來不透明呢？‡ 答案很簡單：它會發光。熱的物體發出黑體輻射；熔融的玻璃發光和熔岩發光是一樣的道理。

---

* 有些舞台燈光所使用的燈泡號稱可以耐高溫達 1,000°C，比很多類型的熔岩還要熱。

† 然後，等學校當局發現這件事，我們還會遇到另一個問題。

‡ 這聽起來有點互相矛盾。「這音樂很大聲，但聽起來不會很大聲。」

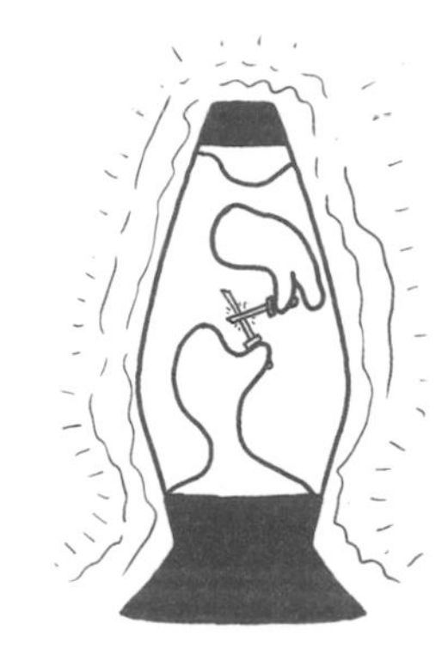

所以熔岩燈的問題是，它的上半部和下半部一樣亮，這樣會很難看到熔岩。我們可以試著不要放任何東西在燈的上半部——畢竟，當熔岩夠熱時，本來就會冒泡泡。不幸的是，燈本身也會接觸到熔岩。藍寶石可能不容易熔化，但是它會發光，因此很難看到裡面的熔岩在做什麼。

除非連接到非常亮的燈泡，否則這盞熔岩燈很快就會冷卻。和現實生活中熔岩一坨一坨掉在地上一樣，熔岩燈不到一分鐘就會凝固而停止發光，等到上課時間結束，你或許可以觸碰它而不會被燙傷。

凝固的熔岩燈簡直是世界上最無聊的東西。但這種假設情景讓我很好奇：如果用熔岩來製作熔岩燈不好玩，那用燈做成的火山呢？

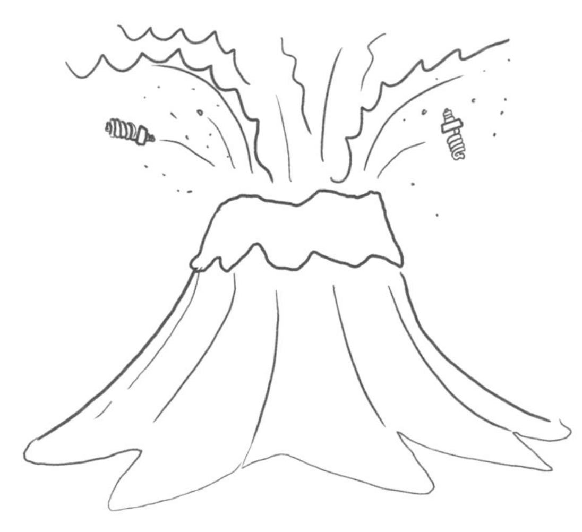

這可能是我做過的最沒用的計算，[*] 但是……如果今天聖海倫火山再度爆發，但噴出來的不是火山碎屑（tephra）[†]，而是省電燈泡，那會怎樣？

嗯，如果是這樣，釋放到大氣中的水銀，會比全部人為排放的總和[‡] 大好幾個數量級。

完全不清楚這句話的下一句應該是什麼，我喜歡這樣。「你知道的愈多……」然後呢？就會愈快樂？愈有文化？愈有辦法在知識競賽中決一死戰？如果是我來做這個節目，我會用「你剛剛學會了」來取代。

總而言之，我覺得用熔岩來製作熔岩燈有點虎頭蛇尾。我也覺得，聖海倫火山沒有噴出省電燈泡可能是件好事。而且我覺得，如果我在凱西．約翰斯頓老師的班上，我會盡量坐在教室的後面。

---

* 好吧，那不可能是事實。

† 「從火山噴出來的不管是什麼東西」的專有名詞。

‡ 其中 45% 來自金礦開採。

§ 編注：《你知道的愈多》（*The More You Know*）是美國 NBC 環球集團基於教育目的而製作的公益宣傳，會在節目中播出。

41. 薛西弗斯式冰箱

Q

假設每個擁有冰箱或冰櫃的人在戶外同時打開它們，這樣的冷卻量會不會使溫度有顯著的改變？如果不會，需要多少台冰箱才會使溫度降低攝氏 3 度？降低更多度呢？

——尼可拉斯．米蒂卡（Nicholas Mittica）

冰箱不會使周圍變冷，反而會變熱。

冰箱的原理是把熱量從冰箱裡面抽送到冰箱外面。冰箱裡面愈冷，外面就愈熱。如果你打開冰箱門，冰箱會不停的從前面吸入熱量，藉由線圈將熱量散發到空氣中，空氣再流回到冰箱裡。然後又得從頭開始，就像薛西弗斯（Sisyphus）永無休止的將巨石推上山那樣。

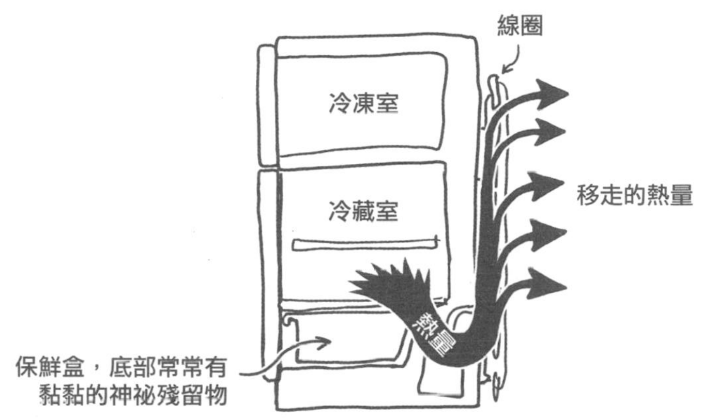

為了轉移所有這些熱量，冰箱會消耗電力，產生箱外的熱量。冰箱壓縮機以全功率運轉（如果冰箱門一直開著就會這樣），可能消耗 150 瓦的電力。也就是說，除了熱量毫無意義的從冰箱內部傳送到後方的線圈之外，還會額外排放相當於 150 瓦的熱能到周圍環境中。

每台冰箱多出來的 150 瓦熱能，基本上會提高地球的平均溫度，但只提高一點點。目前可能有幾億個家庭擁有冰箱，但即使我們假設全世界 80 億人每個人都擁有一台冰箱，而且所有的冰箱都在戶外全天候運轉，全球溫度也增加不到攝氏 1/1,000 度，幾乎量不出來。

但即使那些冰箱的直接廢熱可以忽略，它們也會使地球變得更熱。家庭用電有很多來自燃燒化石燃料。如果這 80 億台戶外冰箱的供電採用混合式電力來源（類似 2022 年美國的供電方式），那它們每年會增加約 60 億噸二氧化碳到大氣中，約占全球排放量的 15%。

在二十一世紀的剩餘時間裡，如果冰箱維持相同的排放率，氣候模式顯示，除了人類導致的其他升溫之外，還會使全球升溫額外增加 0.3°C。

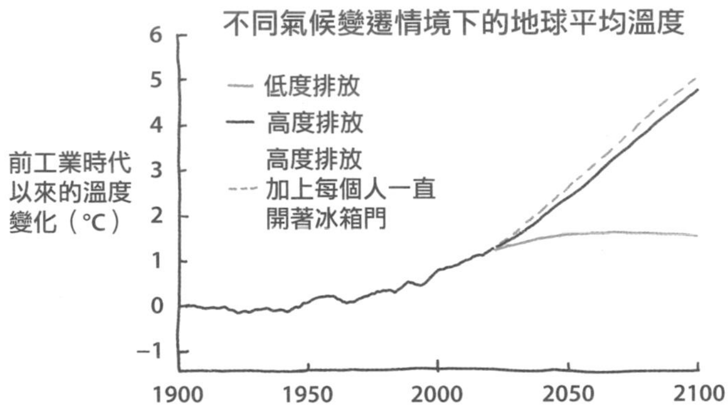

這和其他徒勞無功的工作相比呢？希臘神話講述了薛西弗斯將巨石推上山永無休止的故事。荷馬在《奧德賽》（*The Odyssey*）中清楚描述，他工作非常辛苦：

我看到薛西弗斯不停的工作，用他的雙手舉起碩大的巨石。他手腳並用奮力將巨石推向山巔，但是一如往常，當他快要將巨石推向山的另一邊，巨石太重使他承受不住，結果無情的巨石又轟然滾回到平地。他只好再努力的將巨石推上山去，汗水從他的身上流下，他的身後冒出蒸汽。

——《奧德賽》，巴特勒（Samuel Butler）翻譯，1900 年

超級馬拉松運動員的數據顯示，人類從事長時間耐力活動期間，工作量的極限是靜止代謝率的 2.5 倍。對於薛西弗斯的熱能攝入量，我連如何着手提出合理的估計都沒概念，但他的工作量顯然很大，所以我們就用大名鼎鼎的摔跤選手兼演員巨石強森（Dwayne Johnson）來當替身。我查出強森的身高和體重，輸入靜止代謝的計算器，得出的估計值是每天 2,150 卡路里（或 105 瓦）。

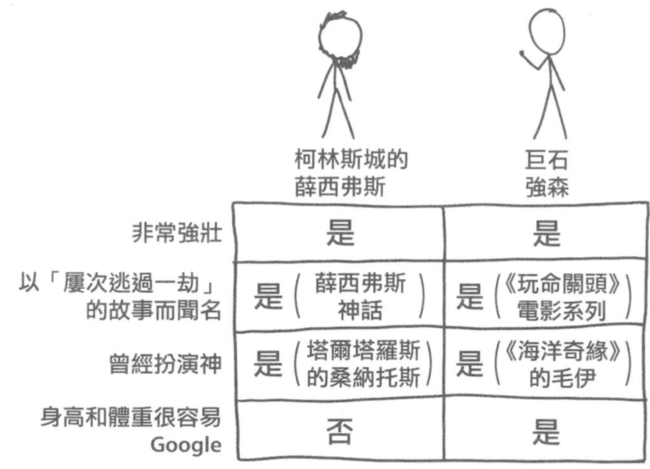

用 105 瓦當作薛西弗斯的代謝率，可以估算出他的長時間活動輸出量最大值是 260 瓦，比打開的冰箱多一點。

所以，如果你希望你家前院有個毫無用處的東西無緣無故無休止的浪費能源，與其給冰箱插電，還不如讓薛西弗斯把石頭推上山。你的電費帳單會減少，氣候變遷的影響可以忽略，因為動力會來自一種可再生能源──冥王黑帝斯（Hades）的無窮怨念。

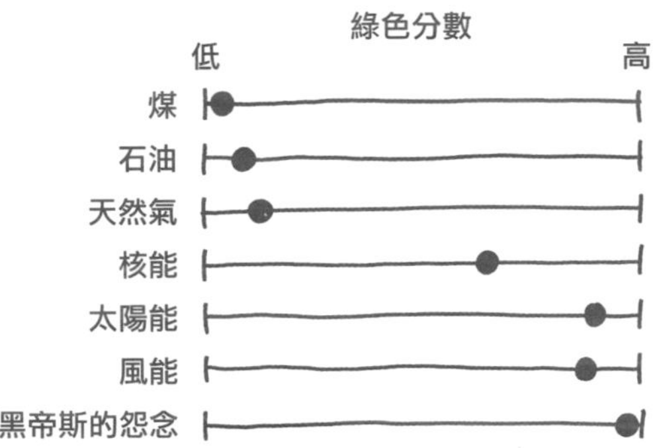

如果找不到薛西弗斯，或許你可以請巨石強森來幫忙代班。

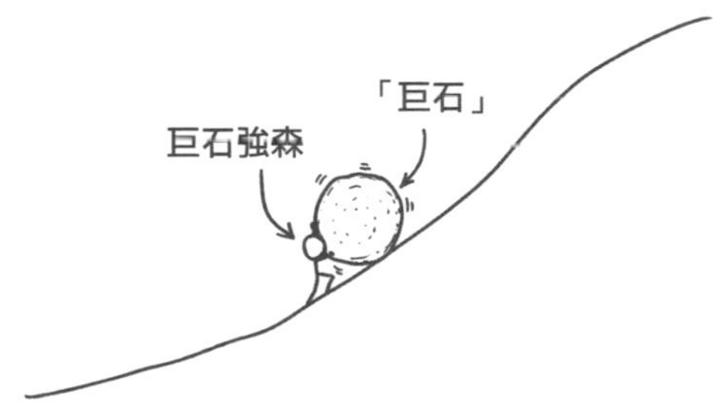

42. 血液中的酒精

Q

如果喝了醉漢的血液，會醉嗎？

——芬・伯恩（Fin Byrne）

你得喝很多的血才會。

人身上含有大約 5 公升（或 14 杯）血液。

別忘了，你應該每天喝8大杯的血。

如果血液中的酒精含量超過 0.5%，死亡的機率相當高。雖然人體血液中酒精含量超過 1% 仍能生存的案例還是有幾個，但百分之五十的人會在 0.4% 的酒精含量下死亡（LD_{50} = 0.40）。

如果某人的血液酒精濃度（BAC）是 0.40，而你在很短的時間內將他身上的 14 杯血液全部喝完，* 你會嘔吐。

我不想畫某人吐出4公升的血，所以我改畫松鼠代替。

你不會因為酒精而嘔吐；你會嘔吐是因為你在喝血。如果你設法避免嘔吐，你會攝入總共 20 克的乙醇，570 毫升的啤酒中就有這麼多的乙醇。

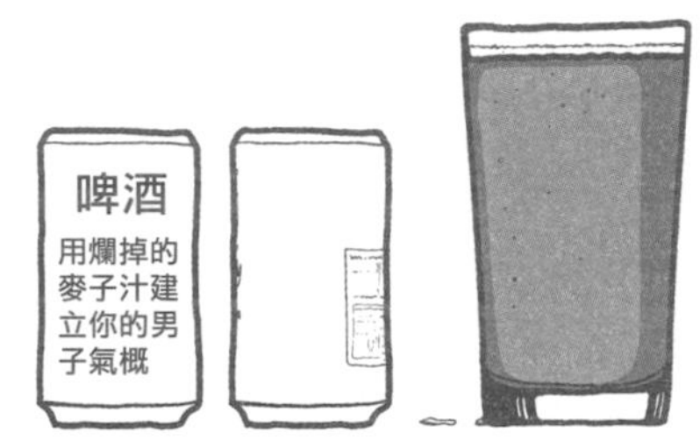

根據你的體重，喝那麼多血可能會使你本身的血液酒精濃度提高到 0.05 左右。這樣還算低，低到你可以在很多行政轄區合法駕駛，但是也算高，高到可能會使你的車禍風險加倍。

如果你的血液酒精濃度是 0.05，代表來自別人血液中的酒精只有 1/8 進到你的血液中。你喝了全部這些血之後，如果有人殺了你、喝了你的血，† 他們的血液酒精濃度會是 0.006。如果這個

* 如果你喝光某人的血，他們會死的機率是 100%。

† 扯平了。

過程重複大約 25 次，最後那個人的血液中會剩下不到 8 個乙醇分子。再過幾個回合就沒有任何乙醇分子了；* 他們只是在喝普通的血而已。†

不管血液裡有沒有任何酒精，喝 14 杯的血都不太好玩。關於這個主題的醫學文獻並不是太多，但是從一些語出驚人的網路論壇上的傳聞來看，任何正常人試圖喝超過 570 毫升的血都會嘔吐，從這張插圖就可以看出來：

如果你經常喝血，體內的鐵經過長時間的累積，可能會導致鐵質過量。這種症候群有時會對反覆輸血的人造成影響，有幾種疾病的正確療法是放血，這是其中之一。

喝一個人的血或許不會導致鐵質過量，倒是可能帶來血液傳播的疾病。此類疾病大多是由病毒引起的，雖然它們無法在胃部生存，但是當你喝血時，病毒很容易透過口腔或喉嚨的傷口進入你的血液。

喝了受感染者的血液可能導致的疾病包括 B 型和 C 型肝炎、愛滋病以及病毒性出血熱（例如漢他病毒和伊波拉病毒）。我不是醫生，我盡量不在我的書上提供醫療建議。不過，我可以很有自信的說，你不應該喝病毒性出血熱患者的血液。

* 按照順勢療法（homeopathic）的標準，這樣還是很濃。

† 像個輸家。

你不應該做的事情
（清單已更新）

#156,818　剝除地球的地殼
#156,819　嘗試徒手粉刷撒哈拉沙漠
#156,820　不問一句就拆掉人家的骨頭
#156,821　花費100%的政府預算購買手機遊戲商品
#156,822　在熔岩燈裡裝真正的熔岩
#156,823　（新增！）喝病毒性出血熱患者的血液

說是這麼說，但喝血或吃血並非聞所未聞，這在許多文化中是禁忌，但「黑布丁」（主要是血）是傳統的英國菜餚，世界各地也有類似的菜餚。東非的馬賽遊牧民族曾經主要以牛奶為生，但有時候也喝血，他們從牛的身上抽出血液和牛奶混合，形成一種極具蛋白質的奶昔。

所以最重要的是，喝某人的血液喝到醉是非常難的事，可能會很不舒服，而且可能會帶來一些嚴重的疾病。他們有多醉並不重要——在豪飲造成可怕的影響之前，血液本身就會讓你的身體吃不消。

43. 籃球地球

Q

當你用指尖轉籃球時，會用手拍擊籃球的邊邊讓它轉得更快且保持平衡，你知道那是怎麼回事吧？如果流星掠過地球時離得夠近，會不會像你用手拍擊籃球那樣、使地球自轉變得更快？

——贊恩・弗瑞胥利（Zayne Freshley）

會！

諸如此類的事情看起來好像應該行不通，但這件事情竟然行得通。

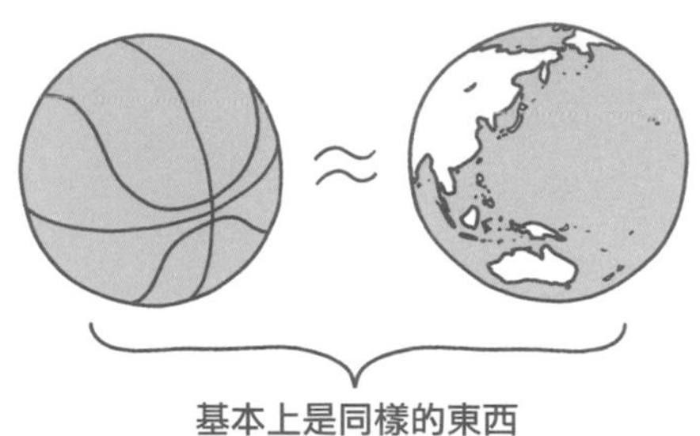

當流星撞擊地球或掠過大氣層時，它們會改變地球的自轉。

流星進入大氣層時，通常不會直直的掉下來。除非它們剛好瞄得很準，否則它們會以某個角度撞擊，這麼一來就會使地球稍微往一邊或另一邊轉。如果流星往東走，就會使地球自轉變快，如果流星往西走，就會使地球自轉變慢。

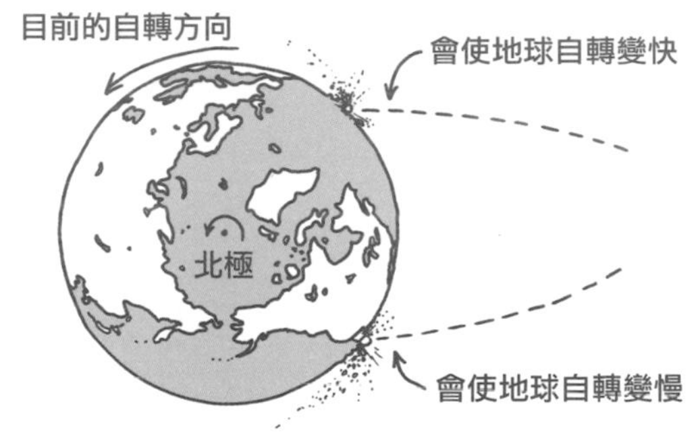

飛越太空的流星如果只是路過地球，並不會顯著影響地球的自轉，流星必須實際接觸到地球才會影響，但不一定要真正到達地面。如果流星在大氣層中燃燒殆盡，它的碎片依然給了空氣很大的推力，有些流動的空氣終究會透過摩擦力拉動地面。

即使流星掠過大氣層便返回太空，它在大氣層中損失的動量到最後大多會轉移給地球的自轉。這些掠過地球的火球很罕見，但其中有一顆在 1972 年掠過美國西部和加拿大上空的大氣層，觀星者、自動望遠鏡和雷達也看過其他的火球。

地球很大，〔誰說的？〕所以即使是毀滅性的流星撞擊，也不太可能顯著改變一天的長度。「恐龍殺手」希克蘇魯伯隕石留下了直徑 100 公里的隕石坑，改變一天的長度可能頂多只有幾毫秒。對大多數的用途來說，幾毫秒的變化不足以引起注意，不過這意味每年需要增加一閏秒來解釋這件事。

如果規模相當於月球或行星的天體撞上地球，可能會顯著改變一天的長度，代價則是更嚴重的破壞。我們認為，月球的形成可能來自「大如火星的天體在地球形成時撞擊地球所產生的碎片」。那樣的撞擊可能使一天的長度產生很大的變化。某種意義上，也使一個月的長度產生更大的變化⋯⋯

最早的月曆

⋯⋯因為首度形成了月份。

44. 蜘蛛與太陽

Q

誰對我施加的重力比較大：太陽還是蜘蛛？誠然，太陽大多了，但也遠多了，我在高中的物理課學過，重力和距離的平方成反比。

——瑪麗娜．弗萊明（Marina Fleming）

從字面上來看，這個問題完全合理，不過，改成別的問法很容易就會完全不知所云。

附近的蜘蛛比較多還是太陽比較大？
什麼？

來自單單一隻蜘蛛的重力，無論多重都絕對比不過太陽。巨人捕鳥蛛*和一顆大蘋果一樣重。†即使（上帝保佑）你盡可能靠近其中一隻，來自太陽的重力還是會強上 5,000 萬倍。

我很確定，我感受到的重力是在那個方向。

世界上所有的蜘蛛呢？

有個眾所周知的說法：你的周圍一公尺之內一定會有蜘蛛。這其實並不正確——蜘蛛不住在水裡，‡所以你去游泳就可以離牠們遠遠的，而且建築物裡的蜘蛛也不像田野和森林裡的那麼多。但是，如果你在靠近戶外的任何地方，就算是在北極的苔原，你周圍一公尺的範圍內都可能有蜘蛛。

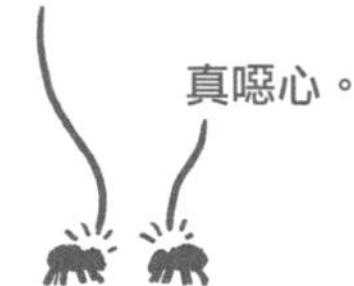

我聽說，不管你去哪裡，
你距離人類都不會超過1公尺。
真噁心。

* 維基百科指出，儘管有這個名字，但牠「很少捕食鳥類」。

† 無論我指的是水果還是 iPhone，都是正確的；蜘蛛的重量和兩者差不多。

‡ 除了潛水鐘蜘蛛（*Argyroneta aquatica*）。

無論說法是真是假，超級多的蜘蛛就在那裡。究竟有多少很難說，但我們可以粗略估計一下。2009 年巴西的蜘蛛密度研究發現，森林的地面每平方公尺有「個位數」毫克的蜘蛛。[*] 如果我們假設世界上大約 10% 的陸地面積具有這樣的蜘蛛密度，而其他地方沒有任何蜘蛛，可以算出全世界的蜘蛛有 2 億公斤。[†]

即使我們估算的數字差得很遠，也足以回答瑪麗娜的問題。如果我們假設蜘蛛均勻分布在地球表面，我們可以用牛頓的殼層定理算出牠們對地球以外物體的集體重力。如果你算一下，你會發現太陽的重力強了 13 個數量級。

不過，這樣的計算所做的假設不太正確。蜘蛛分布是離散而不是連續的，[‡] 而且有的地方蜘蛛比較多、有的地方比較少。如果你的附近剛好有很多蜘蛛，那會怎樣？

2009 年，後河汙水處理廠發現他們遇到了所謂的「極端蜘蛛狀況」。依據美國昆蟲學會發表的一篇有趣又可怕的文章所述，[§] 估計有 8,000 萬隻圓蛛定居在這座處理廠，每一處表面都覆蓋著厚厚的蜘蛛網。[¶]

---

* 那是乾質量；你必須乘上 3 或 4 才能得到活體重。

† 一項針對紐西蘭及英格蘭農地和牧場的調查發現，每平方公尺的蜘蛛數量往往達到兩位數。如果每隻蜘蛛重約 1 毫克，我們一樣假設地球上大約 10% 的土地具有那樣的蜘蛛密度，則蜘蛛的總生物質量為 1 億到 10 億公斤。至少這和我們的初步估計是一致的。

‡ 蜘蛛是可量化的。

§ 文章結論包含了簡直令人難以置信的段落：

我們的改進建議包括以下要點：

1) 應向現場人員保證蜘蛛是無害的，設施裡的巨量蜘蛛絲應以正面角度呈現，視為破紀錄的自然歷史奇觀。

¶ 反過來又被層層的蜘蛛覆蓋。

所有這些蜘蛛的總重力是多少？首先我們需要知道牠們的質量；根據一篇標題為〈圓蛛的性食同類行為：一種經濟模型〉*的論文，雄蜘蛛約為 20 克，雌蜘蛛則是好幾倍。所以即使 2009 年你正好站在後河汙水處理廠旁邊，裡面所有蜘蛛的重力還是只有太陽重力的 1/50,000,000。

無論你從什麼角度來看，最重要的是，我們在完全被巨大恆星主宰的世界裡過著被小蜘蛛包圍的生活。

嘿，至少不是反過來。

* 不要和〈狼蛛交配前和交配後性食同類行為之間的權衡〉相混淆，這是一篇不同但同樣真實的論文。

45. 吸入人的死皮

Q

如果室內灰塵中含有高達 80% 的死皮，請問人的一生中吸食了相當於多少人的皮膚？

——格雷格（Greg），南非開普敦

好消息：你不可能吸入一整個人的死皮，而且灰塵大多不是死皮。

「家裡的灰塵大多是死皮」的說法廣為流傳；如果用谷歌搜尋，你會發現不少文章支持或拆穿這種說法。* 難以確定的部分原因是，家裡的灰塵並不是任何一種特定的東西，而是一堆亂七八糟的噁心東西混雜在一起，看你家裡正好擺了什麼東西，可能包括土壤、花粉、棉花纖維、碎屑、糖粉、亮粉、寵物的毛和皮屑、塑膠、煤煙、人或動物的毛髮、麵粉、玻璃、煙霧、塵蟎，還有難以看出是什麼碗糕的數不清的汙垢。

灰塵中肯定有一些死皮，但通常不是主要成分。針對辦公室和學校地板上的灰塵調查發現，其中大部分根本不是有機物質，1973 年《自然》雜誌中的一項研究調查各種環境發現，皮膚細胞占了空浮灰塵的 0.4% 到 10% 之間。

身上死皮的脫落速率確實很驚人，我們每小時大約脫落 50 毫克的皮膚細胞，但那些死皮大多不會進到空氣中。如果我們每小時在空氣中添加 50 毫克的皮屑，家裡就會像煤礦或木材店那樣塵埃飛揚。既然空氣並沒有經常充滿皮屑，因此皮屑一定是跑去其

* YouTube「真理元素」（Veritasium）頻道主持人穆勒（Derek Muller）製作了長長的影片來討論這個問題，他引用 1981 年的一本書，書上又引用 1967 年的「荷蘭清潔標準」出版品。他最後站在「哇，裡面有好多死皮」那邊。

他地方了。有的皮屑很快就掉落在地上，但其中有很多會在我們洗滌時排入下水道、在衣服上摩擦掉落然後被洗衣劑洗掉，或是掉落在枕頭和床墊上。

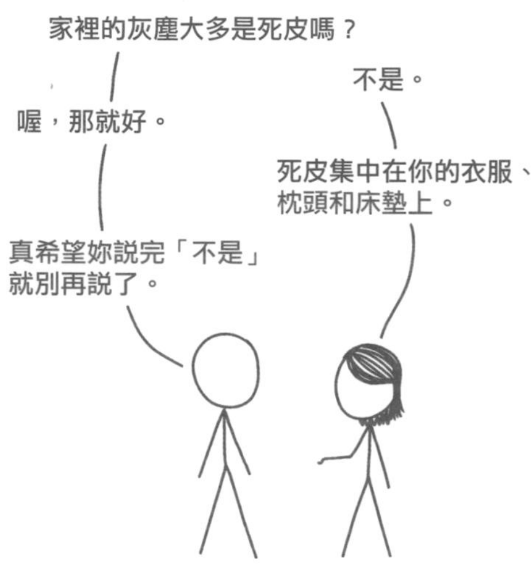

即使你找到方法使「空浮皮屑」濃度最大化，你也沒辦法吸入一整個人的皮屑。如果你打造某種機器將皮屑抽進房間，將濃度提高到每立方公尺有 10 毫克（空氣中的灰塵會多到超過煤礦工人的職業暴露極限），你這輩子還是只能吸入大約 3 公斤的皮膚細胞。

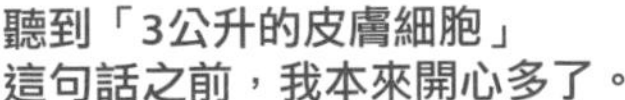

聽到「3公升的皮膚細胞」
這句話之前，我本來開心多了。

所以，你不可能吸入一整個人的死皮，但你可能吸入的比例，遠超過任何人聽了會覺得舒服的程度。

而且，我不想再回答任何關於皮膚的問題了。

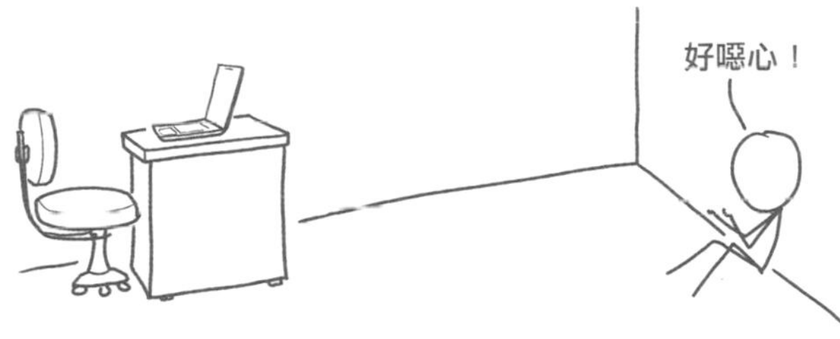

46. 壓碎糖果產生閃電

Q

要壓碎多少顆「救生圈」牌薄荷糖（Wint-O-Green Life Savers），才會產生實際大小的閃電？

——薇歐莉特．M（Violet M.）

幾十億顆。

當你在黑暗中壓碎糖果時會發出閃光。這種現象稱為摩擦發光（triboluminescence）。光可能非常微弱，但老牌救生圈薄荷糖口味以產生特別亮的閃光而聞名，這要歸功於調味用的添加劑。糖果產生的摩擦發光大部分是紫外光，但某些含有柳酸甲酯（methyl salicylate，又稱冬青油）的救生圈糖果會發出螢光。它吸收不可見的紫外光，發出藍色的可見光。

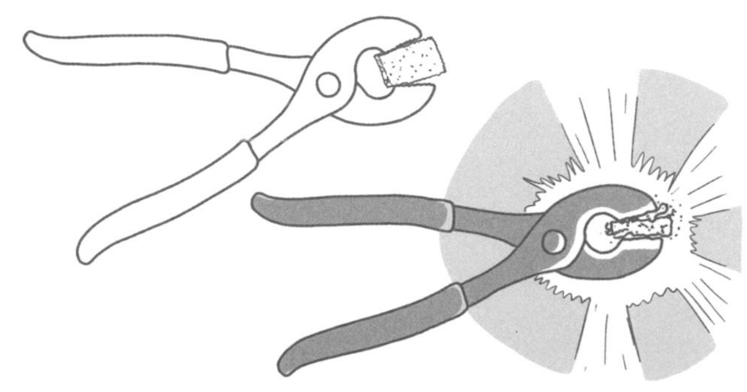

我們其實不太了解摩擦發光。

當材料湊在一起或分裂成碎片時，電荷有時會以某種方式分離、結合並釋放出能量。但是原子彼此碰撞的方式有很多種，在任何特定實驗中，究竟是什麼樣的效應組合產生了光，科學家也搞不清楚。

如果你用 9 公斤的力咬碎一顆救生圈糖果，你會傳送大約 1 焦耳的機械能到糖果的晶體中。*相較之下，閃電所攜帶的能量約為 50 或 100 億焦耳，因此為了獲得相同的能量，你需要咬碎 50 或 100 億顆「救生圈」糖果。

---

* 有些摩擦發光或許涉及釋放出儲存的化學能，這樣可能會減少發出閃光所需要的「救生圈」糖果數量。

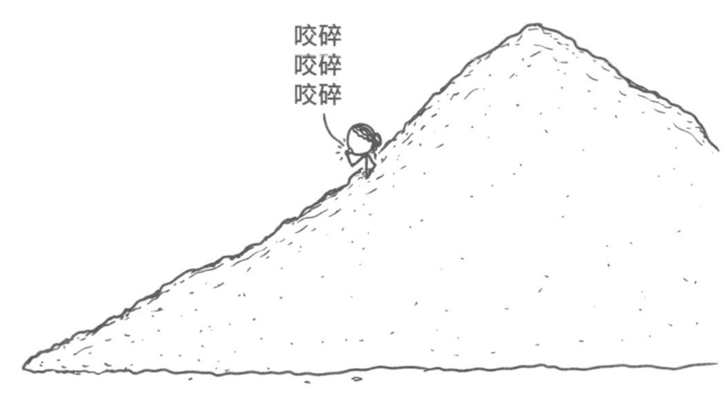

壓碎救生圈糖果不會真的產生火花。觸摸門把時的火花真的是火花；如果你近距離觀察，看起來就像是一道小小的閃電。但是如果仔細觀察救生圈糖果破裂的慢動作攝影，你不會看到閃電。糖果只是在破裂時短暫發光，就像閃光燈一樣。但是儘管外觀不同，救生圈糖果的閃光和閃電有很多共同點。它們都跟電荷有關（材料互相機械式摩擦使電荷被扯開），在這兩種情況下，電荷中和時都會釋放能量而產生光。

其實說到底，我們也不了解閃電。我們知道風暴裡的上升氣流會導致電荷在風暴的頂部和底部之間聚積，我們認為這和「風吹過雨或冰」有關，但電荷如何分離的細節仍然是個謎。

簡答題 #4

Q 人類能不能安全的食用患有狂犬病的動物？

——溫斯頓（Winston）

不能。食用患有狂犬病的動物不安全，而且可能傳播狂犬病。醫學文獻中有幾個狂犬病患者案例，據信是因為食用了受感染的動物而感染狂犬病毒。

你預期的答案是 / 真正的答案是

真正的答案是＼你預期的答案是	是	否
是	麻省理工學院是否有教室？	阿默斯特學院是否有核掩體？
否	科學家是否知道為什麼會發生閃電？	食用得了狂犬病的動物是否安全？

如果地核突然停止產生熱能，那會怎樣？

──羅拉（Laura）

老實說，我們會沒事。

理論上，地球的任何瞬間物理變化都可能改變地殼內部的壓力，導致地震和火山爆發，但不管是什麼原因造成地核停止產生熱能，如果假設該原因也緩慢的重新分配那些短期壓力，則熱流的實際變化不會是太大的問題。

我們的熱能大多來自太陽。流經地殼的熱能只是整體地表熱平衡的一小部分，不會對大氣產生太大的影響。如果外核凝固了，磁場會消失，但是（儘管2003年的電影《地心毀滅》這麼演）那樣並不會導致來自太空的微波束將美國金門大橋切成兩半，只會稍微增加高層大氣流失到太空的速率。

經過一段夠長的時間，由地球內熱驅動的板塊運動會停止。板塊運動是長期碳循環的關鍵因素，而碳循環調節地球的溫度，因此到最後恆溫狀態會失效，海洋會沸騰。但這無論如何都會發生，所以我不擔心。

Q 以我們目前的技術，人類可能摧毀月球嗎？

——泰勒（Tyler）

Q 全球暖化會導致地球的磁場變弱嗎？

——帕瓦基（Pavaki）

Q 雷射可以用來烤東西嗎？

——安德魯．劉（Andrew Liu）

答案分別是：不可能，不會，可以。

我們可以……

用……

	雷射	所有的人類科技	全球暖化
摧毀月球	不行	不行	不行
使地球的磁場變弱	不行	不行	不行
烤餅乾	可以	可以	如果變得很嚴重

Q 如果地球像蘋果那樣被切成兩半，那會怎樣？你應該在哪裡才最有機會逃過一劫？

——無名氏

Q 如果有人掉進全是水母的池子裡，會發生什麼事？

——羅倫佐·貝洛提（Lorenzo Belotti）

要看是哪一種水母。我見過最大的水母群是海月水母，被牠們刺到通常感受很輕微，以致人類甚至沒注意到。牠們摸起來出奇的堅韌，像濕濕的果凍軟糖一樣。所以這個人可能會結交幾位滑溜溜的新朋友！

你是我的新閨蜜，我要幫你取名為果凍甜甜圈！
當海洋淹沒你們的城市，我的同類會在你們的街上四處漂流，以你們的殘骸為食。
哇，好可愛喔！

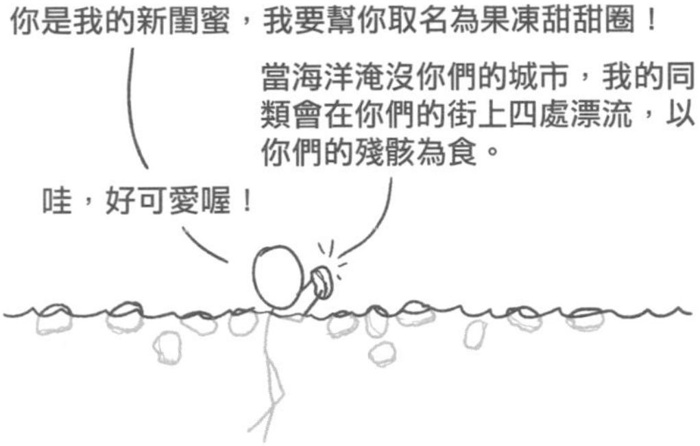

> **Q** 有沒有可能把房子的地板打造成巨大的氣墊曲棍球桌？這樣你就可以搬動房間裡的笨重家具了。
>
> ——雅各・伍德（Jacob Wood）

有可能，我知道我們家下次的裝修項目是什麼了。

> **Q** 最近吃晚餐時，我的 7 歲兒子問我們，馬鈴薯在什麼樣的溫度下會熔化（我假設在真空中）？請指教。
>
> ——史蒂芬（Steffen）

馬鈴薯在任何溫度下都不會熔化。在一般的烹飪過程中，澱粉會分解及糊化；當溫度升高，不同的成分會在不同的溫度下昇華。

但我想知道的是，你通常會將他所有的問題加上「在真空中」，然後假設那是他的意思嗎？

Q 如果鴿子不受重力影響，牠飛得到太空嗎？

——尼克．伊凡斯（Nick Evans）

飛不到。鳥兒可以在零重力的情況下拍動翅膀，或許有辦法讓自己前進，但高層大氣太冷了，而且鴿子需要呼吸。

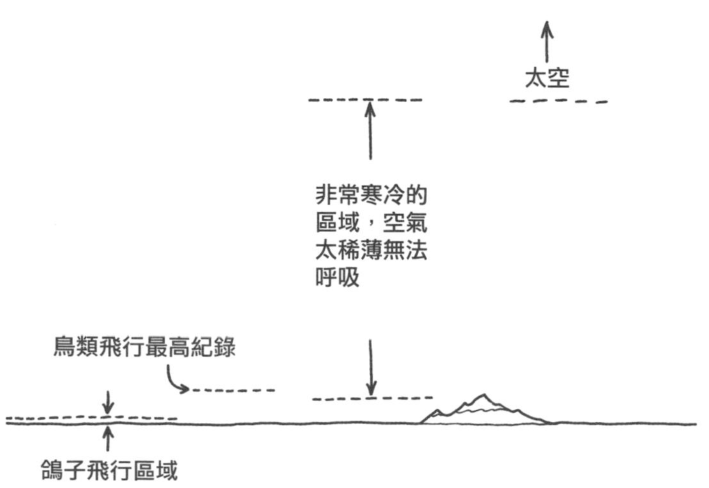

如果你盲目飛行穿越銀河系，撞到恆星或行星的機率是多少？

——大衛（David）

即使你從側面飛越，盡可能待在繁星密布的銀河盤面上，你撞到恆星的機率也只有 100 億分之一左右。（撞到行星的機率會小一千倍。）

比較一下，這和「你決定打電話給總統，拿起電話隨機撥打 10 個數字，結果第一次嘗試就猜中他的手機號碼」的機率大致相同。

不過，飛越銀河系需要很長的時間。如果每 30 秒嘗試一組號碼，你只需要 10,000 年就可以撥打所有的號碼。飛越銀河系之旅需要的時間長多了（以 1% 的光速要飛 1,000 萬年），所以一旦你打通總統的號碼，你們會有很多時間可以聊天。

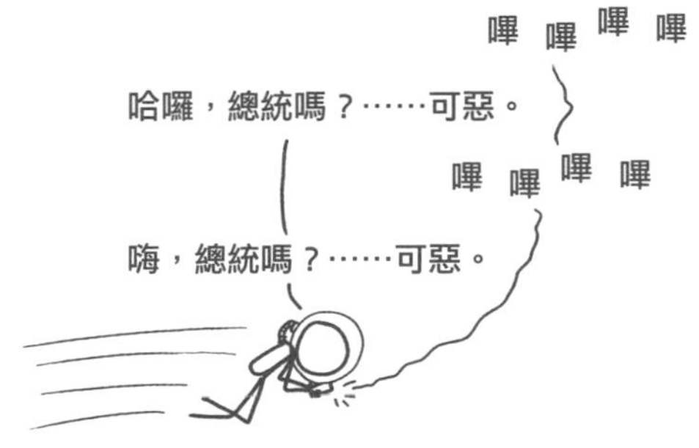

Q 在太陽系的各種天體上，如果除了無限的空氣供應和溫暖的冬衣之外，什麼都沒有，你大致可以在其表面上存活多久？（以氣態巨行星來說，假設你待在大氣層某處的神奇平台上，那裡可以視為表面）也就是說，沒有氧氣頭盔，沒有太空加壓衣，只有連結到神奇空氣產生器的口鼻面罩，以及適合在芝加哥冬天時穿的衣服。（不能耍花招，像是用神奇的空氣補給來產生熱能之類的。）

——梅麗莎·特里伯（Melissa Trible）

- 地球：100 年左右
- 金星：數週至數月
- 其他地方：數分鐘至數小時

金星的大氣有一層的溫度及壓力相當接近一般地球表面的狀態——除了地球和太空船內部之外，那是太陽系中唯一的地方。但我猜，你的皮膚碰到硫酸霧，很快就會變老了。

金星沒那麼糟嘛！
我猜風景會很漂亮，
如果我可以睜開眼睛
而不被灼傷的話。

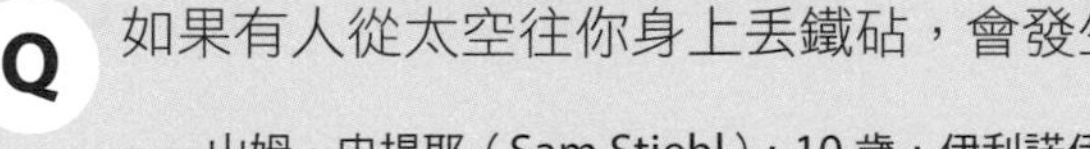

Q　如果有人從太空往你身上丟鐵砧，會發生什麼事？

——山姆・史提耶（Sam Stiehl），10 歲，伊利諾伊州艾文斯頓市

好消息是，鐵砧夠小，所以等到它掉在你身上時，大氣會使它減慢到終端速度。壞消息是，鐵砧的終端速度約為每小時 800 公里。

當鐵砧掉在你身上，它從多高的地方掉下來其實不重要。

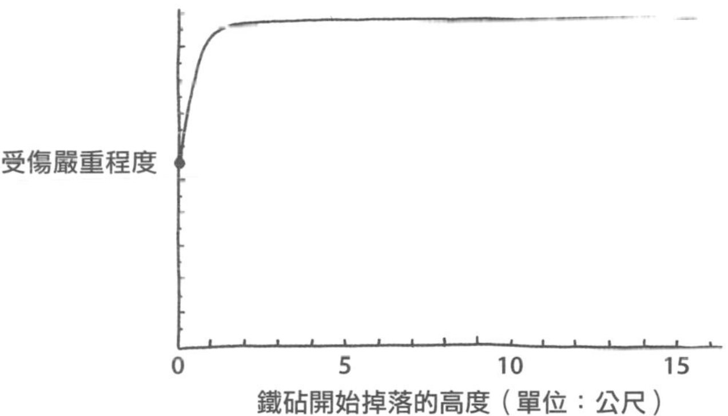

47. 用烤麵包機供暖

Q

如果我想要用烤麵包機給房子供暖，那會怎樣。我需要多少部烤麵包機？

——彼得．阿爾斯特倫（Peter Ahlström），瑞典

不太多，因為如果你讓烤麵包機一直開著，你的房子可能會著火。一旦著火，房子會「自行供暖終其一生」。

但是在你的房子著火之前的短暫片刻，用烤麵包機讓房子保持溫暖是可行的。

我發現了一種方法，可以讓我們的房子自行供暖大約15到20分鐘！

電暖器不一定是家庭供暖的最佳方式——用電直接產生熱能，通常比用那些電以熱泵（heat pump）加熱室外空氣更沒有效率，而且在某些地方，電也可能比天然氣或石油更昂貴。但是電暖器有個好處，它們都是等效的：所有的電暖器都是每消耗一瓦的電就會產生一瓦的熱能。

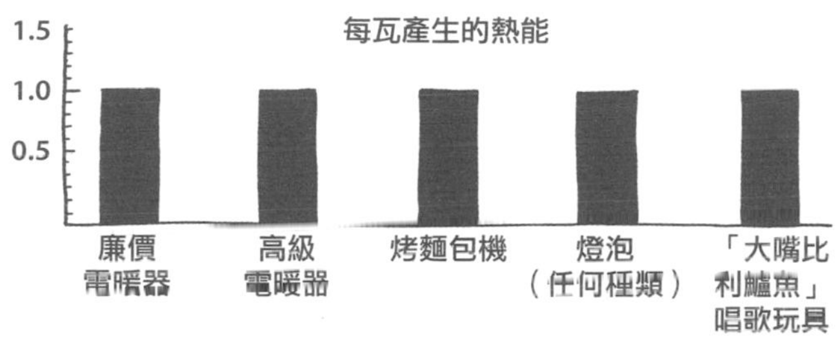

事實上，由於熱力學定律，幾乎每一種耗能的電子設備最終都以同樣的比率將電能轉化為熱能。60 瓦的燈泡產生光，但光照射表面會使表面變熱。結果，它產生的 60 瓦熱能和 60 瓦電暖器產生的熱能相同。烤麵包機、果汁機、微波爐以及燈泡都是以 1 瓦換 1 瓦的比率產生熱能，和電暖器一樣。

一般的烤麵包機大約使用 1,200 瓦的電力，美國北部典型房屋的供暖系統可能需要供應每小時 80,000 BTU，即每小時 25,000 瓦時，也就是 25,000 瓦。給這樣一棟房子供暖需要大約 20 部烤麵包機。

如果你不想讓烤麵包機空轉，你可以試著烤很多吐司，但很快就會多到吃不完。如果每部烤麵包機可以烤兩片吐司，烤一次大約要 2 分鐘，那你的烤麵包機每小時大約可以烤 30 條吐司。最多的時候，你消耗吐司麵包會相當於美國中型城鎮的消耗率。

烤吐司給房子供暖，這是自從
有吐司以來最爛的點子。

48. 質子地球，電子月球

Q

如果整個地球都由質子構成，而整個月球都由電子構成，那會怎樣？

——諾亞・威廉斯（Noah Williams）

這可能是我寫過最具破壞性的假設情境。

你可能會想像電子月球繞著質子地球運行，有點像是巨大的氫原子。某方面來說，這還有點道理；畢竟，電子繞著質子運行，而衛星繞著行星運行。事實上，原子的行星模型曾流行一時（不過，拿來解釋原子竟然不太管用 *）。

* 到了 1920 年代，此模型基本上已經過時了，但它長存於我精心製作的「泡沫管子清潔器」立體模型中，那是我在塞倫教會中學六年級科學課上的傑作。

氫原子的核心是一個
質子，稱為「地球」。
它包含七個夸克，
或「大陸」……

如果你把兩個電子放在一起，它們會想要分開。電子帶負電，而來自電荷的排斥力比將它們拉在一起的重力強了大約 20 個數量級。

如果你把 10^{52} 個電子放在一起（構成月球），它們會劇烈的互相排斥，以致每個電子會被大到不可思議的能量推開。

事實證明，對諾亞假設的「質子地球和電子月球」情境來說，行星模型更是大錯特錯。月球不會繞著地球運行，因為它們根本沒有機會影響彼此；使兩者各自分別炸開的力量，會遠大於兩者之間的任何吸引力。

如果暫時忽略廣義相對論（等一下會回來談），我們可以算出，來自這些電子相互排斥的能量，足以使它們向外加速到接近光速。*將粒子加速到那樣的速率並不少見；桌上型粒子加速器（例如映像管螢幕）可以將電子加速到光速的相當比例。但是，諾亞月球的電子所攜帶的能量，會遠遠大於普通加速器中的電子所攜帶的能量。它們的能量會超過普朗克能量的數量級，普朗克能量本身則是比最大的加速器中所能達到的能量又大了很多數量級。換句話說，諾亞的問題遠遠超出普通物理學的程度，帶我們進入到量子重力與弦理論之類的高等理論領域。

所以我聯繫了尼爾斯．波耳研究所（Niels Bohr Institute）的弦理論科學家基勒博士（Dr. Cindy Keeler），請教她關於諾亞的假設情境。

弦理論的訊號！
有人需要我們的協助！
嗯，那是訊號的一種解釋，但我已經想出許多別的解釋，每個都符合觀測結果。

* 但不會超過光速，我們忽略的是廣義相對論，不是狹義相對論。

基勒博士同意，我們不應該信賴任何涉及「在每個電子中放這麼多能量」的計算，因為這遠遠超出加速器測試的能力範圍。「我不相信粒子能量超過普朗克尺度的任何事情，」她說。「我們實際觀測到的最大能量存在於宇宙射線中；我認為比大型強子對撞機大了差不多 10^6，但還是離普朗克能量很遠。身為弦理論科學家，我很想說會發生什麼關於弦理論的事情——但說老實話，我們也不知道。」

幸好，故事還沒結束。還記得我們先前決定忽略廣義相對論嗎？嗯，這是「帶入廣義相對論反而使問題更容易解決」的罕見情況之一。

在這種情境下，存在巨大的位能——使所有這些電子遠離彼此的能量。這樣的能量會扭曲空間和時間，和質量一樣。結果證明，電子月球中的能量大約等於整個可見宇宙的質量與能量總和。

相當於整個宇宙的質能集中在（相對較小的）月球的空間裡，會使時空強烈扭曲，甚至會比那 10^{52} 個電子的排斥力還要強。

基勒博士斷言：「沒錯，黑洞。」但這可不是普通的黑洞，而是帶有大量電荷的黑洞。* 為此，你需要一組不同的方程式——不是標準的史瓦西（Schwarzschild）方程式，而是萊斯納－諾德斯特洛姆（Reissner-Nordström）方程式。

萊斯納－諾德斯特洛姆方程式比較了向外的電荷作用力和向內的重力之間的平衡。如果來自電荷的向外推力夠大，黑洞周圍的事件視界可能會完全消失。那樣會留下密度無限大的物體，光可以從中逸出——這就是所謂的裸奇點（naked singularity）。

一旦有了裸奇點，物理學就會開始分崩離析。量子力學和廣義相對論給出荒謬的答案，甚至是不同的荒謬答案。有人認為，物理定律根本不容許出現這種情況。正如基勒博士所言，「沒有人喜歡裸奇點。」

以電子月球的例子來說，來自所有這些電子互相排斥的能量會非常大，以致重力會獲勝，而奇點會形成正常的黑洞。至少，某方面來說是「正常的」；它會是和可觀測宇宙一樣大的黑洞。†

這個黑洞會導致宇宙塌縮嗎？很難說。答案取決於暗能量是怎麼回事，沒有人知道暗能量是怎麼回事。

---

* 質子地球（也會是這個黑洞的一部分）會使電荷減少，但由於「具有地球質量的質子」的電荷比「具有月球質量的電子」的電荷少很多，因此對結果不會產生太大的影響。

† 具有「可觀測宇宙的質量」的黑洞，半徑為 138 億光年，而宇宙的年齡為 138 億歲，因此有人說「宇宙是黑洞！」這聽起來像是某種真知灼見，但事實並非如此。宇宙不是黑洞。原因是，宇宙中的一切都在愈飛愈遠，眾所周知黑洞並不會這樣。

但就目前而言，至少附近的星系是安全的。由於黑洞的重力影響只能以光速向外擴展，因此我們周圍的大部分宇宙仍會天下太平，對我們荒謬的電子實驗毫不知情。

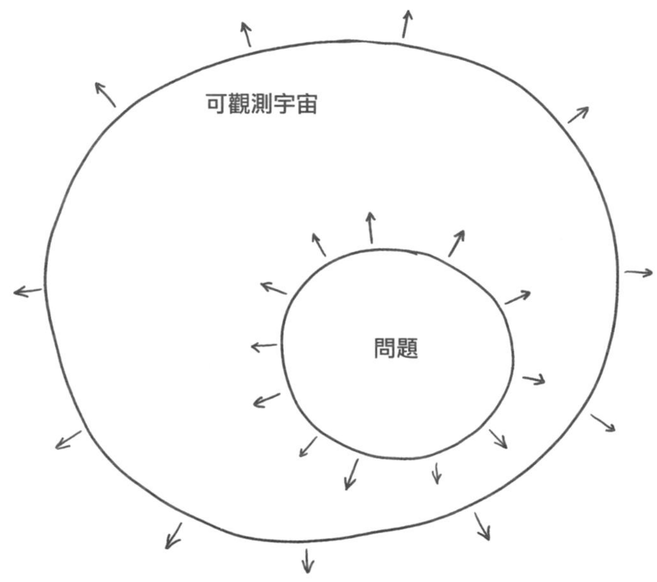

49. 眼球

Q

如果我挖出自己的眼球，用它來看我的另一顆眼球，我會看到什麼？（假設神經和血管都沒有受損）

——建卡（Lenka），捷克共和國

你會看到眼球。眼球周圍會有模糊的複視，你會看到臉和手，疊加在你房間的背景上。

用眼球看著眼球，並不會產生什麼奇怪的迴圈，就像用攝影機對著本身的影片一樣。每一顆眼球只看到眼球而已。如果你很小心的讓它們對齊，兩顆眼球會重疊，你的大腦會試著將兩個相似的圖像合併，就像你平常用兩隻眼睛看著景象那樣。

在你的視野中間的瞳孔和虹膜之外，你的兩隻眼睛會看到截然不同的景象。一隻眼睛會看到眼瞼、頭、你所在房間的某一邊。另一隻眼睛會看到眼球、手、視神經、房間的另一邊。你的大腦完全沒辦法將這兩個重疊的圖像合併，所以你的視野在中間一小塊區域以外都會出現複視。

正如我所說的，我不是醫學專業人士，所以你對我的建議可以半信半疑，但我認為，你不應該摘除自己的眼球。

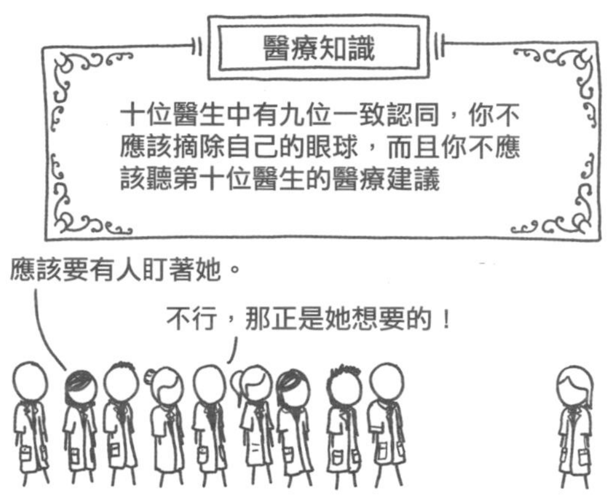

醫療知識
十位醫生中有九位一致認同，你不應該摘除自己的眼球，而且你不應該聽第十位醫生的醫療建議
應該要有人盯著她。
不行，那正是她想要的！

如果你不想「徒手」進行眼科手術，* 你可以利用鏡子來了解，在這種情況下你會看到什麼。如果你將普通的鏡子放在面前看，每隻眼球都會看著自己，和前面所說的「眼球看著眼球」的情景很像。為了模擬得更好，你可以用兩個鏡子排成直角來看，這樣每隻眼睛都在看著另一隻眼睛，就像你把自己的眼睛放在你面前一樣。

---

* 由於某些原因。

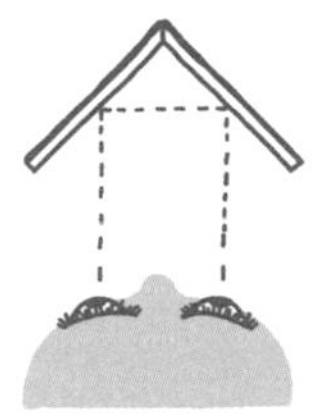

如果你試試看，你會注意到，你的眼睛無法聚焦在很短的距離之內，這是眼睛水晶體的限制。焦距的最小值隨著年齡增長而增加，從兒童的 5 至 8 公分，到 30、40 歲的 15 公分，到了 60、70 歲時變成 40 幾公分。但無論你幾歲，都需要放大鏡或度數很高的老花眼鏡，才能把鏡子拿得夠近以便仔細端詳你的眼睛。燈光亮一點也會有幫助，因為鏡子會擋住房間的光線。

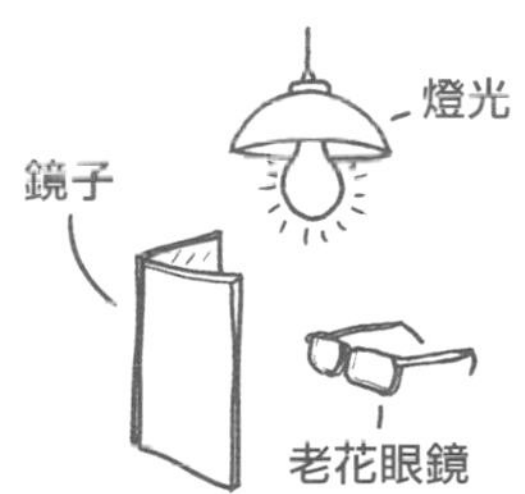

由於你的眼睛不是對稱的，所以你看到的兩個影像不會對齊。利用直角鏡子，你的右眼會看到具有半月皺襞（plica semilunaris，眼睛角落靠近鼻子處的小肉膜）* 的眼睛在影像的左側。你的左眼會看到相反的情況。即使你的虹膜是對稱的，也沒

* 鳥類具有瞬膜（nictitating membrane），即透明的「第三眼瞼」，牠們可以藉由眨眼來保護與滋潤眼睛。其他許多動物都有瞬膜，不過人類和我們演化上的近親已經沒有了。眼瞼角落的那一小塊肉，正是瞬膜的殘留物。

有彩色斑點，你還是會在影像邊緣看到複視。

看起來確實有點奇妙（我寫這篇文章時試過），但絕對不值得摘除眼球來體驗。眼睛或許是心靈之窗，但如果你想要凝視自己的眼睛，還是照鏡子就好了。

妳到底為什麼想要摘除自己的眼睛？

我的隱形眼鏡很難拔下來，如果
我看得到自己在做什麼，我以為
這樣會比較容易。

50. 日本大出走

Q

如果日本所有的島嶼都消失了，會不會影響地球的自然現象（板塊、海洋、颶風、氣候等等）？

——內田美優（Miyu Uchida），日本

日本的島嶼形成火山弧，一邊是日本海／東海，另一邊是太平洋。

我不知道美優設想的是哪一種消失，但我們假設整個群島只是暫時「離家出走」到某個地方。

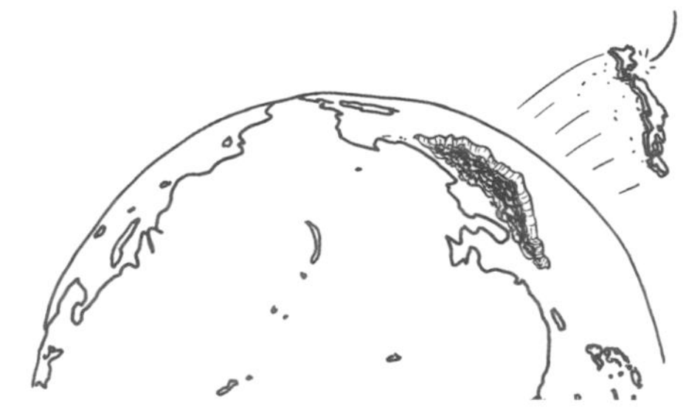
我剛想到，有件事情我必須
去處理一下。馬上回來！

日本高於海平面的部分重達 440 兆噸。如果只有那個部分被「乾坤大挪移」……

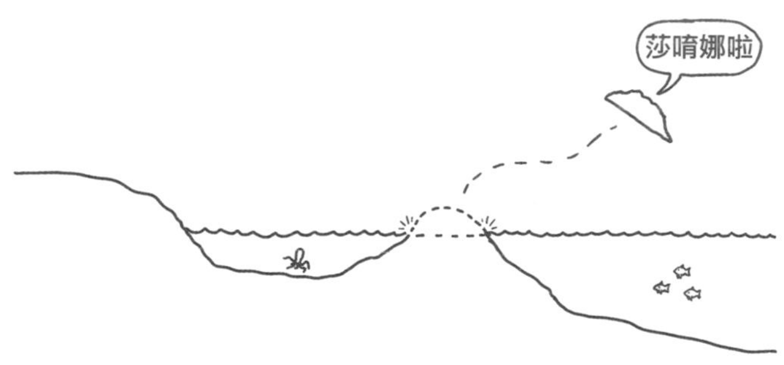
莎唷娜啦

……就會使地球的質量中心和自轉軸往烏拉圭（在地球的另一邊）移動大約 45 公分。

重力的變化會導致海洋稍微晃動，依循新的大地水準面（geoid）[*]的等高線，海水會形成新的「海平面」。少了日本的重力，海洋會稍微偏向地球的另一邊；東亞附近的海平面可能會下降 30 到 60 公分，南美洲附近的海平面會上升同樣的幅度。[†]

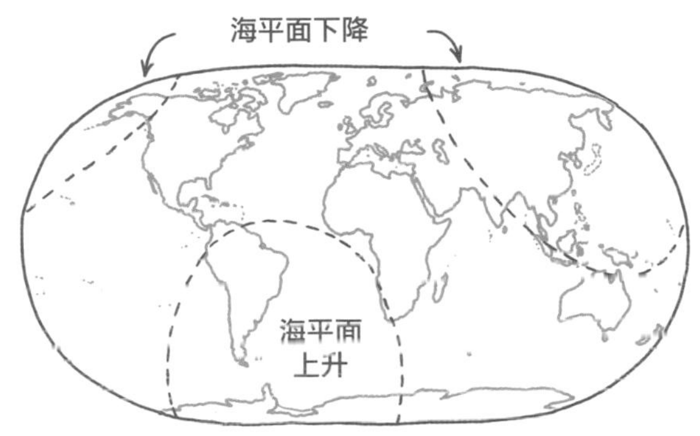

海平面上升數十公分會對烏拉圭產生極大的影響，淹沒許多海岸地區。當然啦，這件事情我們不需要假設情境，因為未來半個世紀左右，由於人類排放溫室氣體，海平面將會上升的幅度就是數十公分。

到目前為止，我們只考慮將日本高於海平面的部分移走。日本的其他部分呢？如果我們也移走水下的部分，那會怎樣？

---

* 編注：與靜止海水面重合的重力等位面。

† 當陸地上的大冰層融化時，也會發生這種效應。融化的水導致整體海平面上升，但由於它們的重力不再將海洋拉向自己，因此在冰層周圍區域，海平面實際上可能會下降。在世界的另一邊，海平面的上升幅度會超出你的預期。如果（當）格陵蘭島融化，澳洲和紐西蘭的水患會最嚴重。欲知詳情，請參閱《這麼做，就對了》第 2 章〈如何舉辦游泳池派對〉。

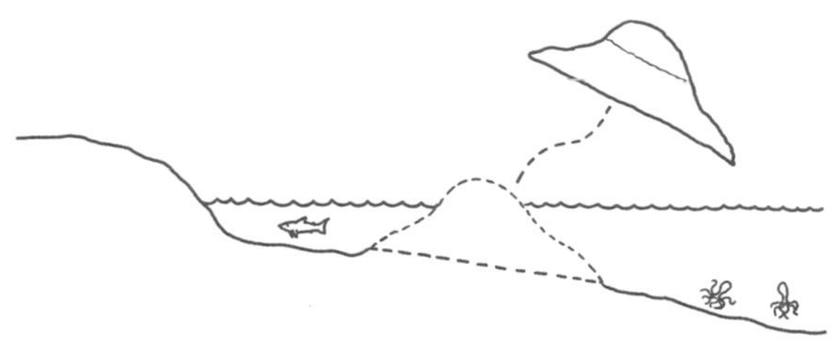

日本的水下部分比水上部分大十倍以上。

你知道日本看得見的部分只有10%嗎？
90%的日本隱藏在海面以下！

如果移走日本的水下部分，地軸的偏移會大很多（3到6公尺），海平面也會大幅重新調整。

將日本移走對洋流也會有重大的影響。日本西邊的海只靠幾道淺淺的海峽與周遭的海洋相連，因此其中的海水相對隔絕。它具有自己的環流，使海水層保持良好的混合，就像是北大西洋等較大海洋的縮小版。少了日本島嶼的圍繞，海水就會任意的混入太平洋。

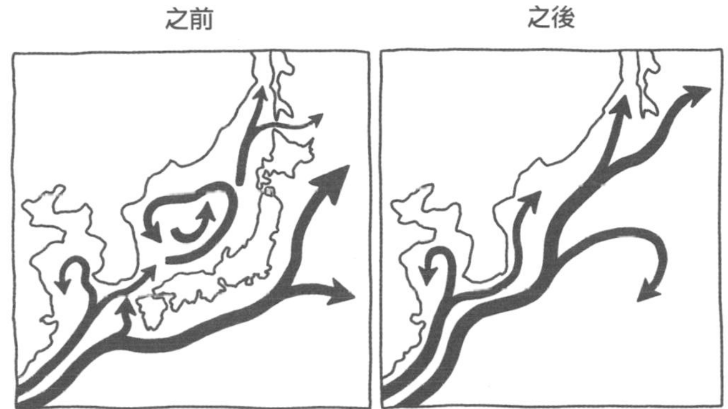

對氣候的影響難以預測。日本有溫暖的黑潮經過，這股洋流沿著太平洋西側邊緣往上，繞到島嶼的東邊。隨著這道屏障消失，洋流可能會環繞亞洲海岸，這意味海參崴附近會有較溫暖的海水，朝鮮半島和俄羅斯沿岸遭遇颱風的風險可能會略為增加。不過，他們不需要擔心暴潮，因為海平面會下降，使海參崴的玻璃海灘*變得又高又乾燥。

至少，長遠來看，他們不需要擔心暴潮。如果日本徹徹底底消失，會在海洋中留下巨大的空洞。海水會湧進來填補空洞，形成「自從上一次巨大隕石撞擊地球以來未曾見過」的巨浪。†巨浪會摧毀亞洲東岸，甚至等它越過太平洋，還會大到足以淹沒美洲西岸，並且波及安地斯山脈和內華達山脈。

---

* 如果你對此不熟悉，我建議你去搜尋「海參崴玻璃海灘」圖片——你不會後悔的！

† 上一次如此大規模的撞擊海嘯發生在 3,500 萬年前，一顆太空岩石撞擊北美東岸。我在維吉尼亞州的克里斯多夫紐波特大學（Christopher Newport University）就讀，這所學校就蓋在撞擊後遭到掩埋的隕石坑邊緣。

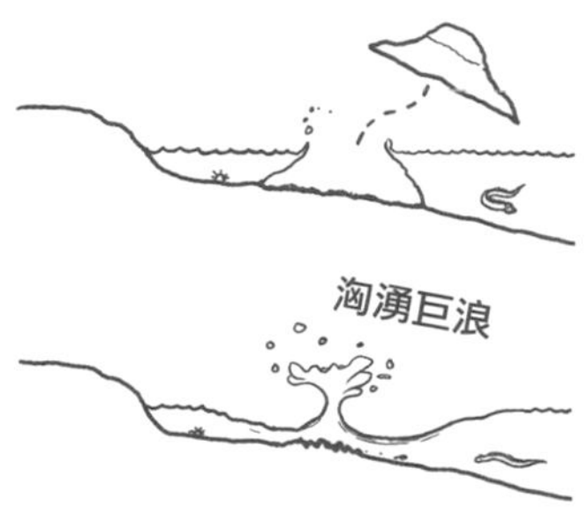

當海水回到海洋盆地，由於西太平洋有了日本形狀的缺口，海洋會比先前更低。如果日本迷途知返，想要回到原來的位置，恐怕會引發同樣的災難再度重演。

但話又說回來，美優從來沒說日本打算去哪裡。

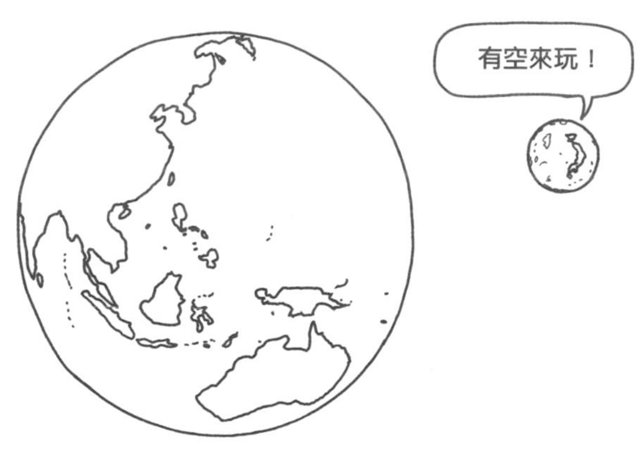

或許這一出走，就再也不回來了。

51. 用月光生火

Q

請問能不能用放大鏡和月光來生火？

——羅吉爾（Rogier）

乍聽之下，這個問題好像很簡單。

放大鏡使光聚集在一個小點上。很多調皮的小孩都知道，7 平方公分的放大鏡便可聚集足夠的光來生火。谷歌上說，太陽比月球亮 400,000 倍，所以我們只需要 2,800,000 平方公分的放大鏡就好了。對不對？

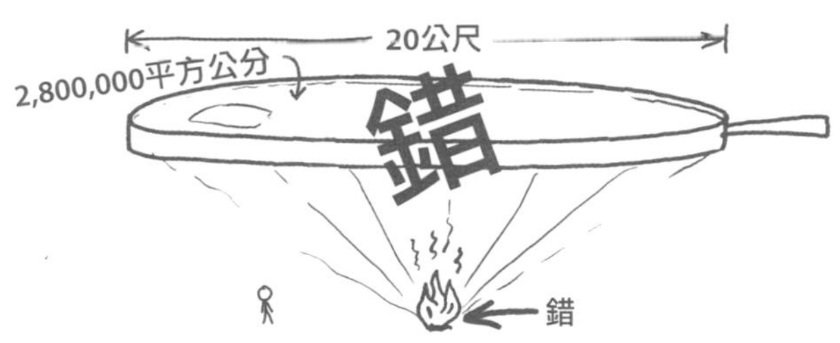

真正的答案是：無論放大鏡有多大，你都無法用月光來生火。原因有點奧妙，涉及許多聽起來「似非而是」的論點，往往會讓你陷入光學的「兔子洞」裡。

首先，基本準則是：你無法利用透鏡和鏡子使某物體比光源本身的表面更熱。換句話說，你無法利用陽光使某物體比太陽的表面更熱。

有很多方法可以利用光學來證明為什麼這是對的，但比較簡單（或許不太令人滿意）的論點來自熱力學：

透鏡和鏡子的運作不消耗任何能量。* 如果你可以利用透鏡和鏡子，使熱能從太陽流到地面上比太陽更熱的地方，那你就可以在不消耗能量的情況下，使熱能從較冷的地方流向較熱的地方。熱力學第二定律說這是辦不到的。如果辦得到，你就可以製造永動機了。

* 更具體來說，它們所做的一切是完全可逆的——這意味它們不會增加系統的熵。

熱力學第二定律說，機器人不得
增加熵，除非這違反第一定律。
差不多吧。

太陽的溫度約為 5,000°C，因此根據規則，你無法利用透鏡和鏡子聚焦陽光使某物體的溫度高於 5,000°C。月球向陽面的溫度略高於 100°C，因此你無法聚焦月光使某物體的溫度高於 100°C。那樣太冷了，大部分的東西都燒不起來。

「但是等一下，」你可能會說，「月球的光和太陽的光不一樣！太陽是黑體——它的光輸出和它的高溫有關。月球因陽光反射而發亮，其『溫度』有幾千度，所以這個論點不成立！」

事實證明，這個論點確實成立，原因我們稍後會談到。但首先，等等——這條規則對太陽來說正確嗎？當然，熱力學的論點似乎很簡單，但對那些有物理學背景、習慣思考「能量流」的人來說，這聽起來可能有點困惑。為什麼不能將大量陽光集中在一個點讓點變熱？透鏡可以使光集中到一個小點，對不對？為什麼不能讓更多更多的太陽能量集中到同一點？既然有超過 10^{26} 瓦的陽光可用，應該有辦法讓一個點變得要多熱就有多熱！

只不過，透鏡並不是使光線集中在一個點——除非光源也是一個點。透鏡使光集中在一個「區域」，形成小小的太陽影像。*事實證明，這個差別至關重要。想知道為什麼，我們來看一個例子：

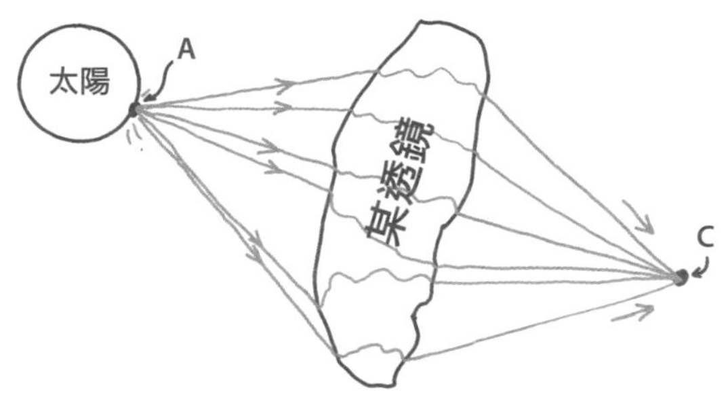

這個透鏡將所有來自 A 點的光導到 C 點。到目前為止都沒問題。但是，如果我們說這個透鏡將所有來自太陽的光都集中到一點，代表它也必須將所有來自 B 點的光導到 C 點：

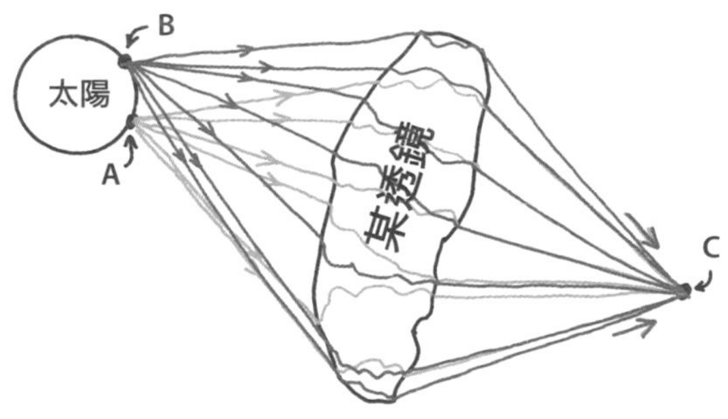

* 或是大的太陽影像——有些家用望遠鏡（例如太陽觀測投影望遠鏡）利用透鏡將詳細的太陽影像投射到一張紙上，就像是高解析版的針孔照相機。這種望遠鏡有點貴，但它們是很棒的工具，用來觀看太陽黑子或日蝕很安全。

現在問題來了：如果反過來，光線從 C 點朝著透鏡照射，會發生什麼事？光學系統是可逆的，所以光應該可以回到它的來處——但是透鏡怎麼知道，光是來自 B 還是 A ？

事實證明，光束通常沒辦法互相「疊加」，因為這會違反系統的可逆性。這項法則使你無法從「既有光束的相同方向」向目標發送更多的光束，因此「有多少光可以從光源導到目標」便受到限制。

或許你無法疊加光線，但是如果使光線融匯更緊密，這樣你就可以納入更多並排的光線呢？然後你就可以聚集許多融匯的光束，讓它們從稍微不同的角度瞄準目標。

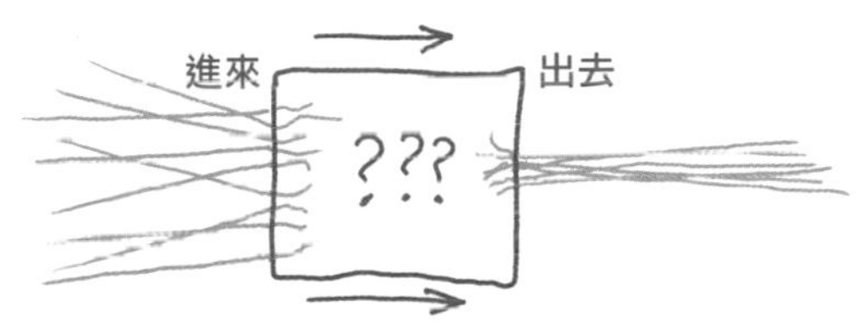

不行，這你也辦不到。*

事實證明，任何被動光學系統都遵守所謂的「光展量守恆」（conservation of étendue）定律。這個定律說，如果光從一大堆不同的角度進入系統，通過較大的「輸入」面積，則輸入面積乘上輸入角度†等於輸出面積乘上輸出角度。如果光集中到較小的輸出面積，一定會以較大的輸出角度「散開」。

* 我們當然已經知道這件事，因為之前我們說過，這樣會違反熱力學第二定律。

† 或 3 維系統中的立體角。

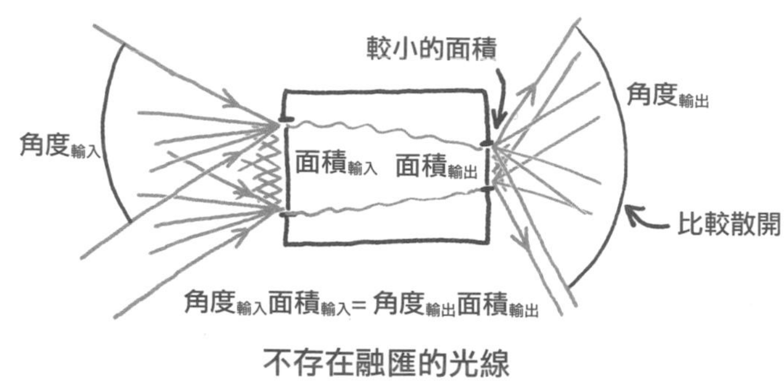

不存在融匯的光線

換句話說，如果你想使光束融匯在一起，就一定會使光束不平行，這代表你無法使光束瞄準很遠的地方。

關於透鏡的這種特性，還可以用另一種方式來思考：透鏡只是擴大光源在天空中的領地；透鏡無法使來自任何一個點的光變得更亮。你拿起透鏡對著牆壁看，就可以看得出來。無論你用的是哪一種透鏡，你都會發現，透鏡不會使牆壁的任何部分看起來更亮；它只是改變了你在那個方向看到的是哪個部分。可以證明，* 使光源變得更亮會違反光展量的規則，所以透鏡系統不可能做到這一點。它只能做到使每一道視線終止於光源的表面上，這相當於使光源環繞著目標。

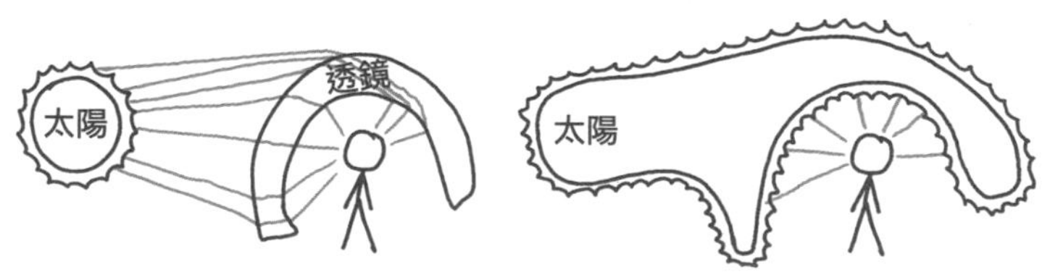

* 這是「這可能不太難，但我不想做這件事」的物理學說法。

如果你被太陽的表面物質「環繞著」，那基本上你是漂浮在太陽裡，很快就會達到周圍環境的溫度。*

如果你被月球的亮面環繞著，你會變多熱？嗯，月球表面上的岩石幾乎都被月球表面環繞，它們會達到月球表面的溫度（因為它們就是月球表面）。因此，聚焦月光的透鏡系統不可能使某物體變得比「月球表面小窪地裡的岩石」更熱。

這也提供我們最後一種方法，證明你不可能用月光來生火：阿波羅太空人當時沒死。

所以當最後一位阿波羅太空人過世……
物理學就會瓦解，月亮就能生火了。

* 想了解更多關於造訪太陽可能獲得的精采體驗，請見第 61、62 和 63 章以及簡答題 #5。

52. 閱讀所有的法律

Q

如果有人想要閱讀所有適用於他們的管理文件（聯邦憲法、州憲法、條約、機構頒布的法規、聯邦法、州法、地方法令等），會有多少頁需要閱讀？

——凱斯．伊爾曼（Keith Yearman）

法律有一大堆。你必須閱讀它們才知道內容是什麼。否則，你可能犯了罪還不知道。你自己心知肚明，你那看起來普普通通的嗜好或活動，都可能會違反某些晦澀難懂的法律。

我只是個普通老百姓，在我家附近閒晃。我的嗜好包括園藝、慢跑、抓候鳥來吃、鑽石油、買賣雷射、發射愈來愈大的模型火箭，還有在小鎮廣場任意誹謗他人。

希望我沒惹上什麼法律麻煩！

我住在麻薩諸塞州的小鎮，所以我受到以下管理文件的管轄：

- 美國憲法（26 頁）
- 聯邦法（82,000 頁[*]）
- 麻薩諸塞州憲法（122 頁）
- 麻薩諸塞州法（63,000 頁）
- 我們小鎮的地方法（450 頁）

這樣總共大約有 145,000 頁。如果你以每分鐘 300 字的速率、每天閱讀 16 小時，大約需要六個月的時間才能讀完。

但那些只是立法機關通過的法律或規章而已。除了那些之外，還有政府授權機關發布的法規和規定。這些通常隨著法律一起發布，其中包括：

- 聯邦法規（295,000 頁）
- 麻薩諸塞州法規（31,000 頁）
- 我們小鎮的市政分區法規（500 頁）

包含這些法規[†]，就會比我們必須閱讀的內容還要多三倍以上，使總共閱讀時間長達將近兩年。

---

* 在某些情況下，我用的是實際頁數，而在其他情況下，我用的字數是假設每頁 350 個字（法律印刷文件的基本字數）。

† 還有其他規範，例如電器規範是「以引用方式併入」。法律可能會這樣說：「如果你出售瘋狂吸管（crazy straw），必須符合國家瘋狂吸管製造商組織發布的瘋狂吸管標準 385-1.2。」你可能必須閱讀這些內容才能詮釋法律，但它們本身不算是法律的主要來源，所以我們會跳過。

美國憲法第六條又多了另一種法律來源——條約。

> **本憲法和根據本憲法所制定的合眾國法律，以及在合眾國授權下已締結或將締結的一切條約，均為全國的最高法律……**
>
> **——第六條**

美國國務院每年出版一份美國所有現行條約與協議的清單。2020 年的清單長達 570 頁。不是條約有這麼長，而是條約的清單就有這麼長。每一頁約有 14 項條約，也就是總共有 7,700 項條約。2005 年 1 月（隨便挑選一段時期為樣本），一項條約的平均長度是 33 頁。如果此平均值適用於所有條約，加總起來就是 25 萬頁，使總數達到大約 70 萬頁，這樣要花兩年半的時間才讀得完。

那不算太糟——大致相當於連續
看60次《辛普森家庭》全集，
我覺得這種事情我已經做過了……

最後還有判例法，也同樣重要。當最高法院「廢除」一條法律時，該法律實際上並沒有被刪除。法院只是說不能再執行那條

法律，有時會命令人們或執法單位用不同的方式來執行。[*] 但法院實際上並沒有修改法律條文本身，所以閱讀原始法律的人可能不知道它已經被法院廢除或替代。如果你想要知道這些「更新」，就必須閱讀法院判決，原來這些判例也有很多。

麻薩諸塞州的判例法總共約有 50 萬頁，使你的總閱讀時間又多了兩年。聯邦判例法貢獻了高達 1,230 萬頁，使所有那些法律來源相形見絀。全部閱讀完（甚至從其他聯邦地區，以防其中一區發布全國禁令來約束你）需要 41 年，全部加起來需要 45 年。[†]

我必須把這些法律全部讀完嗎？

大部分的法律對你不適用。例如，美國法典第 42 編 2141(b) 節對美國能源部散布核物料的能力設定限制。如果你不是能源部，那你就不需要擔心。[‡]

所以我還是可以自由散布
核物料？太好了！
等一下。

* 有時只是單純採取「廢除」法律的形式，但有時會擴大法律。

† 取決於你對全國禁令的看法，你或許可以只閱讀最高法院的判例和你所在地區的判例，這樣閱讀時間就會減少，變成比較可行（但還是不太可能）的 7 年。

‡ 致能源部員工：嗨！我超喜歡你們的工作，也很喜歡各種能源。

但是，如果不全部閱讀，就沒有任何方法可以知道哪些法律對你適用。如果你不知道有什麼法律，很多活動可能會讓你惹上麻煩。比方說，加州食品與農業法典 §27637 禁止任何人對蛋做出不實或誤導的陳述。幸好我不住在加州，所以我可以自由分享我的蛋理論。

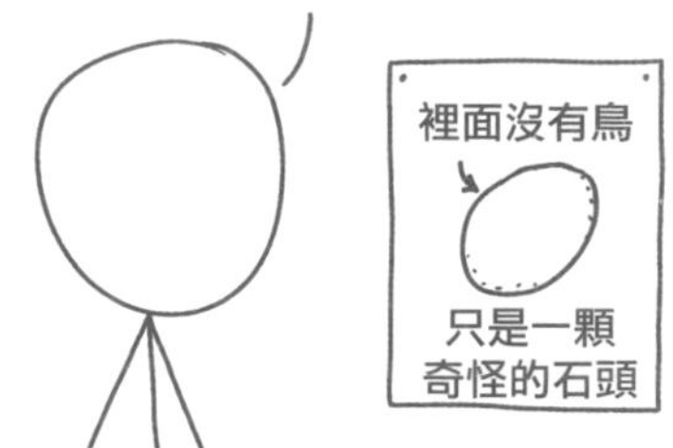

好吧，但說實在的，你怎麼知道什麼不合法？

為了找到一些答案，我去哈佛法律圖書館請教研究圖書管理員布萊克納（A. J. Blechner）：我只是一個想要從事火箭或誹謗等普通嗜好的小老百姓，怎麼樣才知道什麼合法、什麼不合法？

「公共法律圖書館可以幫你找資料，」布萊克納告訴我。另外，初審法院通常都有自己的圖書館，開放給公眾查詢。「這些圖書館是為了幫助法官和律師而創立的，但身為公眾的一分子，你可以隨時走進去尋求協助。這是很棒的資源，不太有人知道。」

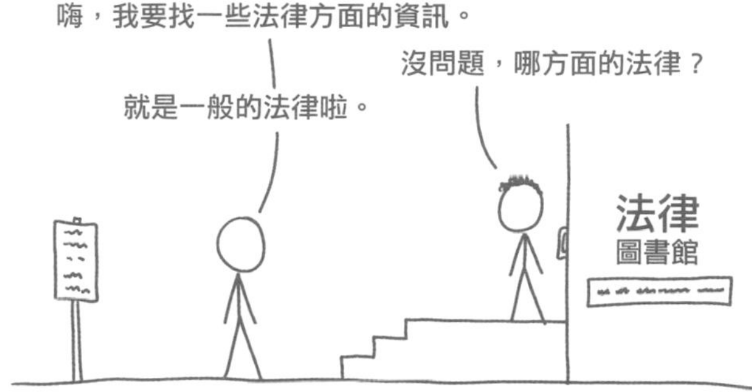

嗨，我要找一些法律方面的資訊。
沒問題，哪方面的法律？
就是一般的法律啦。
法律
圖書館

法律圖書館是認識法律的絕佳資源，但如果你擔心自己可能會惹上法律麻煩，布萊克納還有一些更實用的建議。「如果你有法律問題，不知道如何解答，」他告訴我，「和律師談談或許是個好辦法。」

我們真的需要所有這些法律嗎？

法律賦予人們權力。如果法律很複雜，就會賦予「請得起律師的人」權力來詮釋法律。「複雜、武斷、不直觀的法律使國家擁有權力，」國際法教授兼哈佛法律圖書館館長齊特林（Johnathan Zittrain）說道，「因為起訴裁量權意味他們可以選擇執法的對象，而且選擇的方式帶有歧視性。」

但使法律變得更簡單、更模糊，不見得會使權力從國家轉移到人民手中。你可以刪除一大堆法律，用「每個人只要行為正當就好了」來取而代之，但「正當」的意義是什麼，還是要留待執法部門來決定。

從某種意義來說，法律無遠弗屆，因為它不僅包括文字本身，還包括社會對這些文字含義的理解。加州說我不能分享關於蛋的不實或誤導資訊。如果我說「孵化寶可夢精靈球就可以孵出活生生的皮卡丘」，那是不實的陳述，但這是關於蛋的陳述嗎？精靈球是一種蛋嗎？

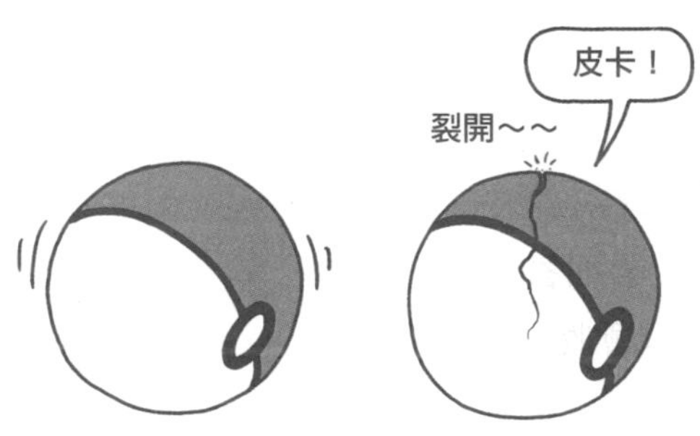

我不認為精靈球是蛋。但或許大部分的人認為它們是，我之所以不知道，是因為我沒那麼喜歡寶可夢。法律可能會判定什麼事情違法或不違法，但是「精靈球算不算是蛋」，這個問題在法律條文中並沒有說清楚。至少，截至本文撰寫時還沒有。

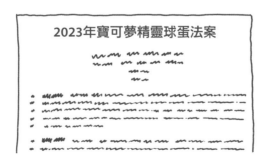

2023年寶可夢精靈球蛋法案

你的個人法律

如果你已經讀完所有的法律，但你覺得很好玩以致停不下來怎麼辦？

在某些情況下，齊特林說，你只要請求政府做出澄清，就可以制定額外的法律。「在稅法方面，你可以寫信給美國國稅局，問他們你想做的事情會不會違法。他們的回覆就是專屬於你的法律！」

因此，如果你想要個人專屬的法律，你可以聯絡美國國稅局，要求「個人書面答覆」，他們會回覆具有約束力的裁決給你。美國國稅局通常會收取服務費（費用可能很高，根據工作量多寡而定），但最終你將擁有個人專屬的正式法律，解答你一直想知道的任何問題。

喂，國稅局專員嗎？請教一下稅務問題，
寶可夢精靈球算是家禽產品嗎？
……我從你們網站上查到這個電話號碼，怎麼了？
……嗯，也許你需要多花點時間玩
電子遊戲，你有沒有玩過——
咔
哇，好兇喔！

稀奇古怪且令人憂心的問題 #3

Q 如果我要跳進液態氮的容器裡（或是用這種方式處理屍體），容器要多深才能讓我／他們在底部粉碎成為碎冰？

——史黛拉．沃尼格（Stella Wohnig）

Q 如果一群螞蟻突然出現在你的血液中，你會怎麼樣？

——馬特（Matt），代表他的8歲兒子德克蘭（Declan）

Q 如果哈利波特忘記9¾月台的隱形入口在哪裡，他要隨機撞牆多久才找得到？

——馬克斯．普蘭卡（Max Plankar）

53. 唾液游泳池

Q

一個人要花多久的時間，才能用自己的唾液裝滿整座游泳池？

——瑪麗．格里芬（Mary Griffin），九年級

根據論文〈五歲兒童每日產生之總唾液量估計〉，普通小孩每天產生的唾液大約有半公升，我不禁想像，這篇論文裝在「有點黏的滴水信封」郵寄到《口腔生物學檔案》期刊。

以比例來說，五歲兒童產生的唾液可能比成年人少。但反過來說，我不敢打賭有人比小孩更會流口水，所以我們就保守一點，用論文的數字吧。

如果你要蒐集自己的唾液，*就不能用它來吃東西。† 你可以嚼口香糖之類的來解決這個問題，讓你的身體產生額外的唾液，不然只好喝流質食物或打點滴了。

根據論文，以每天 500 毫升的速率計算，你需要大約一年的時間才能裝滿一個普通浴缸。

* 順道一提，這個問題很噁心。

† 我希望。

用唾液裝滿浴缸的副作用包括：口乾舌燥

裝滿唾液的浴缸很噁心，但這不是你要問的。出於某種原因（我不太想知道為什麼），你問的是裝滿游泳池。

我們想像的奧運級游泳池，規模是 25 公尺乘上 50 公尺，深度則有深有淺，但我們假設這座游泳池的深度一律是 120 公分，* 所以你在裡面可以站起來。

以每人 500 毫升的速率，你需要 8,345 年才能裝滿這個游泳池。這對我們其他人來說要等很久，所以我們想像時光倒流，你回到從前，早一點展開這項計畫。

八千年前，覆蓋地球北半球大部分地區的冰層大致上已經消退，人類才剛開始發展農業。假設你在那時候展開這項計畫。

---

* 國際游泳聯合會（Fédération Internationale de Natation）的網站上說，帶有跳板的游泳池在靠近兩端的地方確實需要稍微深一點，但中間可以比較淺。規定似乎沒有提到最深的深度是多少，所以我想你可以蓋很深的游泳池，一路通往地球的另一邊，但是當你想按照 FR 2.14 章節關於「在池底繪製水道標記」的說明進行操作時，就會遇到麻煩。

到了公元前 4000 年，當肥沃月灣（Fertile Crescent）文明在現代的伊拉克開始發展時，唾液會有 30 公分深，淹過你的腳和腳踝。

到了公元前 3200 年，當文字開始發展時，唾液會淹過你的膝蓋。

大約在公元前 2000 年代中期，大金字塔蓋好了，早期中美洲文化正在發展中。這時候，如果你沒有抬起手臂，唾液會逐漸接近你的指尖。

大約在公元前 1600 年，希臘島上的巨大火山（現在稱為聖托里尼）爆發，引發大規模的海嘯，摧毀了邁諾斯文明（Minoan civilization），火山爆發可能是壓垮駱駝的最後一根稻草。這時候，唾液可能快要深及腰部了。

在接下來的三千年歷史過程中，唾液會持續上升，到了歐洲工業革命時期，唾液會深及胸部，有夠多的唾液可以游泳了。之後的 200 年會增加最後的 3 公分，游泳池終於裝滿了。

當然啦，這樣會花很久的時間。但這一切都是值得的，因為到最後，你會擁有一座裝滿唾液的奧運級游泳池。這難道不是我們每一個人的內心深處真正想要的嗎？*

---

* 並不是。

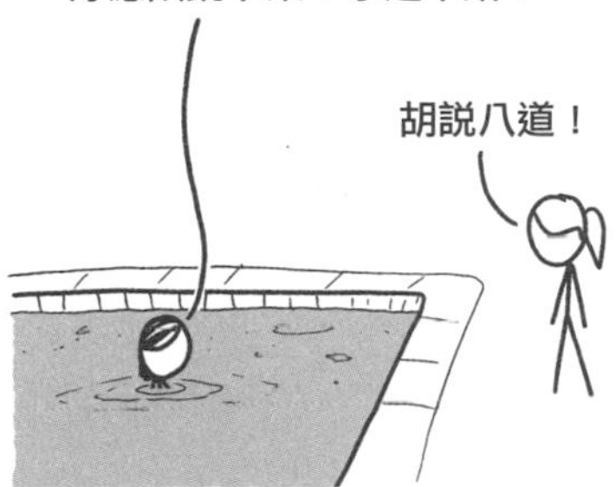
妳應該跳下來！水還不錯！
胡說八道！

54. 雪球

Q

如果我想從聖母峰的山頂滾雪球，那會怎樣？雪球到達山底時會有多大？要花多久的時間？

——邁克琳．葉慈（Michaeline Yates）

當雪球滾過又濕又黏的雪時，雪球會變大。以聖母峰上的那種乾雪來說，雪球不會愈滾愈大，它只會從山上滾下來，和其他任何物體一樣。

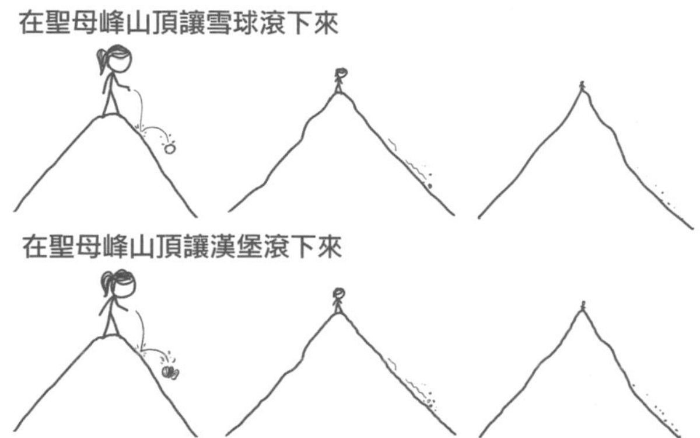

在聖母峰山頂讓雪球滾下來
在聖母峰山頂讓漢堡滾下來

但是，即使覆蓋聖母峰的是適合用來做雪球的溼雪，雪球也不會變得多大。

滾動的雪球沿路蒐集雪，變得愈來愈大，愈大的雪球就會蒐集愈多的雪。這或許聽起來像是某種「指數型增長」的祕訣，但理想雪球的增大其實會隨著時間而減緩。它變得愈來愈大、愈來愈寬，但它每滾動一公尺所增加的直徑會愈來愈少。增大變慢是因為雪球軌跡的寬度（亦即蒐集到的雪量）和它的半徑成正比，但新的雪所覆蓋的表面積和半徑的平方成正比，這代表每一團新的雪必須分散到更多的面積上。人們用「滾雪球」這個詞來表示「增加愈來愈快」，但從某種意義來說，事實正好相反。

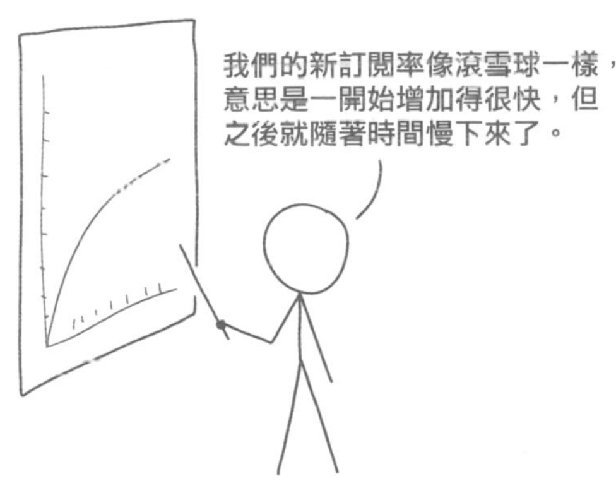

我們的新訂閱率像滾雪球一樣，
意思是一開始增加得很快，但
之後就隨著時間慢下來了。

聖母峰非常高，〔誰說的？〕所以即使雪球的增長率趨緩，還是有很大的空間可以蒐集雪。聖母峰的三面主要山壁陡降大約5公里，然後平緩的進入冰川峽谷。理論上，理想的雪球從5公里的斜坡上滾下來，等它到達底部時，沿路經過的雪足以使它增大到10至20公尺寬。

實際上，雪球不會增大到超過幾百公尺寬，即使在完美的濕雪中也是如此。雪球的大小有極限值，一旦超過就會因為本身的重量而瓦解。重力將雪球的邊緣向下拉，因此內部產生張力。如果雪球變得太大，就會瓦解。

雪具有抗拉強度，意思是它「抗拒被拉開」。雪的抗拉強度不太高（所以你看不到用雪製成的繩索），但不是零。對結實的積雪來說，典型的抗拉強度可能是幾千帕，比濕的沙子強，比大多數種類的起司弱，是大多數金屬的 1/10,000 左右。

工程界有一種數字，用來衡量「懸掛的材質長度要多長、才會因為本身的重量而斷掉」，稱為「自由懸掛長度」（free-hanging length），是材質的抗拉強度、密度和重力之間的比率。

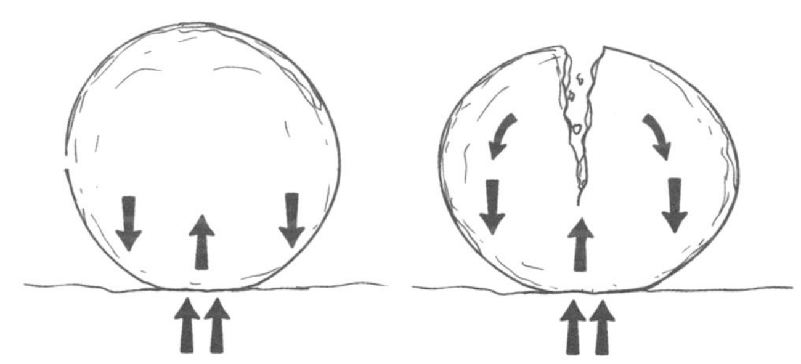

某材質可以變成多大的球？依據它的自由懸掛長度，能找出相當不錯的近似值（至少在一個數量級以內）。雪的自由懸掛長度範圍介於「蓬鬆雪的不到 1 公尺」和「厚積雪的 1 至 2 公尺」之間。

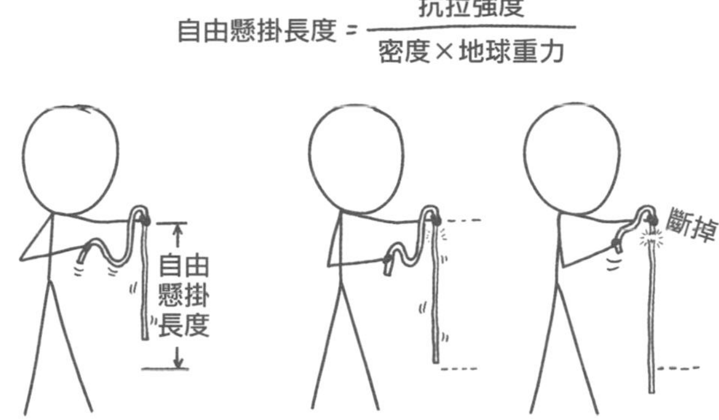

這個公式可以讓我們比較不同的材質。它告訴我們，最大的雪球會比最大的沙球來得大（沙的抗拉強度比雪弱、密度比雪大很多），但比最大的硬起司球來得小，遠遠比不上最大的鐵球。

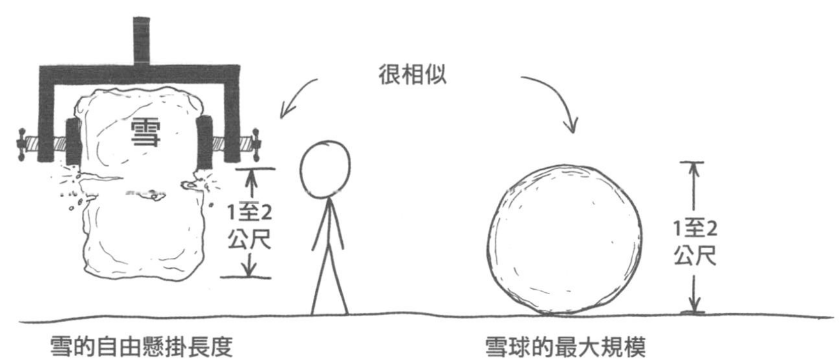

如果你去看人們將大雪球滾下山坡的影片，你會發現，它們通常在達到幾公尺規模時就會四分五裂，正如公式所示。

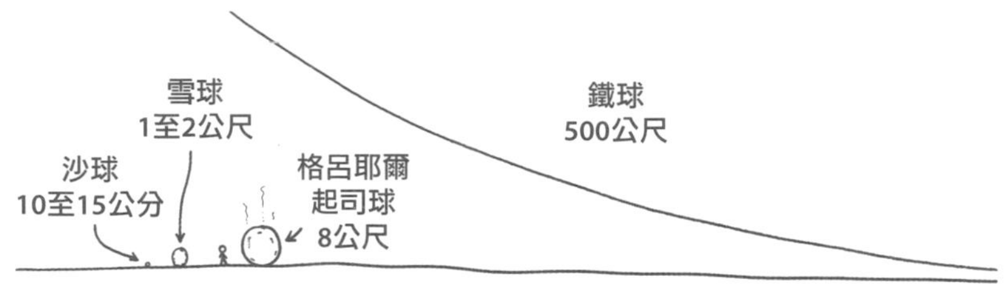

不過，能支撐「自我成長的雪球」的斜坡很罕見，之所以罕見是因為它們能支撐「自我成長的雪球」。如果雪球滾下山時變大，就會四分五裂。四分五裂的雪球變成一堆小雪球，它們也會開始變大，就像原來的雪球一樣。

恭喜，你發明了雪崩。

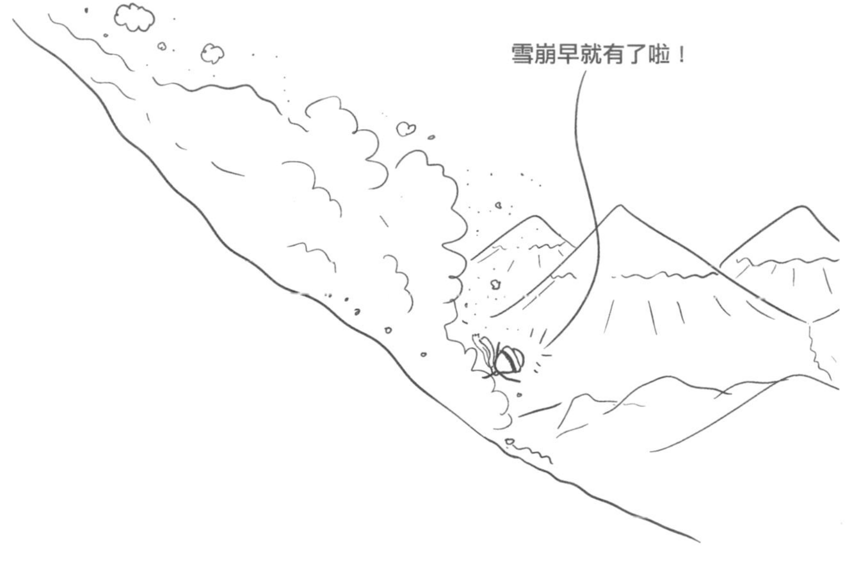

55. 尼加拉吸管

Q

如果有人想讓尼加拉大瀑布從吸管流過去，會發生什麼事？

——大衛．格維茲達拉（David Gwizdala）

他會惹惱國際尼加拉委員會、國際尼加拉管制委員會、國際聯合委員會、國際尼加拉董事會工作委員會，可能還有五大湖—聖羅倫斯河調適管理委員會。[*] 而且，地球會被摧毀。

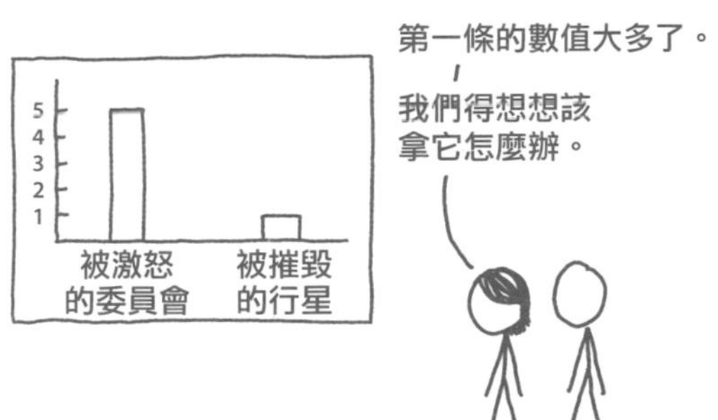

---

* 如果我對這些組織架構圖的理解是正確的，它本身是由三個不同水域委員會所組成的超級團體。

嗯，這樣不太對。冒著實話實說的風險，真正的答案是，「尼加拉大瀑布無法穿過吸管。」

推送流體穿過物體的速率是有限制的。如果你抽送流體穿過狹窄的開口，流體會加速。如果流體是氣體，* 當氣體流經開口的速率達到音速時，就會「阻塞」。這時候，流經開口的氣體無法流得更快——不過藉由增加壓力（進一步壓縮氣體），每秒還是可以讓更多的質量流過去。

對水而言，導致它阻塞的則是不同的作用。當流體流經開口的速率夠快，由於白努利原理，流體內的壓力會下降。水總是「想要」汽化，卻被空氣壓力固定住。當壓力突然下降，水中會形成蒸汽氣泡，稱為「空蝕」（cavitation，或譯為「空化」）。

當水被迫高速通過開口時，空蝕氣泡導致整體密度變小。增加壓力（更用力強迫水通過）只會使水更快汽化。† 即使水與蒸汽的混合物流動得更快，通過開口的總水量還是無法增加。

水流率的另一個限制來自於音速。你無法利用壓力加速、使水通過開口的速率大於音速（在水中）。‡ 不過，水很少達到這種地步，因為「音速（在水中）」非常快。水很重，如果你想讓水流得那麼快，它往往會開始忽視水管的轉彎處。

---

* 在物理學上，氣體視為流體。

† 閥門設計者盡量避免產生這些蒸汽氣泡，因為氣泡形成之後，當閥門另一側的壓力迅速回升，它們很快就會瓦解，而瓦解產生的作用力可能會逐漸侵蝕水管。

‡ 這有點像交通堵塞——強迫更多車輛進入交通堵塞的後方，並不會讓前方的車輛更快出來。交通堵塞和流體阻塞的類比不是很完美，但我還是喜歡這樣比喻，因為想像「有人試圖利用怪手把更多車輛推進去解決交通堵塞」很好玩。

所以，尼加拉大瀑布需要流多快才能通過吸管？是不是比音速還快？這很容易算出來；我們只需要知道瀑布的流率，以及它需要通過多少面積，然後將流率除以面積就可以得出速率。

尼加拉大瀑布的流率至少是每秒 100,000 立方英尺（2,830 立方公尺），這其實是法律規定的。平均來說，尼加拉河供應瀑布的水大約是每秒 292,000 立方英尺（8,270 立方公尺），但其中大部分都被改道進入隧道用來發電。不過，如果你關閉全世界最著名的瀑布，人們會很生氣，所以要求發電廠至少留下每秒 100,000 立方英尺的水給瀑布，讓大家觀賞（夜間或淡季則是每秒 50,000 立方英尺）。他們會定期討論何時再度關閉瀑布以便維修，可能也順便看看維修時能找到什麼很酷的東西。

重要提示：如果你讓水改道流入吸管，你會違反 1950 年制定的「每秒 100,000 立方英尺」條約限制。[*] 這件事情由國際尼加拉管制委員會監控，委員會由一個美國人和一個加拿大人組成。[†] 他們可能會生你的氣，我之前提到的其他委員會也一樣，所以你要自行承擔風險。

典型的吸管口徑約為 7 公釐。為了算出水流的速率，我們只要將流率除以面積就好了。如果算出來的結果大於音速，水流可能會受到阻塞，這樣會產生問題。

$$\frac{100{,}000\ \frac{\text{立方英尺}}{\text{秒}}}{\pi\left(7\frac{\text{公釐}}{2}\right)^2} = 73{,}600{,}000\ \frac{\text{公尺}}{\text{秒}} = 0.25c$$

顯然，我們的水流速率將會達到光速的四分之一。

* 當然啦，受到第 52 章的啟發而閱讀美國所有法律和條約的人早就知道了。

† 截至 2021 年，瀑布的守護者是加拿大的湯普森（Aaron Thompson）和美國的杜雷特（Stephen Durrett）。我猜他們的執法協定只是「報案」的某種變化形式而已，但我喜歡想像：他們有權將被盜用的水以任何必要的方式實際歸還給瀑布。

水流速率 （單位：0.25 倍光速）	問題？
0	可能
1	很大
2	很大
3	很大
4	非常大
5	拜託停止

往好處想，我們不需要擔心空蝕作用，因為當這些水分子高速撞擊吸管壁時，足以引起各種激烈的核反應。在那麼高的能量下，反正一切都變成電漿了，所以汽化和空蝕的概念根本不適用。

但還有更糟的！相對論等級的高速噴射水流會有非常強的後座力，雖然還不足以將北美板塊推向南邊，卻足以摧毀你用來製造噴射水流的任何裝置。

沒有任何機器可以真的將那麼多水加速到相對論等級的速率。粒子加速器可以讓東西加速到那麼快，但它們基本上是輸入一小瓶氣體。你不可能將尼加拉大瀑布直接插入加速器的輸入端。或者，如果你這麼做，至少科學家會超級生氣。

那還是最好的情況，因為這種情境下所產生的粒子噴流，功率會大於照射地球的所有陽光。你的「瀑布」所輸出的功率，會相當於一顆小恆星，它的光和熱會迅速升高地球的溫度，使海洋沸騰，讓整個地球都無法居住。

但我敢打賭，有人還是會想要改用桶子來試試看。

56. 時光旅行走回從前

Q

如果你決定從德州奧斯汀走到紐約市，但你走的每一步都會讓你回到 30 天前，那會怎樣？

——喬喬．姚森（Jojo Yawson）

在《如果這樣，會怎樣？》第一集的〈紐約時光機〉章節，我們想像如果你站在紐約、隨著時光倒轉回到古早古早以前，你會看到什麼。這道問題設想的是不同類型的紐約時光旅行。

當你抬起腳跨出第一步，時間便開始倒流，太陽會變成跨越天際的燦爛拱門，從地平線直到地平線。隨著周圍的人類活動模糊到看不見，你周圍的車輛和行人會消失。

太陽會變成天上的閃光燈。如果你以正常速率行走，每秒會閃過 50 天，這意味世界會以 50 赫茲的頻率在明暗之間循環。這樣的頻率正好在眼睛的「閃光融合閾值」（flicker fusion threshold）邊緣，閃光太快，以致你的眼睛無法分辨，看起來像是融合成穩定的亮光，所以光看起來大致上是穩定的，只是有點不自然。多變的天氣會增添一層不規則的閃爍，因為天空在陰晴之間搖擺不定。希望你的眼睛過一陣子就會習慣。

天空會出現「一道太陽」，彷彿螢光燈管。它會隨著冬夏季節週期慢慢上下移動，每隔 7 到 8 秒一次。在你的四周，你一面走、樹木會慢慢縮回地面。每年周而復始，成熟的果實會從地上跳到果樹的枝條上，突如其來的重量使枝條向下彎，然後隨著未成熟的果實縮回枝條而慢慢彎上來。

假設你從市中心的德州議會大廈開始走。從奧斯汀出發，紐約市位於東北方向，所以你可能想前往議會大廈的北邊出口。當你到達西 15 街的綠地邊緣，時間會是公元 2000 年。

在對街的右手邊，羅伯特強生立法機關大樓會突然解體。當你過馬路、沿著國會大道走時，每隔 5 到 10 秒就會有一座摩天大樓從視野中消失，像土撥鼠躲進洞穴一樣。

走了十分鐘之後，你會到達 1940 年代中期的德州大學奧斯汀分校。當你走過建築物時，它們會分開並縮回地面。等你穿過校園走到一半，這所建於 1883 年的大學會消失不見。

隨著大學消失，城市以外的鐵路和數百萬英畝的耕地也會消失。在一、兩分鐘之內，連綿的農場會被開闊的草地取代。但這些草地不會是現代牧場的原生草地（主要是百慕達草和百喜草）。生態系會完全不同，草叢中點綴著樹木，也就是已消失的美國大草原。

歐洲人對原住民的暴力驅逐，會在你周圍的一片模糊中逆向上演。走了半個小時之後，歐洲人不見了，你會置身於利潘阿帕契（Lipan Apache）族人之間。

你一路走，會有一波一波的烈火席捲大地，其中很多是人們放的火，目的是為了促進草原的維護來供養野牛群。卡多民族（Caddo nation）的農田和城鎮位在前面的東北方向，但等你走到時，他們就不在那裡了。

等你走到離奧斯汀 32 公里處，你會回到 4,000 年前。隨著四周的農業發展倒退，玉米和南瓜田會變得愈來愈罕見。

在你走了 12 個小時之後，事情會有不祥的發展。在大陸另一邊的魁北克北部，鬆餅狀的冰層會開始擴大、向外延伸到整個陸地。在你南邊的德州海岸，海水（在你走路的過程中已經逐漸下降幾公尺）會突然從岸邊退縮，露出數百公里的草原和森林。

等你走到德州松岱爾的目前所在地，經過一整天的行走，你周圍的大型動物會迅速增加。如果你暫時停下腳步，你可能會看到駱駝、乳齒象、恐狼或劍齒貓。過了松岱爾不遠，人類會完全從這片土地上消失。我們不確定為什麼所有這些又大又酷的動物在人類一出現就消失了，但很多人懷疑，這或許不只是巧合。

在北方，不斷擴大的冰層會吞噬幾乎整個大陸，但還不會到達你的位置那麼南邊，所以你只會感受到周圍氣候變化的間接影響。

走了一星期之後，你會發現自己來到阿肯色州。在你剛才走到一半時突然侵入大陸的冰層，會斷斷續續慢慢往回退縮到加拿大，海水會上升，蓋過現已荒蕪的沿岸土地。大約在同一時間，印尼蘇門答臘島上的超級火山爆發了，形成現在的多峇湖。有些科學家推測，這場噴發造成長達十年的全球寒冬，導致人口銳減，但這個假設存在爭議。如果你能暫停一分鐘，把你看到的事物做一些筆記，很多研究人員會非常感激你。

親愛的未來考古學家，
多峇火山爆發導致幾年較冷的冬天，
但是沒有出現人口瓶頸。無論如何，
祝你們探索過去一切好運！你們懂的。
P.S. 這次間冰期的飛鼠都是超音速。
不知道那是怎麼回事。
轟

走了十天之後，你會到達密西西比河，比你預期的要早一些。這條河很古老（以不同的形式待在這裡數百萬年了），但經常遷徙，你可能會發現它位於現今位置的西邊。當你走近時，你會看到它在氾濫平原上前後甩動，幾乎以步行速率前前後後循環搖擺，在一片閃爍模糊中，被四周遭到週期性洪水淹沒的平原包圍。不管你的「慢速肺」靠什麼作用保持滿滿的空氣，希望這種作用也能避免你在過河時溺水，從你的角度來看，這條河的流速是光速的 1 ～ 2%。

假設你成功渡河，你會發現遠處有更多的北極景觀。沒想到吧——那是另一次冰河時期的冰河！

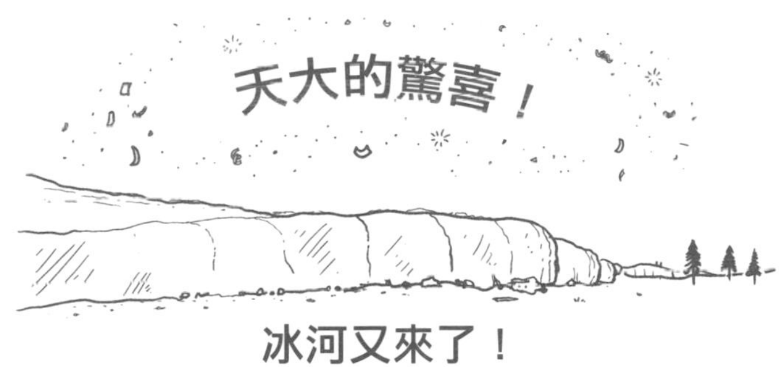

這一次是伊利諾冰河期，是北美最極端的冰河事件之一。你的路徑有點太南邊，冰河本身到達不了你的位置，但在它們擴張之前，你的四周會發生逆向的冰河洪水。融水的洪流會週期性的從海洋中湧出，一路向北衝過你身邊、流到冰壁上當場凍結。

你會花一星期左右穿越田納西州和肯塔基州的北方雲杉和短葉松樹林，在這段期間，氣溫會穩定上升。走了三個星期左右，當你到達俄亥俄河和阿帕拉契山脈時，氣候會非常暖和。你會遇到 24 萬年前的間冰期高峰，當時的氣溫幾乎和現今一樣溫暖。*

隨著你越過阿帕拉契山脈，冰層會往你的方向做最後衝刺，那是 25 萬至 30 萬年前所謂「海洋同位素第 8 階段」（MIS-8）冰河期的一部分。你的路線可能在南邊夠遠的地方，不會遇到冰層，但如果你碰巧走了更北邊的路線，可能會遇到隨季節時而擴張、時而退縮的冰牆。如果你靠得太近，冰層的裂片可能偶爾會以貨運列車的速率和更大的動量衝過來。不要靠得太近喔。

當你穿過紐澤西州北部的山丘、快到紐約市時，一開始會看到草原，河流穿過草原流向東南方。但當你一走近，遠處的大海就會映入眼簾。它看起來像是長而緩慢的潮水在地面上來來去去，有時和步行速率一樣快。等你到達大約 30 萬年前的紐約市，海灘會在那裡迎接你，離現今的海岸線很近。

* 這篇文章是在二十一世紀初寫的。

雖然海洋可能差不多在同樣的地方，但紐約的地景恐怕不是特別容易辨認。在這 30 萬年期間，熟悉的現代景觀已受到冰河的沖刷與河流的改造。

在《如果這樣，會怎樣？》第一集裡，讀者站在紐約市隨著時光倒流，從 10 萬年前跳到 100 萬年前。如果你正好站在適當的地方，在適當的時間大聲呼喊引起他們的注意，說不定……

……你們可以碰面吃點心。

57. 氨管

Q

如果用管子把氨輸入你的胃，會發生什麼事？流速必須多快、放出的熱才會灼傷你的胃？新產生的氫氣對你的胃會造成什麼影響？

——貝卡（Becca）

我有點擔心你們的化學課。

科學巴士
好，同學們，坐上那輛神奇的黃色科學巴士！溶解我們內臟的時間到了！
我以前的學校從來沒做過這種事。

這絕對是我看過最令人震驚的問題之一，但我不得不承認，我對答案也十分好奇。

關於令人反感的化學物質，研究型化學家暨部落格「In the Pipeline」（有籌備中的意思）作者羅威（Derek Lowe）有很多第一手經驗，所以我請教他對於「氨對胃有什麼影響」的看法。他告訴我，好消息是反應不會產生氯氣。氨是一種鹼，因此它會直接與胃裡的酸產生中和反應，形成氯化銨。氯化銨會輕微刺激消化系統，但本身並沒有特別的危害。不過，上述反應也會產生大量的熱，因此當胃酸與氨中和時，你的胃會被灼傷。

並非所有的氨都會被中和。「限量試劑是酸，」羅威告訴我。你的胃裡面沒有那麼多酸，所以氨沒多久就會把酸全部中和掉。「然後，」他說，「你就會受到直接組織損傷。」

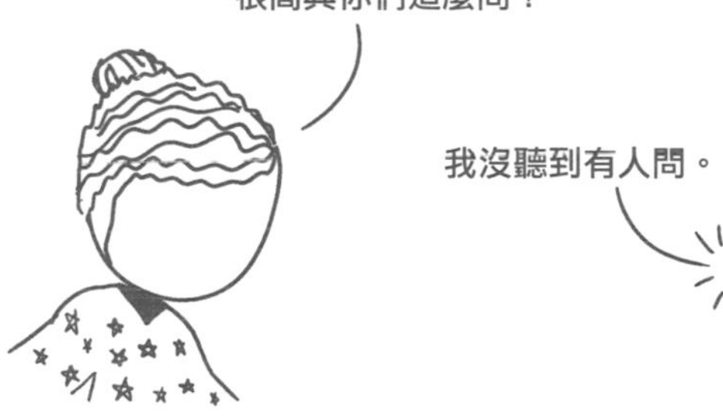

根據 StatPearls 醫學參考資料庫上的資料，氨的毒性綜述包含以下詞彙：

- 「發炎反應」
- 「不可逆的疤痕」
- 「顯著的熱損傷」
- 「液化性壞死」
- 「整個消化道受損」
- 「蛋白質變性」
- 「中空臟器穿孔」
- 「皂化」

如果你想知道的話，皂化就是將脂質（在這個例子中，指的是細胞膜）轉化成肥皂。細胞膜皂化會讓細胞內部的東西掉出來，這樣很糟糕，理由我真的希望不用解釋了。

結論：

1. 不要讓你的胃充滿氨。

2. 應該要有人去檢查一下貝卡的化學課。

58. 從月球滑到地球

Q

今天我兒子（5 歲）問我：如果有一種消防員滑桿可以從月球滑到地球，請問從月球一路滑到地球需要多久的時間？

——拉蒙．申博恩（Ramon Schönborn），德國

首先，我們要來解決幾個問題：

在現實生活中，我們不可能在地球和月球之間放一根金屬桿子。* 桿子靠近月球的部分會被月球的重力拉向月球，其餘的部分會被地球的重力拉向地球。桿子會被扯成兩半。

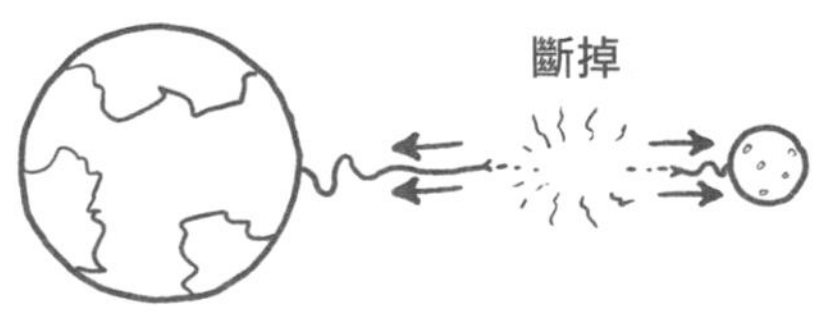

* 原因之一是，美國太空總署的人可能會對我們破口大罵。

這項計畫的另一個問題是：地球表面的旋轉速率比月球繞行的速率還要快，所以如果你想將桿子連到地面，懸垂到地球的那一端就會斷裂：

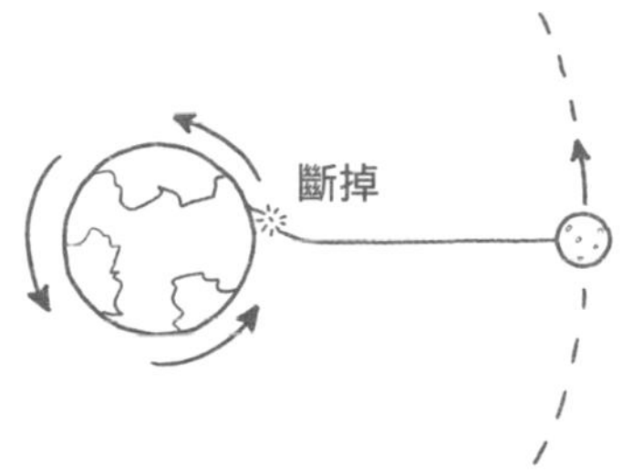

還有一個[*]問題：月球與地球之間並不是一直保持同樣的距離。月球軌道會使月球離地球有時較近、有時較遠。差異不大，但足以讓長達幾十萬公里的消防局滑桿每個月被地球擠壓一次。

不過，我們先忽略那些問題吧！如果我們有一根神奇的桿子，從月球懸垂到地球表面上方，有時變長、有時變短，所以完全不會接觸到地面，那會怎樣？從月球滑下來需要多久的時間？

如果你站在月球上的桿子末端旁邊，馬上會出現一個問題：你必須從桿子滑「上去」，但「滑」可不是這個樣子。

---

* 好吧，那是騙你的——還有幾百個問題啦。

你必須用爬的，而不是用滑的。

人們爬桿子可以爬很快。爬桿子世界紀錄保持人[*]在冠軍賽時的攀爬速率超過每秒一公尺。[†]在月球上，重力弱很多，所以可能比較容易爬。另一方面，你必須穿上太空服，所以那樣可能會讓你變慢一點點。

如果你爬上桿子爬得夠遠，地球的重力會接手，開始將你往下（地球方向）拉。當你掛在桿子上時，有三種作用力拉著你：地球的重力將你拉向地球、月球的重力將你拉離地球、桿子搖擺所產生的離心力將你拉離地球。[‡]剛開始，月球重力和離心力的合力比較強，將你拉向月球，但隨著你離地球愈來愈近，地球的重力就會接手。地球比月球重，所以當你離月球還很近的時候，你會到達所謂的 L1 拉格朗日點（Lagrange point）。

---

* 當然有爬桿子的世界紀錄。

† 當然有冠軍賽。

‡ 在月球軌道距離和月球行進速率下，拉離地球的離心力正好與地球的重力達到平衡——這就是月球在軌道上繞行的原因。

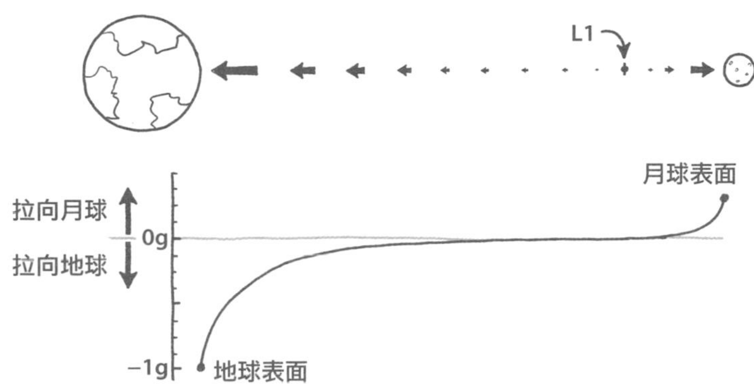

對你來說不幸的是，太空很大，〔誰說的？〕所以「很近」仍然是一段很長的路。即使你爬的速率比世界紀錄更快，還是需要幾年的時間才能爬到 L1 交叉點。

當你接近 L1 點時，你會開始可以從爬變成「連推帶滑」：你可以推一下、然後滑上桿子一段很長的距離。你也不必等到停下來——你可以再抓住桿子推自己一下，讓自己滑得更快，就像「溜滑板的人踢幾次便能加速」那樣。

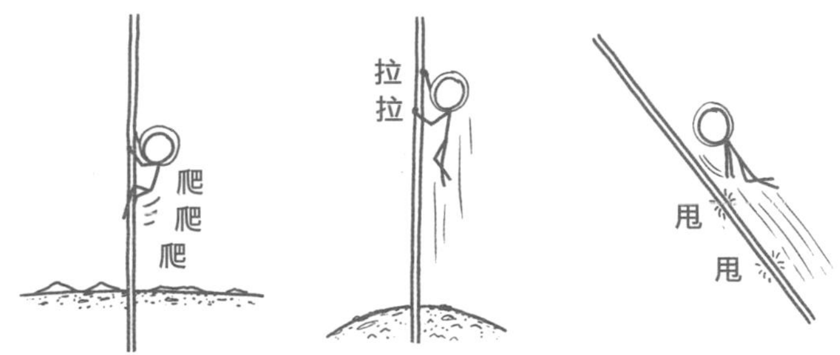

當你終於到達 L1 點附近、不用再對抗重力時，速率的唯一限制是「你抓住桿子將它拋出去」的動作可以多快。最厲害的棒球投手將物體拋出去，他們手的移動速率大約是每小時 160 公里，所以你大概不能指望自己的動作比那樣快多少。

注意：當你一路將自己向上甩的時候，小心不要漂離桿子太遠。希望你帶了某種安全繩，萬一發生這種情況時你才回得來。

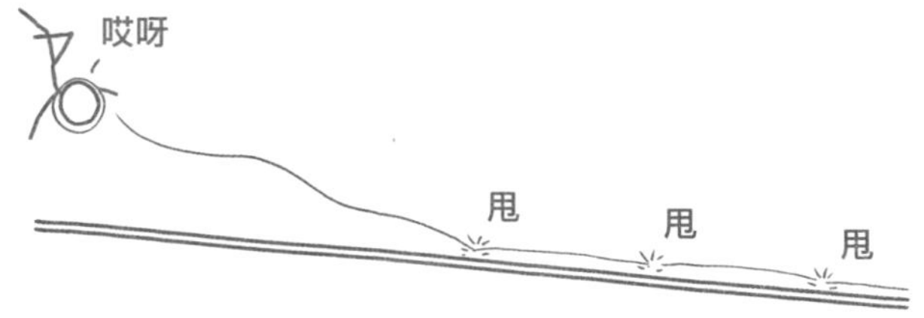

順著桿子又滑了幾個星期之後，你會開始感覺到地球重力使你的速率變快，比你自己推還要快。當這種情況發生時，要很小心——很快的，你得開始擔心滑得太快。

當你接近地球，地球重力的拉力增加時，你會開始大幅加速。如果你不讓自己停下來，你會以大約每秒 11 公里的逃逸速度到達大氣層頂，而且撞擊空氣會產生高熱，以致你可能有著火的危險。太空船利用隔熱罩來解決這個問題，隔熱罩能夠吸收並分散這些熱，使後方的太空船不會燃燒起來。既然你有這根方便的金屬桿子，你可以利用夾緊它來控制你的下降，並利用摩擦力來控制你的下降速率。

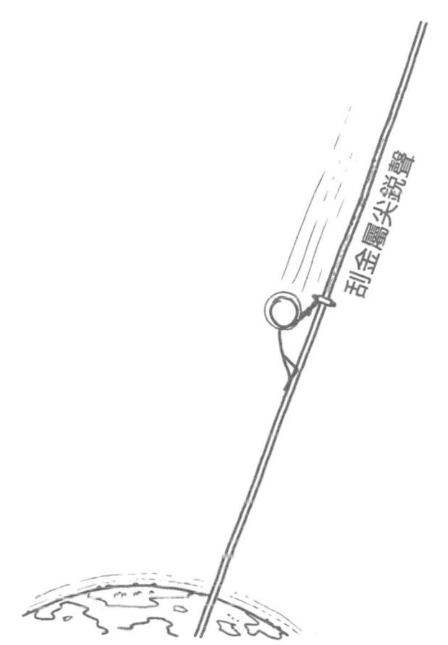

要確保在整個趨近與下降的過程中讓自己保持低速（如果有必要，停下來讓你的手或「剎車皮」冷卻一下），而不是等到最後才想要減速。如果你達到逃逸速度，在最後一刻要記得你必須慢下來，否則當你想要抓住桿子，你會碰到不太妙的意外狀況。在最好的狀況下，你會被甩飛、墜落身亡。在最壞的狀況下，你的手和桿子表面都會轉化為驚人的新物質形式，然後你就會被甩飛、墜落身亡。

假設你在可控的狀況下緩慢下降進入大氣層，你很快會遇到下一個問題：桿子的移動速率和地球的不一樣。差很遠。相對於你來說，你下方的陸地和大氣移動得非常快。你即將掉進超級強的強風裡。

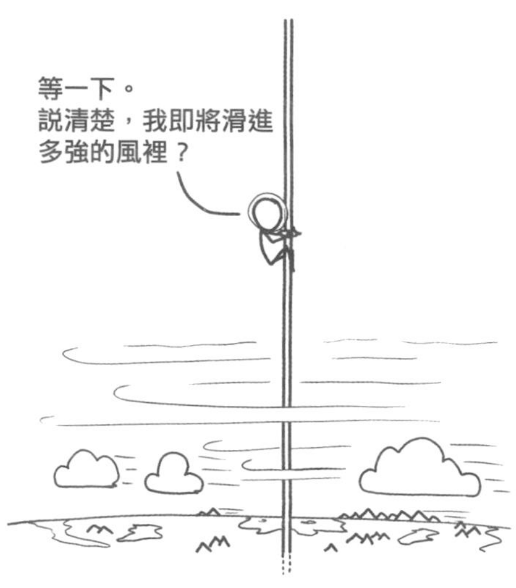

月球以大約每秒 1 公里的速率繞行地球，每 29 天左右繞行地球一周。這就是我們假想的消防桿頂端的移動速率。在相同的時間內，桿子的尾端只繞了很小的一圈，相對於月球軌道中心的平均速率只有大約每小時 54 公里。

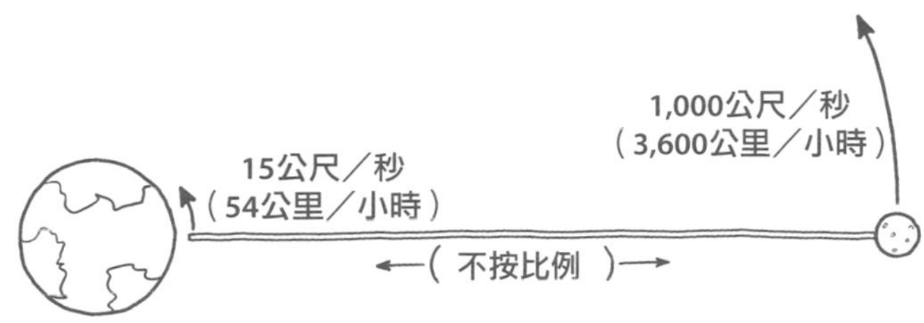

每小時54公里聽起來不算太糟。對你來說不幸的是，地球也在自轉，[*]地表的移動速率遠超過每小時54公里；在赤道可能高達每小時1,600公里以上。[†]

---

*　「不幸」是指在這種特定的背景下。一般來說，地球自轉對你來說是非常幸運的，對地球的整體適居性來說也是如此。

†　眾所周知，聖母峰是地球上海拔最高的山。有一件比較不起眼的小事：地球表面上離地心最遠的地方是厄瓜多爾欽波拉索山（Mount Chimborazo）的山頂，因為地球的赤道地區稍微隆起。更不起眼的問題是：隨著地球自轉，地球表面上的哪個地點移動最快，這等於是問「哪個地點離地軸最遠」。答案不是欽波拉索山也不是聖母峰。移動最快的地點竟然是卡揚比山（Mount Cayambe）的頂峰，[‡]那是位於欽波拉索山以北的一座火山。你剛剛學會了。

‡　卡揚比山的南坡正好也是地表在赤道上的最高點。我知道很多關於山的事情。

儘管桿子的尾端相對於整個地球來說移動緩慢，但它相對於「地表」來說移動非常快。

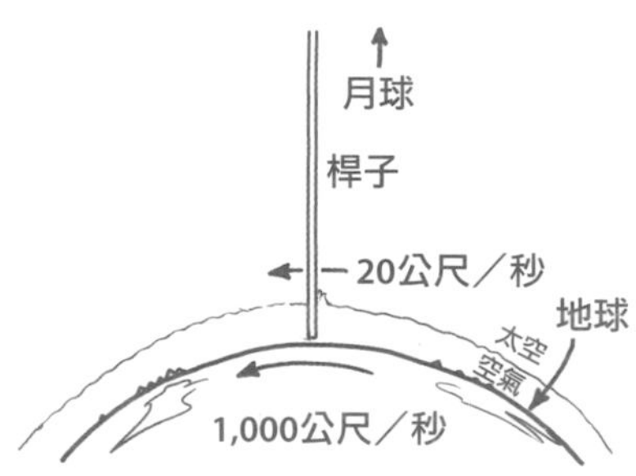

問「桿子相對於地表來說移動多快」，事實上等於問「月球的地速（ground speed）是多少」。這很難計算，因為月球的地速會隨著時間變來變去。對我們來說幸運的是，變化沒那麼大（通常介於每秒 390 到 450 公尺之間，或略高於 1 馬赫），所以沒有必要算出精確的數值。

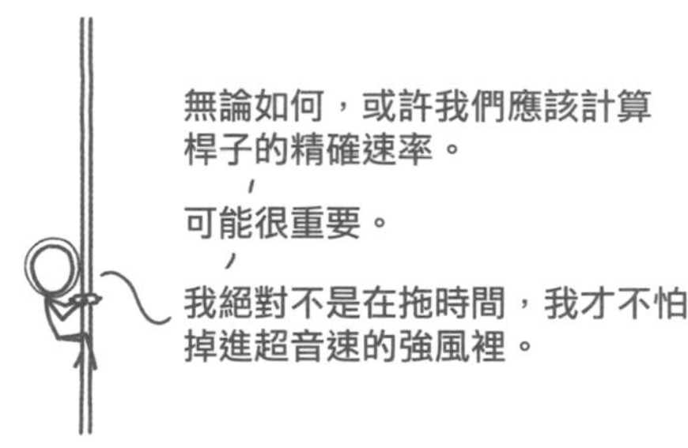

無論如何，我們盡量搞清楚，以便爭取一點時間。

月球的地速變化相當規律，形成一種正弦波。月球每月兩次經過快速移動的赤道上空時，地速達到最大值，然後在經過移動較慢的熱帶上空時達到最小值。月球的軌道速率也會根據它在軌道的近點或遠點而改變，導致地速大致呈正弦波形狀：

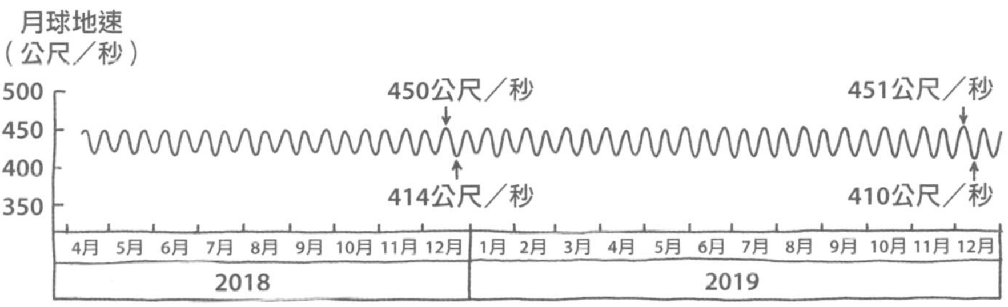

嗯，準備好要跳了嗎？

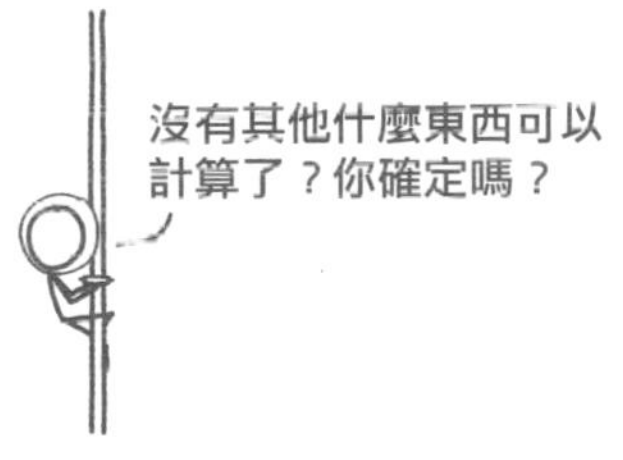

好吧。真的要確定月球的地速，還有另一種週期可以列入考慮。月球的軌道相對於地球－太陽平面（黃道面）傾斜了大約 5 度，而地軸傾斜了 23.5 度。這意味月球位置的緯度變化和太陽位置的緯度變化一樣，都是每年兩次從北半球的熱帶移到南半球的熱帶。

然而，月球的軌道也是傾斜的，而且這種傾斜以 18.9 年的週期輪替。當月球與地球的傾斜方向相同時，它離赤道比太陽離赤道更近 5 度，而當月球的傾斜與地球反方向時，它會到達更高的緯度。當月球在離赤道較遠地方的上空時，它的地速較低，因此正弦波的下端變得較低。以下是未來幾十年的月球地速圖：

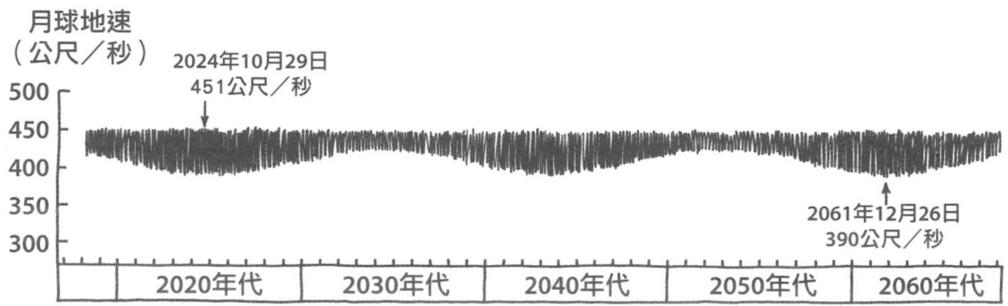

月球的最高地速幾乎保持不變，但最低地速以 18.9 年的週期有增有減。下一個週期的最低地速會是在 2025 年 5 月 1 日，所以如果你想等到 2025 年才滑下來，在你撞擊大氣時，桿子相對於地球表面的移動速率可能只有每秒 390 公尺。

當你終於進入大氣層，你會在熱帶的邊緣附近下來。請盡量避開熱帶噴流，那是與地球自轉同方向的高空氣流。如果你的桿子正好穿過它，可能會使風速又增加每秒 50 到 100 公尺。

無論你從哪裡下來，都需要對抗超音速強風，所以你應該穿上很多防護裝備。確保你緊緊的貼住桿子，因為風和各種衝擊波會猛烈的撞擊和搖晃你。人們常說：「掉下來不會殺死你，最後的突然停止才會。」不幸的是，在這種情況下，可能兩者都會。

在某個時間地點，為了要到達地面，你不得不放開桿子。出於顯而易見的理由，你不會想在以 1 馬赫的速率移動時直接跳到地上。相反的，你可能應該等到接近飛機巡航高度時再跳，那裡的空氣還很稀薄，所以不會太用力拉扯你——放開桿子。然後，當空氣帶著你往地球落下時，你可以打開你的降落傘。

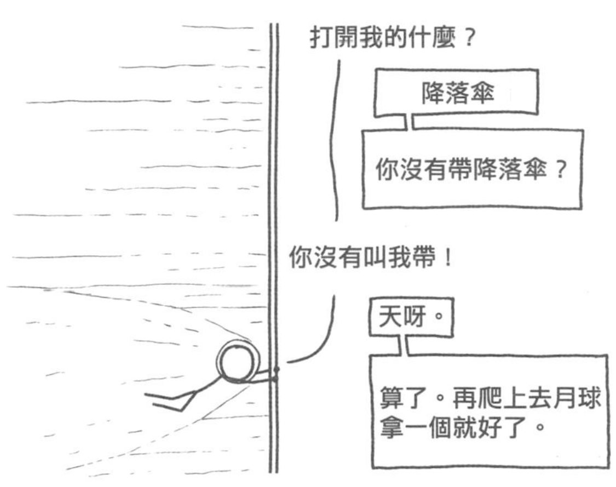

然後，你終於可以安全的飄到地面，從月球一路滑到地球，完全靠著自己肌肉的力量。假設你沒有在桿子底部徘徊太久等著跳下來，整趟旅程會用掉幾年的時間——其中大部分時間都花在「從月球表面附近的桿子慢慢爬上去」。

完成之後，記得把消防桿子拿走。那東西絕對是個禍害。

簡答題 #5

Q 生物能不能在持續運轉的微波爐中演化？

——艾比・多斯（Abby Doth）

你預期的答案是

真正的答案是

	是	否
是	麻省理工學院是否有教室？	阿默斯特學院是否有核掩體？
否	科學家是否知道為什麼會發生閃電？	食用得了狂犬病的動物是否安全？ 生物能不能在運轉的微波爐中演化？

Q 今晚我在急診室擔任急診室護理師的工作時，一位病人（甲基安非他命吸食過量）向我要了一杯水。我用紙杯裝了一杯水回來，病人突然用它扔我的頭，沒有扔中我，但是以一種不可思議的方式撞到牆壁：杯子的開口撞到牆壁，大部分濺出來的水又被杯子接住。我突然想到，或許有可能用力扔一杯水，力道足以使裝水的容器穿透牆壁。有這種可能嗎？

——皮特（Pete），註冊護理師

當然，如果你扔得夠用力，任何東西都會穿透牆壁。另外，我認為這個問題可能違反了健康保險便利與責任法（HIPAA）。

Q 你要咀嚼多慢，才能夠無止盡的吃麵包棒？

——米勒．布勞頓（Miller Broughton）

橄欖園的蒜頭麵包棒含有140卡路里的熱量，因此為了維持你的正常靜止代謝，你每小時需要吃略少於一根麵包棒。

如果你把每根麵包棒分成20口……

……每次咀嚼用一秒的時間……

……每咬一口咀嚼200次，這是二十世紀初沉迷於咀嚼的怪人弗萊徹（Horace Fletcher，他不是醫生）倡導「每口咀嚼100次」的兩倍……

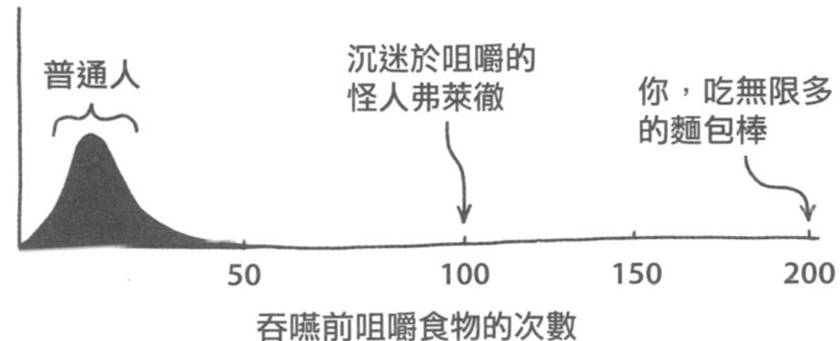

……那你就可以吃無限多的麵包棒了。

Q 如果你有辦法取出（雞）蛋殼裡的蛋白和蛋黃，換成氦氣，蛋殼會漂浮在空中嗎？*

──伊麗莎白（Elizabeth）

不會！中等大小的雞蛋大約 50 克重。但被蛋殼取代的空氣只有大約 50 毫克重，所以即使裡面裝的是真空，也無法抬起超過 50 毫克的重量。

蛋殼重量有好幾克，所以它會留在地面上。

可惡，裝了氦氣的蛋漂浮不起來。
是啊，我聽說只有在春分、
秋分的時候才行得通。

有一種巧妙的方式可以回答「它會漂浮嗎？」的問題，且不用進行太多複雜的計算。水的密度大約是空氣的 1,000 倍，[†] 所以如果你想知道裝了氦氣的東西會不會漂浮，只需估計它裝滿水會有多重，然後將小數點移動 3 位。這就是它可能產生的浮力，所以固體部分必須要那麼輕才能漂浮。

舉例來說，裝滿水的魚缸可能重達 150 公斤。這代表它置換了大約 0.150 公斤或 150 克的空氣，這大約是一支大型智慧手機的重量。由於空的魚缸肯定比智慧手機重，所以裝滿氦氣的魚缸不會漂浮。

---

* 這個問題的靈感來自英國競賽節目《挑戰大師》（Taskmaster），其中一集的參賽者里茲旺（Mawaan Rizwan）試圖這麼做，但沒有成功。

† 差異其實是 830 倍，但如果你四捨五入變成 1,000 會比較容易計算，還幾乎剛好彌補氦氣的重量（我們把它忽略了）而得到正確答案。在計算時，有時兩個錯誤算出來是對的！

Q 星星聞起來會是什麼味道？（如果有可能聞得到）

——芬恩・埃利斯（Finn Ellis）

辛辣刺鼻，像是漂白水或是燃燒的橡膠。

恆星是由離子化電漿（高速運動的大量帶電粒子）構成的。聞它們不可能不被燒死。但是我們想像一下：你採集電漿的樣本，使粒子減慢到足以讓你聞一聞它的味道，而沒有改變它的化學成分。

電漿會立刻與鼻子內部的表面結合。電離的粒子具有極強的化學反應能力，離子會開始和你的鼻腔內膜交換電子，在包覆嗅覺受體的黏液中形成具有化學反應能力的分子——自由基。那些受體通常能分辨物質，但是自由基這種鬆散的不平衡分子會與任何東西結合，因此很多受體會立刻被激發。

恆星聞起來可能是什麼味道？ 1991 年的研究可以讓我們有個概念，該研究調查的是在癌症治療期間鼻腔照過輻射的人。他們說機器打開時會聞到一股難聞的臭味，他們對臭味的描述各有不同，像是「氯氣」、「燃燒中的氨氣」、「剎車燒焦」和「芹菜或漂白水」等。放射治療產生的難聞氣味，可能是伽馬射線使鼻腔內膜的黏液電離、產生臭氧和自由基所造成的，使他們的嗅覺受體活化，恆星的電漿可能也會以同樣的方式活化嗅覺受體。

換句話說，星星聞起來可能不太香。

如果你聞臭氧的味道，就可以親身體驗這種氣味，產生電火花那種燃燒氣味的就是臭氧。高電壓設備、某些電動馬達和雷擊都會產生這種氣味。但是要小心不要吸太多，因為吸入具有腐蝕性的東西對你的鼻子、喉嚨或肺部不利。

恆星嚐起來會是什麼味道？其實更容易猜：酸酸的。我們舌頭上的酸味受體會被游離的氫離子活化，而酸性液體形式的食物中常常有氫離子。恆星的大氣層大部分是由氫離子組成的，所以會非常直接的活化那些受體，使恆星嚐起來帶有強烈的酸味。

Q 地球上的每個「人造物體」平均有多大？

——馬克斯．卡佛（Max Carver）

不太大，也不太小。大約普通大小。

普通大小的物體
（不按比例）

Q EEEEEEEEEEEEEEEEEEEEEEEEEEEEEEEEEEEEEEEEEEEEEEEEEEEEEEEEE
EEEEEEEEEEEEEEEEEEEEEEEEEEEEEEEEEEEEEEEEEEEEEEEEEEEEEEEEE
EEEEEEEEEEEEEEEEEEEEEEEEEEEEEEEEEEEEEEEEEEEEEEEEEEEEEEEEE
EEEEEEEEEEEEEEEEEEEEEEEEEEEEEEEEEEEEEEEEEEEEEEEEEEEEEEEEE
EEEEEEEEEEEEEEEEEEEEEEEEEEEEEEEEEEEEEEEEEEEEEEEEEEEEEEEEE
EEEEEEEEEEEEEEEEEEEEEEEEEEEEEEEEEEEEEEEEEEEEEEEEEEEEEEEEE
EEEEEEEEEEEEEEEEEEEEEEEEEEEEEEEEEEEEEEEEEEEEEEEEEEEEEEEEE
EEEEEEEEEEEEEEEEEEEEEEEEEEEEEEEEEEEEEEEEEEEEEEEEEEEEEEEEE
EEEEEEEEEEEEEEEEEEEEEEEEEEEEEEEEEEEEEEEEEEEEEEEEEEEEEEEEE
EEEEEEEEEEEEEEEEEEEEEEEEEEEEEEEEEEEEEEEEEEEEEEEEEEEEEEEEE
EEEEEEEEEEEEEEEEEEEEEEEEEEEEEEEEEEEEEEEEEEEEEEEEEEEEEEEEE
EEEEEEEEEEEEEEEEEEEEEEEEEEEEEEEEEEEEEEEEEEEEEEEEEEEEEEEEE
EEEEEEEEEEEEEEEEEEEEEEEEEEEEEEEEEEEEEEEEEEEEEEEEEEEEEEEEE
EEEEEEEEEEEEEEEEEEEEEEEEEEEEEEEEEEEEEEEEEEEEEEEEEEEEEEEEE
EEEEEEEEEEEEEEEEEEEEEEEEEEEEEEEEEEEEEEEEEEEEEEEEEEEEEEEE

——內特・余（Nate Yu）

59. 全世界都被雪覆蓋

Q

我 7 歲的兒子歐文（Owen）問：需要多少雪花才能使全世界被 180 公分厚的雪覆蓋？（我不知道為什麼是 180 公分……但他就是這麼問的。）

——傑德．史考特（Jed Scott）

雪是蓬鬆的，因為裡面有很多空氣。產生一公分雨量的相同水量會產生遠超過一公分的雪。

1 公分的雨通常等於大約 12 公分的雪，但要看是什麼樣的雪。如果雪又輕又蓬鬆，1 公分的雨可以產生超過 20 公分的雪！

世界上所有的雲加起來，含有大約 13 兆噸的水。如果所有的水均勻分布且同時降下來，會使地球被 2.5 公分的雨（或 30 公分的雪）覆蓋。

地表大部分是海洋。如果我們讓水只降在陸地上，就會足足有 8 到 10 公分的水。那是非常大的暴雨可能降下的水量。

所以 8 到 10 公分的水加起來應該是 96 到 120 公分的雪，對吧？

差不多，但是有問題。當雪堆積起來時，底下的雪會被壓扁。如果雪下了 10 公分，然後又下了 10 公分，底下的雪會被壓扁，意味整個雪堆的高度不到 20 公分。

如果你讓雪留在那裡，它會慢慢變得沒那麼深，因為它會塌下來壓得緊緊的。也就是說，即使到處都下了 180 公分的雪，只有一開始是 180 公分。沒多久，可能變成 150 公分。（這也發生在人的身上。一整天下來，隨著你的身體稍微壓縮，你會變矮！）

這讓準確記錄降雪量變難了，有時連氣象專家也很傷腦筋。如果你等到暴風雪結束才去測量雪深，可能已經都壓扁了，或是有些雪可能已經融化，所以測量數值會太小。

你可以分段測量積雪，而不是等到暴風雪結束。落下一些雪就測量，然後清理乾淨，等更多的雪落下。

你必須決定要清除多少雪。如果你等太久，雪可能會變得壓太扁，但如果測量太頻繁，雪會變得又輕又蓬鬆，量到的數字會太高。

信不信由你，關於雪多久清除一次，美國國家氣象局編寫了特殊指南，所以每個人可以用同樣的方式來測量。他們使用特殊的測雪板，可能只是一片普通的木頭，但我喜歡想像他們將測雪板視為精密的儀器，存放在特殊的箱子裡鎖起來，直到需要它才拿出來。

官方指南說，你應該每 6 小時清理一次測雪板。幾年前有一場很大的暴風雪，美國巴爾的摩機場測得 72.6 公分的積雪。那本來會是新紀錄。但後來國家氣象局得知測量雪的人不是每 6 小時清理一次測雪板，而是每小時一次，所以他們不知道能不能算是紀錄。

我不知道他們最後的決定是什麼，因為四天之後，又有一場暴風雪襲擊巴爾的摩，每個人突然有更重要的事情要擔心。（然後又有更多場暴風雪。那是個多雪的冬天。）

儘管如此，人們從來沒看過冬天全世界被 180 公分的雪覆蓋。* 那樣的降雪（回答一開始的問題）總共需要大約 10^{23} 片雪花，多幾個或少幾個 0。美國有 7,000 萬的小孩，有了那麼多雪，每一個小孩都能製作夠多的雪球來丟其他所有的小孩 3 次以上。

或者，如果全球降雪時你住的地方是炎熱的夏天，你可以留著雪球自己用。

* 除非事實證明第 56 章提到的「多峇災難理論」是真的。

60. 狗滿為患

Q

假設每四人就有一人養一隻5歲的狗，狗每年繁殖一次生下 5 隻小狗，小狗 5 歲開始繁殖、15 歲停止繁殖、20 歲死亡，請問需要多久的時間，地球才會被小狗淹沒？（假設我們有足夠的食物、水和氧氣來維持牠們的生存。）

——格里芬（Griffin）

如果地球上有 80 億人，其中四分之一的人都養一隻狗，那就是 20 億隻狗，這樣已經多到不行了。沒有人確知目前世界上有多少隻狗，但大部分的估計都不到 20 億隻。

隔年，這 20 億隻狗會生下 100 億隻小狗，* 使總數爆增到 120 億隻，足以使其他四分之三的人也都擁有自己的小狗。

在最初的 5 年裡，這 20 億隻狗會每年繼續生 100 億隻小狗。到了第五年年底，地球上每個人會平均養 6、7 隻狗。

* 假設每隻狗生 5 隻小狗，而不是每對。牠們可以配對生 10 隻小狗（每個父母各 5 隻），或是牠們都是母的，利用選殖（複製）進行孤雌生殖。

這樣也很棒！
狗永遠不嫌太多！

到了第六年，第一年的小狗會開始生下自己的小狗，真正開始呈指數級增加。那一年，狗的數量會增加一倍多，從 520 億隻增加到 1,120 億隻。再隔一年又會幾乎翻倍。到了第十一年就會達到電影《101 忠狗》（*101 Dalmatians*）時間點，屆時每個人都會養 101 隻狗，其中約 85% 未滿 5 歲。

如果有
101
忠狗
人人有份

在《101 忠狗》時間點，狗的總生物質量會相當於地球上其他所有動物的總和。再過幾年，每個人會養 1,001 隻狗，土地開始變得擁擠。如果這些狗均勻分布在地球表面，牠們會相距大約 5 公尺。

過了 15 年，最初的狗會活到 20 歲（狗齡 140 歲）而老死，但是比起約 10 兆隻的全球「狗口」，牠們的數量太少了，以致牠們的消失只代表四捨五入的誤差。

過了 20 年，在地球的所有陸地區域，這些狗會相距不到一公尺，我們人類幾乎沒有足夠的位置能硬擠在牠們中間。但是無論你在哪裡，你都可以伸出手拍拍小狗，所以這樣也不錯。

過了 25 到 30 年，這些狗會肩並肩、開始層層堆疊。值得慶幸的是，假設情境保證牠們有食物和水而且長壽，* 所以我們假設

* 看過《如果這樣，會怎樣？》第一集的讀者，沒有人想再看到〈1 莫耳的鼴鼠〉慘況。

這些狗喜歡疊羅漢、開開心心的接受這種狀況。到了 40 年，摩天大樓會開始消失在開心汪汪叫的「毛海洋」底下。

在接下來的十年裡，狗堆會淹沒山脈、外溢到海洋中。這時候，成長率會保持穩定，狗的數量每年增加約 1.6578 倍。特定年份的狗族群總數可以利用簡單的指數函數來估計。

到了 55 年大關，這些狗會占有大氣層，重量比月球還要重。65 年之後，當牠們的族群數量達到 1 莫耳（6.022×10^{23}），牠們的重量會超過地球本身。地球不再是有狗的行星，而是一大群狗所發現的好玩行星。

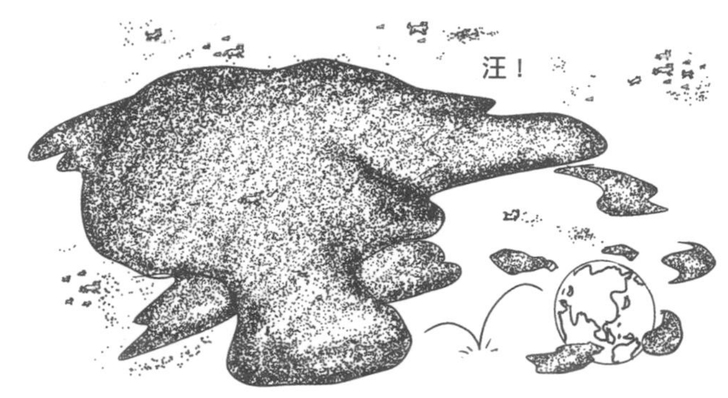

不可能永遠這麼持續下去。120 年之後，不斷膨脹的狗球體外緣會吞噬太陽。即使我們假設狗形成某種戴森球來避免這種情況⋯⋯

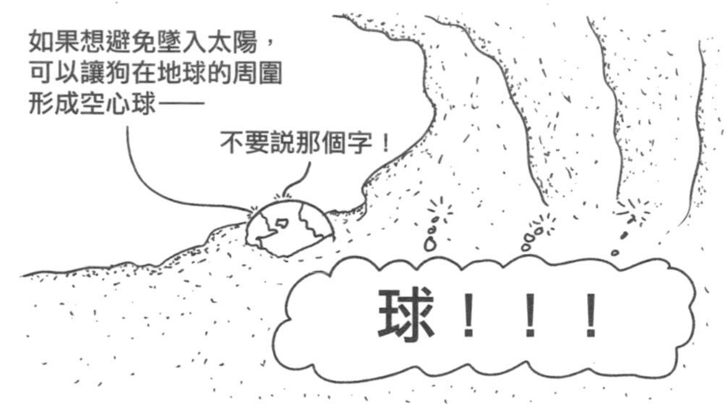

⋯⋯等到牠們的族群數量大約超過 10^{30} 時，施加的重力強到足以發生相對論等級的塌縮。

不管是什麼力量維持狗的生命和快樂，如果這種力量也使牠們免於塌縮，我們已經完全超出物理學的範疇了，討論會發生什麼事根本沒有任何意義。但是為了留下紀錄，以下是你可能達到的里程碑：

- 150 年：狗吞噬太陽系，包括古柏帶
- 197 年：狗球體的外緣開始以超光速膨脹
- 200 年：狗到達天狼星
- 250 年：狗籠罩銀河系
- 330 年：狗球體涵蓋可觀測宇宙
- 417 年：迪士尼發行本電影系列的最後一集

61. 前進太陽

Q

我差不多 8 歲那年，在科羅拉多州一個寒冷的日子裡鏟雪時，我許願希望自己可以瞬間被傳送到太陽表面，只要一奈秒就好，然後又瞬間被傳送回來。我覺得一奈秒夠久了，足以讓我暖和起來，但又不會久到足以傷害我。到底會發生什麼事呢？

——A J，堪薩斯市

信不信由你，這樣根本不會讓你暖和起來。

太陽表面的溫度大約是 5,800 K。* 如果你在那裡待一陣子，你會被燒成灰燼，但一奈秒並不是很久——時間只夠光行進差不多一英尺而已。†

---

* 或 °C。當溫度開始有很多位數時，其實兩者差不多。

† 1 光奈秒是 11.8 英寸（0.29979 公尺），很接近一英尺。我認為將英尺重新定義為 1 奈秒會很方便。這樣會引發一些顯而易見的問題，例如「我們要不要重新定義英里，讓英里維持 5,280 英尺？」和「我們要不要重新定義英寸？」和「等一下，我們為什麼要這麼做？」但我認為其他人可以解決那些問題。我只是出主意而已。

我會假設你面向著太陽。一般來說，你應該避免直視太陽，但當它占據你整個 180 度視野時，就很難避免。

在那一奈秒內，大約會有一微焦耳的能量進入你的眼睛。

一微焦耳的光不是很多。如果你閉上眼睛盯著電腦螢幕，然後很快的睜開眼睛又閉上，你的眼睛在「逆眨眼」* 期間從螢幕上

* 有那個名詞嗎？應該有那個名詞才對。

吸收的光，和在太陽表面上一奈秒內吸收的光差不多。

在太陽上的那一奈秒內，來自太陽的光子會湧入你的眼睛、照到你的視網膜細胞。然後，等一奈秒結束，你就跳回來了。這時候，視網膜細胞根本還沒開始有反應。在接下來的幾千萬奈秒（毫秒）內，視網膜細胞（已經吸收了一大堆光能量）會開始向你的大腦發出訊號，告訴你發生了什麼事。

你在太陽上待了 1 奈秒，但你的大腦需要 30,000,000 奈秒才會注意到。從你的角度來看，你只會看到閃光。閃光持續的時間似乎比你待在太陽上的時間還要長很多，等到你的視網膜細胞平靜下來才會消失。

你的皮膚吸收到的能量很微弱——每平方公分的裸露皮膚大約 10^{-5} 焦耳。相較之下，根據電機電子工程師學會 P1584 標準，將手指放在丁烷打火機的藍色火焰中 1 秒鐘，傳遞給皮膚的熱量約為每平方公分 5 焦耳，這差不多是遭到二度灼傷的門檻值。你在太陽上停留期間接收到的熱量，比門檻值還要微弱 5 個數量級。除了眼睛看到的微弱閃光，你根本不會注意到。

但是，如果你弄錯了坐標，那會怎樣？

太陽表面相當涼爽。那裡比鳳凰城熱，〔誰說的？〕但與太陽內部相比，那裡簡直是冷斃了。太陽表面是幾千度，但內部是幾百萬度。* 如果你在太陽內部待一奈秒，那會怎樣？

有人在太陽裡
（美國人空總署模擬）

利用史提芬－波茲曼定律，可以計算出你在太陽內部會接觸到多少熱量。算出來結果不太好。在太陽裡待一飛秒（femtosecond）就會超過電機電子工程師學會 P1584B 二度灼傷標準。你在那裡待一奈秒，等於是 1,000,000 飛秒。結局對你來說不太妙。

有一些好消息：在太陽深處，帶有能量的光子具有非常短的波長——主要是我們所謂的硬 X 射線和軟 X 射線。這意味它們會穿透身體到不同的深度、加熱你的內臟，還會電離你的 DNA，它們甚至還沒開始灼傷你，就會對你造成不可逆的傷害。回過頭看，我注意到這段開頭寫的是「有一些好消息」。我不知道為什麼我會那樣寫。

* 日冕（太陽表面高處的稀薄氣體）也是幾百萬度，沒有人知道為什麼。

在希臘神話中，伊卡若斯（Icarus）飛得太靠近太陽，以致高熱熔化了他的翅膀，害他摔死。但「熔化」是相變，相變是溫度的函數。溫度是內能的度量，內能是入射功率通量對時間的積分。他的翅膀熔化不是因為他飛得太靠近太陽，而是因為他在那裡待了太久。

短暫停留，輕輕跳躍，你就可以去任何地方了。

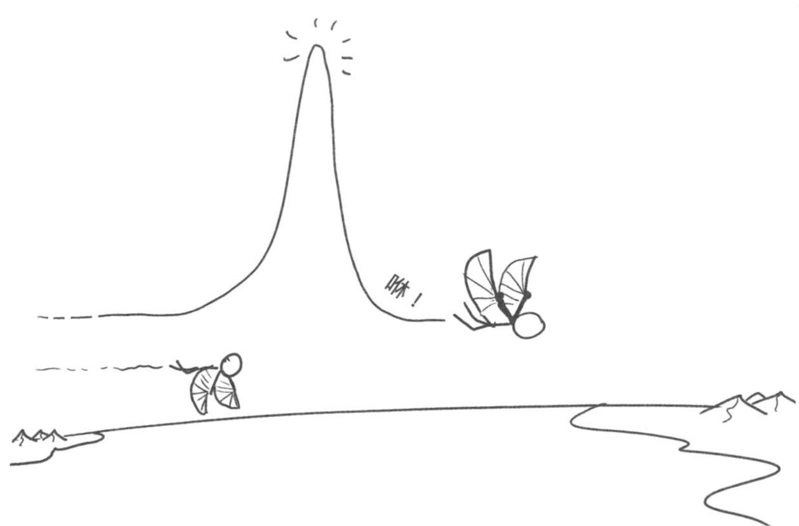

62. 防曬乳

Q

假設 SPF（防曬係數）像它號稱的那麼有效，請問 1 小時的「太陽表面之旅」會需要什麼樣的 SPF？

——布萊恩・帕克與馬克斯・帕克（Brian and Max Parker）

當防曬乳說 SPF 20，代表它應該只讓 1/20 的太陽紫外線進入，使你待在太陽底下不被曬傷的時間延長 20 倍。

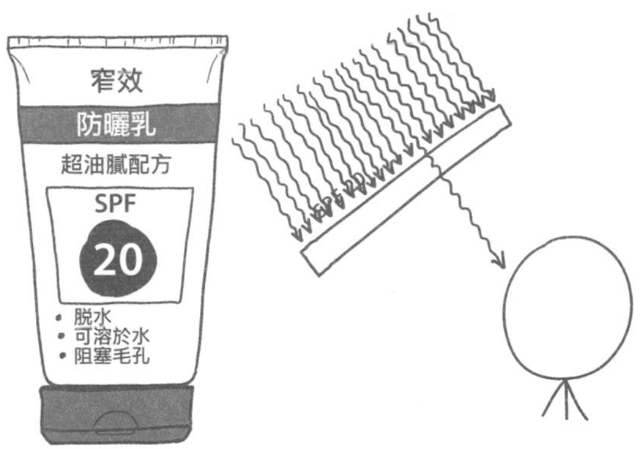

太陽附近非常熱。* 在表面附近，熱量和輻射的強度大約是地球公轉所在之處的45,000倍，所以你會需要SPF 45,000才能抵消。

一般來說，太空中也有更多的紫外線輻射，因為沒有地球的大氣層可以保護你。

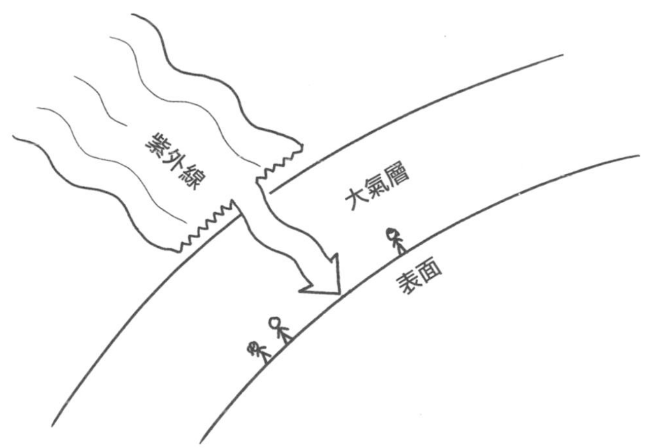

* Santana, C., I. Shur, R. Thomas, *Smooth* (New York, NY: Arista, 1999).

如果太空人沒有穿紫外線防護衣，他們很快就會被曬傷，比在地球上快多了。（有報導指出，阿波羅號太空人塞爾南〔Gene Cernan〕的太空衣隔熱材料破了很多層，導致他的下背部嚴重曬傷。）

在太空中，光波波長的組成與在地表上略有不同，但整體來說，太空中的紫外線指數可能是地球上晴天時的 30 倍左右。這代表你需要再增加 30 倍的保護，使得所需要的 SPF 高達 130 萬。

幸運的是，那樣的防曬乳係數其實不大！理論上，由於 SPF 是乘數，當你塗上好幾層，你應該將它們的 SPF 級數相乘。如果你塗上一層 SPF 20 防曬乳，只有 1/20 的太陽輻射會到達你的皮膚。這意味著，如果你塗上第二層相同的防曬乳，應該會再減少 1/20 的 1/20，總共減少 1/400。如果真是這樣，2 層 SPF 20 防曬乳會相當於 SPF 400 防曬乳！

五層 SPF 20 防曬乳就會相當於 SPF 320 萬，足以阻擋太陽表面的紫外線。

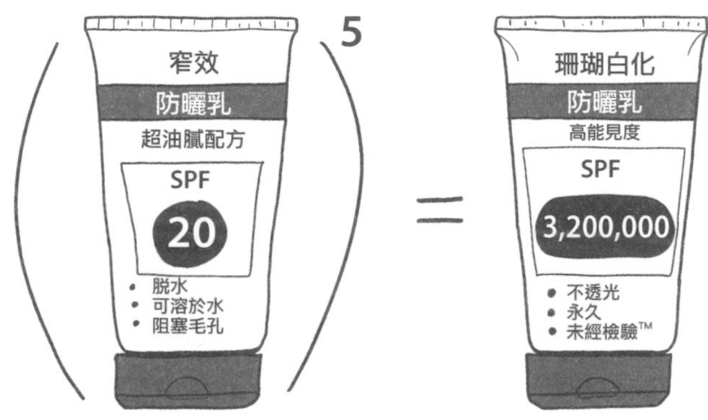

美國食品藥物管理局檢驗標準指出，防曬乳塗一層應該是大約 20 微米厚，* 這代表理論上只需塗上 100 微米的 SPF 20 防曬乳（大約一根頭髮的厚度）便可確保你的安全，無論你有多靠近太陽。

* 實際上，防曬乳會在凹凸不平的皮膚上形成不均勻層，大部分「曬傷」都發生在塗得比較薄的地方。由於不均勻層，以及大多數人塗防曬乳塗得不夠厚，SPF 的分級可能高了 2 倍或更多。

這顯然是錯誤的，原因有很多，但最大的原因是防曬乳不會阻擋太陽的熱量，只阻擋紫外線而已。為了成功阻擋太陽的熱輻射（即可見光和紅外線），你需要塗更厚的防曬乳，而它本身會升溫而沸騰。即使塗上 10 公尺厚的防曬乳，也無法保護你免於被煮熟。

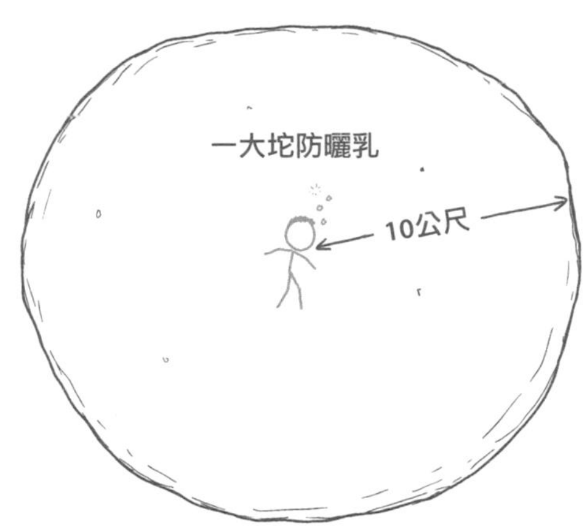

理論上，夠大的「防曬乳球」懸浮在太陽表面附近維持夠久就可以保護你，但還有一個問題：你需要包滿全身以免被汽化，但瓶子上明明寫著要避免碰到眼睛。

我們或許應該把這一條也加到清單上。

你不應該做的事情

（？？？？頁中的第3,649頁）

#156,824 吃狂犬病動物的肉

#156,825 幫自己做眼部雷射手術

#156,826 跟加州家禽監管人員說你的農場在賣寶可夢蛋

#156,827 讓整座尼加拉大瀑布的水流進物理實驗室的窗口

#156,828 把氦氣灌進你的肚子裡

#156,829 （新增！）讓自己懸浮在10公尺寬的防曬乳球裡然後墜入太陽

63. 在太陽上漫步

Q

太陽耗盡燃料之後，會變成白矮星並且逐漸冷卻。什麼時候它才會冷到可以觸摸？

——賈巴里・加蘭（Jabari Garland）

A 大約 200 億年後，太陽將會冷卻到室溫。

現在，[*] 太陽愈來愈熱，因為核心愈來愈重，使得它的重力變得更強、氫燃燒得更快。大約 50 億年後，它會開始耗盡氫氣而無法燃燒。當核心在其自身的重量下塌縮時，塌縮的熱量會激發多次劇烈的核融合，使外層膨脹，[†] 然後就會炸開。接下來，太陽的殘骸會塌縮成為快速旋轉的惰性球體，變成比地球稍微大一點的白矮星。

起初，太陽的殘骸會因為劇烈的塌縮而變得白熱化，但隨著熱量輻射到太空，久而久之，殘骸會逐漸冷卻。數十億年之後，

---

* 2023 年。

† 也許會吞噬地球。[‡]

‡ 地球的毀滅被降級為注腳，這件事對本章的走勢來說是個好兆頭。

它會比現在更冷。50 至 100 億年之後，它會冷卻到篝火的溫度，將幾乎所有的熱量以紅外線輻射出去。然後，再過 100 至 200 億年，它就會達到室溫。*

你可以試著觸摸它，但最好不要。想知道為什麼，想像一下你跳進太空船，朝著太陽飛去。

太陽的白矮星殘骸比原來的太陽小很多。當你的太空船到達太陽表面的先前位置時，殘餘的太陽看起來會只比天上的滿月大一點點。†

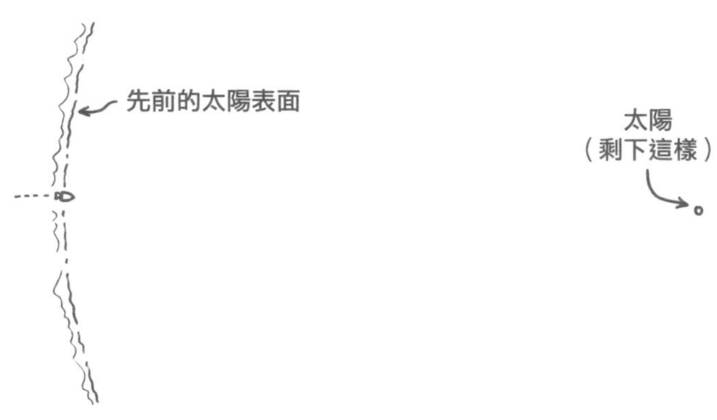

不同於現今宇宙中存在的所有白矮星，太陽的殘骸不會產生任何光。你的太空船需要開大燈才看得到它。

---

* 目前天空中沒有任何室溫恆星，因為宇宙還不夠老。第一代白矮星塌縮後，溫度還很高。它們需要數十億年的時間才會冷卻下來。宇宙還很年輕。

† 從前我們有月亮的時候。‡

‡ 還有天空。

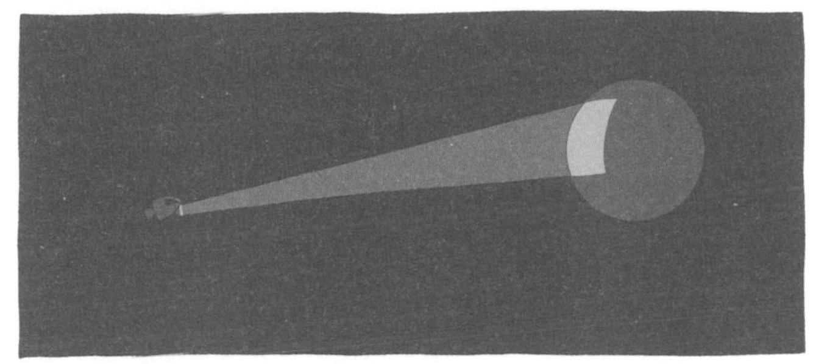

殘骸表面可能會看起來灰灰暗暗的。在巨大的壓力下，大部分的大氣會沉降到表面上，但可能有殘餘的氫氣，形成偏藍色的霧霾。

朝著恆星飛行時，你會覺得還好，但如果你想讓太空船停下來欣賞一下風景，你就會遇到麻煩。殘骸仍具有大約一半的太陽原始質量，這代表在此距離的重力已經是地球重力的10倍左右。如果你試圖懸停在原地或掉頭，除非你穿了抗加速衣，否則你會因為重力而昏迷。

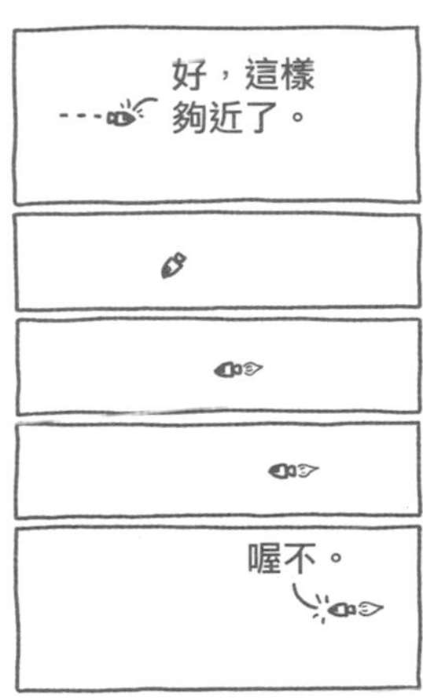

但是，如果掉頭是錯的，繼續前進更是大錯特錯，因為你沒辦法在冷卻的矮星表面進行可控制的著陸。降落不是問題，最後的停止才是。如果你讓自己衝向恆星，等你到達表面時，你會以大約 1% 的光速撞擊表面而解體。

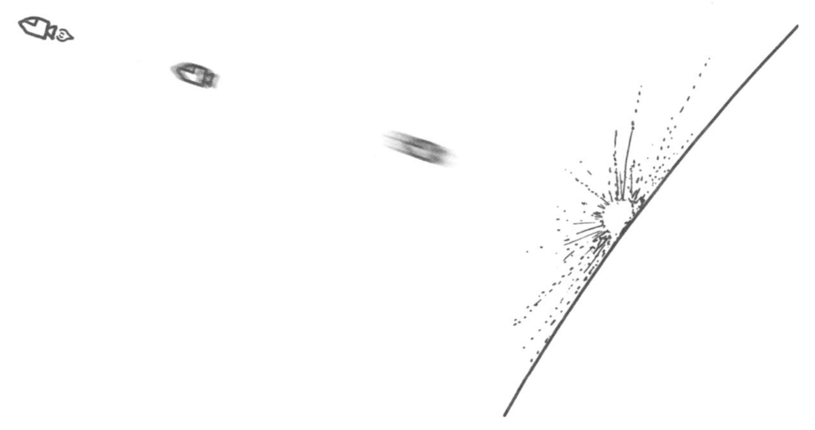

如果你真的很想讓載具在白矮星上登陸，或許可以試試看「衝浪」。如果你等到大氣已大致沉降到表面上，你可以將載具送入掠過表面的軌道，嘗試沿著表面滑行以便逐漸減慢下來。你會需要巨大的燒蝕型衝浪板，而且你會在核融合層上衝浪。這是個很爛的計畫，幾乎肯定會行不通，但我想不出還有什麼其他方法可以嘗試。

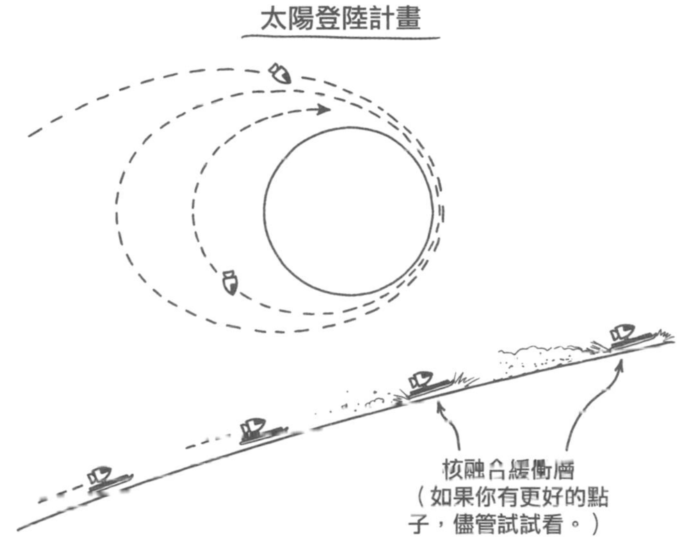

你會需要派遣機器人探測器，因為人類無法在矮星表面生存；沒有任何壓力衣或支撐結構可以保住你的命。

如果你設法讓機器人探測器平穩降落在恆星殘骸的表面上，它不見得會被重力壓垮。人類沒辦法在那裡生存，但理論上某種電腦或許有辦法。在更小、更緻密的中子星上，任何由分子構成的物質都會被強大的重力壓扁、成為薄薄的原子層，但是在大如地球的恆星殘骸上，某些結構體可以支撐住自己。

在地球上，你可以用冰製作小型雕塑，但你不可能將冰塑造成超過 1.5 公里高的山，因為它會在自身的重量下瓦解、像冰川那樣流動。在恆星的殘骸上，冰的結構體會被限制在大約 2.5 公分高。其他材質可以支撐較大的結構體，但即使是鑽石（已知最堅硬、最不可壓縮的物質），如果形成摩天大樓那麼大的金字塔，也會崩塌。

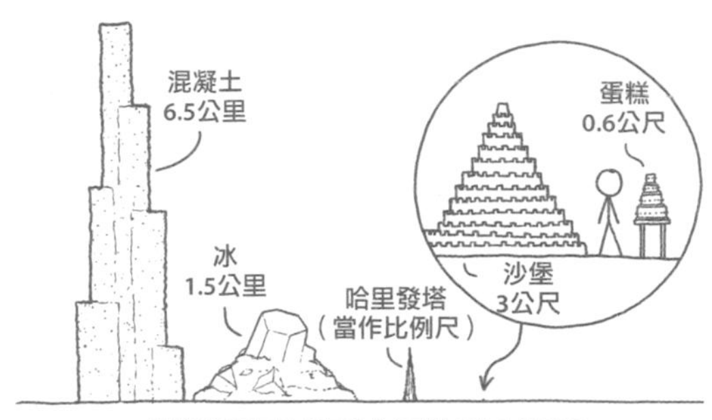

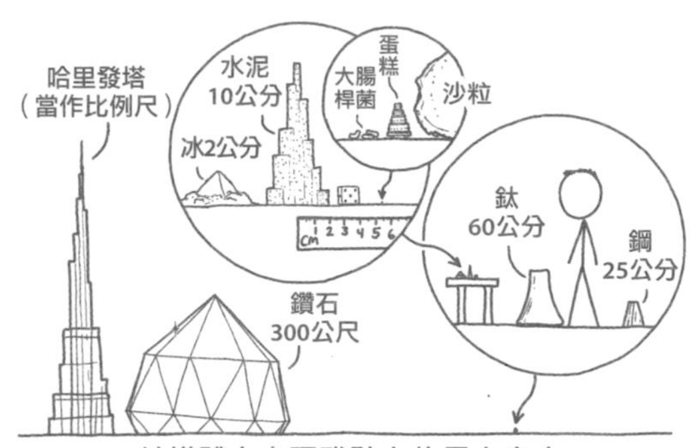

在地球上，從一端懸垂下來的鋼纜在其自身的重量下，可能大約 6.4 公里長才會折斷。在白矮星上，鋼纜只能勉強支撐 7.6 公分的自身重量。矮星上最大的吊橋恐怕無法跨越超過 2.5 公分寬的缺口。建造更大的吊橋需要高強度重量比的材質，例如蜘蛛網。

以上種種都告訴我們，你的登陸器可能不是人類的尺寸，而要用螞蟻的尺寸，並且你不應該指望有很多可活動的零件。但你或許可以打造小立方體，在裡頭嵌入某些電子設備，能夠利用無線電將觀測結果傳回來給你。

讓機器人探測器登陸算不算觸摸恆星？我不知道；那算是哲學問題吧。但如果你想要親手觸摸恆星，答案是絕對不行。即使當恆星冷卻到室溫，你也不可能親手觸摸它還能活命。

如果你不在乎能不能活命……

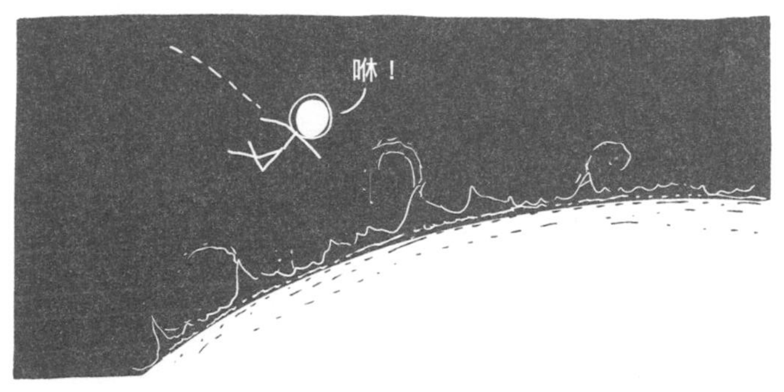

……那基本上你現在就可以觸摸太陽了。

64. 檸檬糖和軟糖

Q

如果所有的雨滴都是檸檬糖和軟糖，那會怎樣？

——朔．佩斯科－楊（Shuo Peskoe-Yang）

如果所有的雨滴都是檸檬糖和軟糖
哦，那會是什麼樣的雨！
我會站在外面張大著嘴巴……

——兒歌

即使按照《如果這樣，會怎樣？》的標準來看，這種假設情境也是一場大災難。

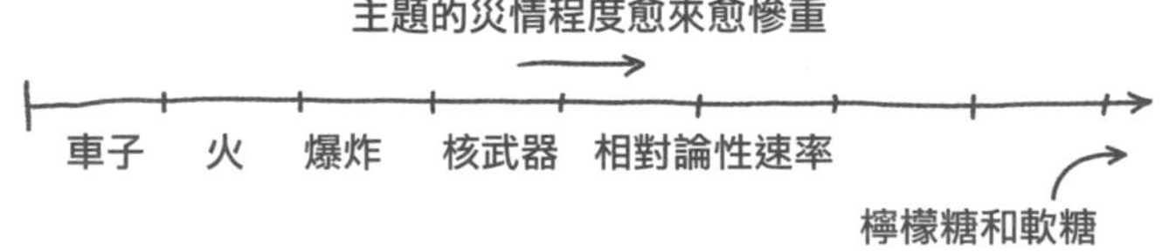

檸檬糖的終端速度約為每秒 10 公尺。這樣可能不夠快，不足以造成傷害，但檸檬糖掉在你的牙齒反彈時，肯定會很痛。

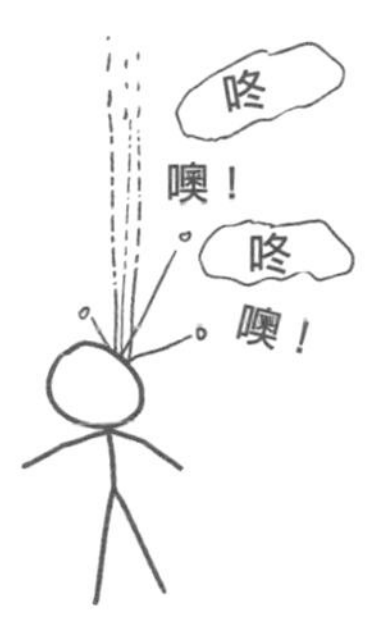

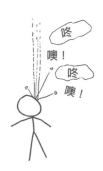

軟糖比檸檬糖軟，所以不會那麼痛，但用你的嘴巴接住它們，仍然一聽就像是噎死的好方法。你最好等到暴風雨結束，再把它們從地上撿起來。

第一場檸檬糖和軟糖的雨會很美味。一旦雨停了，你可以穿過田野，從地上採拾糖果吃個飽，就像是興高采烈參觀威利旺卡（Willy Wonka）糖果工廠的小孩一樣——不同的是，參觀旺卡工廠時，並非所有的遊客都死翹翹。

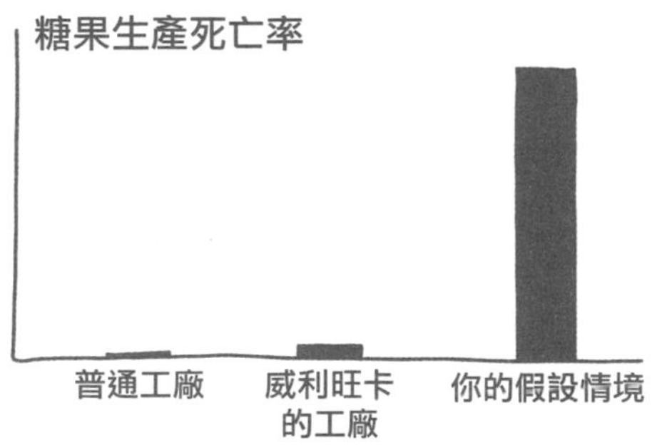

我們假設雨水被質量相當的檸檬糖和軟糖取代，所以一場典型的暴雨會讓地上鋪滿深及腳踝的糖果。和雨水不同的是，糖果不會滲入土壤或往下坡流。它們只會待在地上而已。小孩和動物會在糖果堆裡挖個小坑，其他的糖果上面會長出消化糖分的細菌，但大部分的糖果只會待在那裡曬太陽而熔化。

下了幾週的檸檬糖和軟糖雨之後，屋頂會開始崩塌。

多雪地區的住家屋頂通常每平方公尺需要承受 100 到 300 公斤的重量，相當於大約 30 公分深的水。美國東部每年的降雨量大約一公尺，這意味在幾個月之內，大多數的平頂屋頂都會被重量壓垮。

我們不會馬上統統渴死。含水層和湖泊中有大量的水，可以維持我們很長一段時間，不過地表水的熱量會變得愈來愈高。

農業會瓦解。以水為主的降雨突然沒了，會立即導致全球乾旱。許多農作物仰賴湖泊和含水層的灌溉系統來澆水，但連那些農作物也很快就會被埋在糖果堆底下。如果你的農作物有辦法存活，收割會是一場噩夢——當你開著拖拉機穿越一層黏黏的、深及膝蓋的檸檬糖和軟糖時，祝你好運。

幾年之內，大多數的人類城市會被埋在層層的糖果底下，整個地球成了「龐貝古城糖果樂園」。

農業存活最久的地方是沙漠地區，那裡的農作物澆水幾乎完全靠灌溉，例如埃及尼羅河沿岸的農田、加州的帝王谷，或是土庫曼（Turkmenistan）的沙漠。開羅和利馬等城市每年幾乎沒有什麼降雨，反而能夠在相對無糖果的情況下持續存在多年，不過世界上其他地區的破壞會導致一些問題。

我們人類終究不可能存活很久，但檸檬糖和軟糖假設情境的後果會比單純的人類滅絕還要嚴重很多。短短幾天之內，糖果的重量就會超過地球上所有的生物，地球多了如此厚重的一層糖，將會徹底改造地球。

糖是碳水化合物，可以分解成二氧化碳和水，並釋放出能量，所以糖大受兒童、蜂鳥、細菌等活力充沛的生物歡迎。如果你在土壤中添加糖分，其中大部分會被細菌消化，再以二氧化碳和水的形式返回環境中。

任何靠糖過活的生物會突然發現自己處於絲毫不需節制的環境中。很多糖果會被掩埋而沒有被消化，但其中一些會被消化或被其他作用（例如火）氧化。發生這種情況時，二氧化碳濃度會飆升，地球會變暖。

檸檬糖和軟糖的密度比水的密度大，* 所以那些掉進海裡的糖果在溶解之前會下沉，使海面暴露在大氣中。隨著地球變暖，水從愈來愈甜的溫暖海面上會蒸發得愈來愈快。

如果具有海洋的行星變得太熱，大氣可能充滿水蒸氣。這些水蒸氣可能吸收更多的熱量，導致失控升溫的反饋迴路持續直到海洋沸騰。在很久很久以前，金星上也許發生過類似的情況。幸運的是，經過一些令人傷腦筋的計算，科學家大致得出結論：短期內，地球不會面臨失控溫室效應的危險。就算我們將地球上的化石燃料統統燒個精光，大氣中的二氧化碳也不足以引起使海洋沸騰的熱旋風。

* 引用來源：我剛倒了一杯水，把各種糖果丟進去試試看。這就是科學！

好，我計算完了，它說這裡
不會發生失控的溫室效應。
地球會沒事的！
幸好！

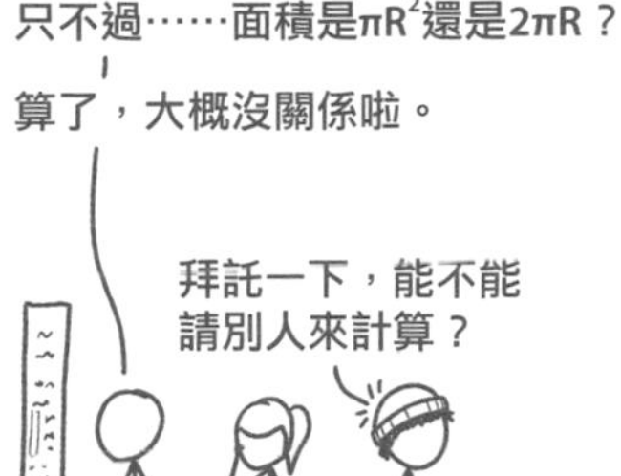

只不過……面積是πR^2還是$2\pi R$？
算了，大概沒關係啦。
拜託一下，能不能
請別人來計算？

但是糖果辦得到。即使糖果中的碳只有一小部分被氧化，幾年之內就會使大氣中的二氧化碳濃度從目前*的0.042%升高到5%或10%，自從地球還年輕、太陽還較冷較小以來，這樣的濃度是前所未見的。模式顯示，這樣的濃度有可能會引發失控的溫室效應。

全球溫度會升高到有如火爐一般，對地球表面進行實質上的消毒，終結生命之樹。除了一些幸運的食糖嗜熱細菌之外，沒有生物可親眼目睹地球上的水沸騰。很快的，地球會成為一片死氣沉沉的焦土，當充滿糖的海洋沸騰時，只剩下黏糊糊的糖渣覆蓋著海床。

原來鹽水太妃糖就是這麼來的。

---

* 我估計，此統計數據在 2024 年 12 月左右會變得不正確。

最後一線希望：一旦海洋沸騰，就不會再有雨滴可以變成檸檬糖和軟糖了，所以至少這場雨會結束。地球此時可能看起來很像金星，幾乎沒有什麼水蒸氣，而且溫度太高無法使水蒸氣凝結成雨。

金星並非完全沒有沉降物。它的山頂覆蓋著我們稱之為「雪」（其實比較像是霜）的物質，看起來像是從低地上蒸發、沉積在山上的金屬。在溫室效應失控後，地球可能和金星一樣，又枯又焦的山頂上灑滿了金屬雪。

或許我們應該跳過下一段歌詞。

如果所有的雪花
都是糖果棒
和奶昔
破壞還不夠嗎？！

致謝

很多人的幫忙，使這本書成為可能。

感謝各位專家不吝分享自己的專業知識。感謝 Cindy Keeler 為我解答關於高能粒子的問題；Derek Lowe 幫助我深入了解氨和摩擦發光；還有 Natalie Mahowald 告訴我不要吸入鐵蒸氣。感謝 A. J. Blechner、Jonathan Zittrain、Jack Cushman 以及哈佛圖書館創新實驗室的各位，為我解答法律相關問題；Katic Mack 為我解答關於時空的問題；哈佛大學的 Maya Bergamasco 和國際聯合委員會的 Derck Spelay 提供神祕國際瀑布警察守護尼加拉大瀑布的相關資訊。感謝 Phil Plait 解答關於望遠鏡的問題，還有 Tracy Wilson 教我如何幫生奶油秤重。感謝諸位聯邦檢察官告訴我犯罪不好，但他們要求匿名，因為「那樣比較好玩。」

感謝 Kat Hagan、Janelle Shane、Rcuven Lazarus 和 Nick Murdoch 閱讀我的答案和給予指教；感謝 Christopher Night 扛下為本書查核事實的重責大任，從白矮星上的結構體規模限制，到瑪利歐遊戲關卡的蘑菇數量，每一項他都進行計算。如有任何錯誤都是我的錯。

感謝我的編輯 Courtney Young 從一開始就相信我，並且一路看顧這本書直到出版；感謝 Riverhead 的整個團隊，包括 Lorie Young、Jenny Moles、Kim Daly、Ashley Sutton、Ashley Garland、Jynne Martin、Geoff Kloske、Gabriel Levinson、Melissa Solis、Caitlin Noonan、Claire Vaccaro、Helen Yentus、Grace Han、Tyriq Moore、Linda Friedner 和 Anna Scheithauer。

感謝才華洋溢的設計師和親愛的朋友 Christina Gleason，她把我的文字結集成書的樣貌。感謝 Casey Blair 監督整個計畫，不辭辛勞讓每件事情維持在正軌上。感謝 Marissa Gunning 有條不紊的協助，感謝 Derek 幫忙促成這整件事情，感謝我的經紀人 Seth Fishman 以及 The Gernert Co. 的員工，包括 Jack Gernert、Rebecca Gardner、Will Roberts 和 Nora Gonzalez。

感謝所有提出問題的人。感謝研究人員，因為他們的工作成果，我才有可能回答這些問題。感謝我的妻子——因為妳對一切感到好奇、為這個世界感到興奮，而且總是在尋求冒險。

參考文獻

1. 木星湯

Lewis, Geraint F., and Juliana Kwan, "No Way Back: Maximizing Survival Time Below the Schwarzschild Event Horizon," *Publications of the Astronomical Society of Australia*, 2007, https://arxiv.org/abs/0705.1029.

2. 直升機飛行

Anthony, Julian, and Wagdi G. Habashi, "Helicopter Rotor Ice Shedding and Trajectory Analyses in Forward Flight," *Journal of Aircraft* 58, no. 5 (April 28, 2021), https://doi.org/10.2514/1.C036043.

Liard, F. (ed.), *Helicopter Fatigue Design Guide*, Advisory Group for Aerospace Research and Development, November 1983, https://apps.dtic.mil/dtic/tr/fulltext/u2/a138963.pdf.

3. 要命的冷

O'Connor, BS, Mackenzie, Jordan V. Wang, MD, MBE, MBA, and Anthony A. Gaspari, MD, "Cold Burn Injury After Treatment at Whole Body Cryotherapy Facility," *JAAD Case Reports* 5, no. 1 (December 4, 2018): 29–30, https://www.ncbi.nlm.nih.gov/pmc/articles/PMC6280691/.

Raman, Aaswath P., Marc Abou Anoma, Linxiao, Eden Raphaeli, and Shanhui Fan, "Passive Radiative Cooling Below Ambient Air Temperature Under Direct Sunlight," *Nature* 515 (2014): 540–544, https://doi.org/10.1038/nature13883.

"Safe Handling of Cryogenic Liquids," *Health & Safety Manual: Section 7: Safety Guidelines & SOP's*, University of California, Berkeley: College of Chemistry, https://chemistry.berkeley.edu/research-safety/manual/section-7/cryogenic-liquids.

"Safety Instructions: Cryogenics Liquid Safety," Oregon State University: Environmental Health & Safety, https://ehs.oregonstate.edu/sites/ehs.oregonstate.edu/files/pdf/si/cryogenics_si.pdf.

Sun, Xingshu, Yubo Sun, Zhiguang Zhou, Muhammad Ashraful Alam, and Peter Bermel, "Radiative Sky Cooling: Fundamental Physics, Materials, Structures, and Applications," *Nanophotonics* 6, no. 5 (July 29, 2017): 997–1015, https://www.degruyter.com/document/doi/10.1515/nanoph-2017-0020/html.

4. 鐵的汽化

"Iron (Fe) Pellets Evaporation Materials," Kurt J. Lesker Company, https://www.lesker.com/newweb/deposition_materials/depositionmaterials_evaporationmaterials_1.cfm?pgid=fe1.

Mahowald, Natalie M., Sebastian Engelstaedter, Chao Luo, Andrea Sealy, Paulo Artaxo, Claudia Benitez-Nelson, Sophie Bonnet, Ying Chen, Patrick Y. Chuang, David D. Cohen, Francois Dulac, Barak Herut, Anne M. Johansen, Nilgun Kubilay,

Remi Losno, Willy Maenhaut, Adina Paytan, Joseph M. Prospero, Lindsey M. Shank, and Ronald L. Siefert, "Atmospheric Iron Deposition: Global Distribution, Variability, and Human Perturbations," *Annual Review of Marine Science* 1 (January 2009): 245–278, https://www.annualreviews.org/doi/abs/10.1146/annurev.marine.010908.163727.

Spalvins, T., and W. A. Brainard, "Ion Plating with an Induction Heating Source," NASA Lewis Research Center, January 1, 1976, https://ntrs.nasa.gov/citations/19760010307.

5. 宇宙公路旅行

"Early Estimate of Motor Vehicle Traffic Fatalities for the First Quarter of 2021," *Traffic Safety Facts*, National Highway Traffic Safety Administration, U.S. Department of Transportation, August 2021, https://www.nhtsa.gov/sites/nhtsa.gov/files/2021-09/Early-Estimate-Motor-Vehicle-Traffic-Fatalities-Q1-2021.pdf.

"NHTSA Releases Q1 2021 Fatality Estimates, New Edition of 'Countermeasures That Work,'" National Highway Traffic Safety Administration, U.S. Department of Transportation, September 2, 2021, https://www.nhtsa.gov/press-releases/q1-2021-fatality-estimates-10th-countermeasures-that-work.

6. 飛鴿椅

Abs, Michael, *Physiology and Behaviour of the Pigeon* (Cambridge, MA: Academic Press, 1983), 119.

Berg, Angela M., and Andrew A. Biewener, "Wing and Body Kinematics of Takeoff and Landing Flight in the Pigeon (*Columba livia*)," *Journal of Experimental Biology* 213 (May 15, 2010): 1651–1658, https://journals.biologists.com/jeb/article/213/10/1651/9685/Wing-and-body-kinematics-of-takeoff-and-landing.

Callaghan, Corey T., Shinichi Nakagawa, and William K. Cornwell, "Global Abundance Estimates for 9,700 Bird Species," *Proceedings of the National Academy of Sciences of the United States of America*, May 25, 2021, https://www.pnas.org/content/118/21/e2023170118/tab-figures-data.

Liu, Ting Ting, Lei Cai, Hao Wang, Zhen Dong Dai, and Wen Bo Wang, "The Bearing Capacity and the Rational Loading Mode of Pigeon During Takeoff," *Applied Mechanics and Materials* 461 (November 2013): 122–127, https://www.scientific.net/AMM.461.122.

Pennycuick, C. J., and G. A. Parker, "Structural Limitations on the Power Output of the Pigeon's Flight Muscles," *Journal of Experimental Biology* 45, (December 1, 1966): 489–498, https://journals.biologists.com/jeb/article/45/3/489/34321/Structural-Limitations-on-the-Power-Output-of-the.

簡答題 #1

Bates, S. C., and T. L. Altshuler, "Shear Strength Testing of Solid Oxygen," *Cryogenics* 35, no. 9 (September 1995): 559–566, https://www.sciencedirect.com/science/article/abs/pii/001122759591254I.

7. 霸王龍卡路里

Barrick, Reese E., and William J. Showers, "Thermophysiology and Biology of Gigantosaurus: Comparison with Tyrannosaurus," *Palaeontologia Electronica* 2, no. 2 (1999), https://web.archive.org/web/20210612062144/https://palaeo-electronica.org/1999_2/gigan/issue2_99.htm.

Hutchinson, John R., Karl T. Bates, Julia Molnar, Vivian Allen, and Peter J. Makovicky, "A Computational Analysis of Limb and Body Dimensions in Tyrannosaurus rex with Implications for Locomotion, Ontogeny, and Growth," *PLOS ONE* 9, no. 5 (2011), https://journals.plos.org/plosone/article?id=10.1371/journal.pone.0026037.

McNab, Brian K., "Resources and Energetics Determined Dinosaur Maximal Size," *PNAS* 106, no. 29 (2009): 12184–12188, https://www.pnas.org/content/106/29/12184.full.

O'Connor, Michael P., and Peter Dodson, "Biophysical Constraints on the Thermal Ecology of Dinosaurs," *Paleobiology* 25, no. 3 (1999): 341–368, https://www.jstor.org/stable/2666002.

8. 間歇泉

Hutchinson, Roderick A., James A. Westphal, and Susan W. Kieffer, "In Situ Observations of Old Faithful Geyser," *Geology* 25, no. 10 (1997): 875–878, https://doi.org/10.1130/0091-7613(1997)025<0875:ISOOOF>2.3.CO;2.

Karlstrom, Leif, Shaul Hurwitz, Robert Sohn, Jean Vandemeulebrouck, Fred Murphy, Maxwell L. Rudolph, Malcolm J. S. Johnston, Michael Manga, and R. Blaine McCleskey, "Eruptions at Lone Star Geyser, Yellowstone National Park, USA: 1. Energetics and Eruption Dynamics," *Journal of Geophysical Research: Solid Earth* 118, no. 8 (June 19, 2013): 4048–4062, https://agupubs.onlinelibrary.wiley.com/doi/abs/10.1002/jgrb.50251.

Kieffer, Susan, "Geologic Nozzles," *Reviews of Geophysics* 27, no. 1 (February 1989): 3–38, http://seismo.berkeley.edu/~manga/kieffer1989.pdf.

O'Hara, D. Kieran, and E. K. Esawi, "Model for the Eruption of the Old Faithful Geyser, Yellowstone National Park," *GSA Today* 23, no. 6 (June 2013): 4–9, https://www.geosociety.org/gsatoday/archive/23/6/article/i1052-5173-23-6-4.htm.

"Superintendents of the Yellowstone National Parks Monthly Reports, June 1927," Yellowstone National Park, 1927, https://archive.org/details/superintendentso27june.

Whittlesey, Lee H., *Death in Yellowstone: Accidents and Foolhardiness in the First National Park* (Plymouth, England: Roberts Rinehart Publishers, 1995).

10. 閱讀每一本書

Buringh, Eltjo, and Jan Luiten Van Zanden, "Charting the 'Rise of the West': Manuscripts and Printed Books in Europe, A Long-Term Perspective from the Sixth through Eighteenth Centuries," *The Journal of Economic History* 69, no. 2 (2009): 409–445. doi:10.1017/S0022050709000837.

Grout, James, "The Great Library of Alexandria," *Encyclopaedia Romana*, http://penelope.uchicago.edu/~grout/encyclopaedia_romana/greece/paganism/library.html.

Pelli, Denis, and C. Bigelow, "A Writing Revolution," *Seed: Science Is Culture* (2009), https://web.archive.org/web/20120331052409/http://seedmagazine.com/supplementary/a_writing_revolution/pelli_bigelow_sources.pdf.

11. 香蕉教堂

Grant, Amy, "Banana Tree Harvesting: Learn How and When to Pick Bananas," *Gardening Know How*, https://www.gardeningknowhow.com/edible/fruits/banana/banana-tree-harvesting.htm.

Pew Research Center, "How Religious Commitment Varies by Country Among People of All Ages," *The Age Gap in Religion Around the World*, June 13, 2018, https://www.pewforum.org/2018/06/13/how-religious-commitment-varies-by-country-among-people-of-all-ages/.

Stark Bro's., "Harvesting Banana Plants," The Growing Guide: How to Grow Banana Plants, https://www.starkbros.com/growing-guide/how-to-grow/fruit-trees/banana-plants/harvesting.

12. 接住！

Centers for Disease Control and Prevention, "Morbidity and Mortality Weekly Report," *MMWR* 53, no. 50 (December 24, 2004), https://www.cdc.gov/mmwr/PDF/wk/mm5350.pdf.

Close Focus Research, "Maximum Altitude for Bullets Fired Vertically," http://www.closefocusresearch.com/maximum-altitude-bullets-fired-vertically.

"Model 1873 U.S. Springfield at Long Range," *Rifle Magazine* 35, no. 5 (2003), https://web.archive.org/web/20160409042559/https://www.riflemagazine.com/magazine/article.cfm?magid=78&tocid=1094.

13. 超高難度慢速減重法

Blackwell, David, Maria Richards, Zachary Frone, Joe Batir, Andrés Ruzo, Ryan Dingwall, and Mitchell Williams, "Temperature-at-Depth Maps for the Conterminous US and Geothermal Resource Estimates," SMU Geothermal Lab, October 24, 2011, https://www.smu.edu/Dedman/Academics/Departments/Earth-Sciences/Research/GeothermalLab/DataMaps/TemperatureMaps.

16. 銀河沙灘

Abuodha, J. O. Z., "Grain Size Distribution and Composition of Modern Dune and Beach Sediments, Malindi Bay Coast, Kenya," *Journal of African Earth Sciences* 36 (2003): 41–54, http://www.vliz.be/imisdocs/publications/37337.pdf.

Stauble, Donald K., "A Review of the Role of Grain Size in Beach Nourishment Projects," U.S. Army Engineer Research and Development Center: Coastal and Hydraulics Laboratory, 2005, https://www.fsbpa.com/05Proceedings/02-Don%20Stauble.pdf.

17. 鞦韆

Case, William B., and Mark A. Swanson, "The Pumping of a Swing from the Seated Position," *American Journal of Physics* 58, no. 463 (1990), https://aapt.scitation.org/doi/10.1119/1.16477.

Curry, Stephen M., "How Children Swing," *American Journal of Physics* 44, no. 924 (1976), https://aapt.scitation.org/doi/10.1119/1.10230.

Post, A. A., G. de Groot, A. Daffertshofer, and P. J. Beek, "Pumping a Playground Wing," *Motor Control* 11, no. 2 (2007): 136–150, https://research.vu.nl/en/publications/pumping-a-playground-swing.

Roura, P., and J. A. González, "Towards a More Realistic Description of Swing Pumping Due to the Exchange of Angular Momentum," *European Journal of Physics* 31, no. 5 (August 3, 2010), https://iopscience.iop.org/article/10.1088/0143-0807/31/5/020.

Wirkus, Stephen, Richard Rand, and Andy Ruina, "How to Pump a Swing," *The College Mathematics Journal* 29, no. 4 (2018): 266–275, https://www.tandfonline.com/doi/abs/10.1080/07468342.1998.11973953.

18. 客機彈射器

"Eco Climb," Airbus, https://web.archive.org/web/20170111010030/https://www.airbus.com/innovation/future-by-airbus/smarter-skies/aircraft-take-off-in-continuous-eco-climb/.

Chati, Yashovardhan S., and Hamsa Balakrishnan, "Analysis of Aircraft Fuel Burn and Emissions in the Landing and Take Off Cycle Using Operational Data," 6th International Conference on Research in Air Transportation (ICRAT 2014), May 10, 2014, http://www.mit.edu/~hamsa/pubs/ICRAT_2014_YSC_HB_final.pdf.

19. 慢速恐龍末日

Crosta, G. B., P. Frattini, E. Valbuzzi, and F. V. De Blasio, "Introducing a New Inventory of Large Martian Landslides," *Earth and Space Science* 5, no. 4 (March 1, 2018): 89–119, https://agupubs.onlinelibrary.wiley.com/doi/full/10.1002/2017EA000324.

DePalma, Robert A., Jan Smit, David A. Burnham, Klaudia Kuiper, Phillip L. Manning, Anton Oleinik, Peter Larson, Florentin J. Maurrasse, Johan Vellekoop, Mark A. Richards, Loren Gurche, and Walter Alvarez, "A Seismically Induced Onshore Surge Deposit at the KPg Boundary, North Dakota," *PNAS* 116, no. 7 (April 1, 2019): 8190–8199, https://doi.org/10.1073/pnas.1817407116.

Korycansky, D. G., and Patrick J. Lynett, "Run-up from Impact Tsunami," *Geophysical Journal International* 170, no. 3 (September 1, 2007): 1076–1088, https://doi.org/10.1111/j.1365-246X.2007.03531.x.

Massel, Stanisław R., "Tsunami in Coastal Zone Due to Meteorite Impact," *Coastal Engineering* 66, (2012): 40–49, https://doi.org/10.1016/j.coastaleng.2012.03.013.

Schulte, Peter, Jan Smit, Alexander Deutsch, Tobias Salge, Andrea Friese, and Kilian Beichel, "Tsunami Backwash Deposits with Chicxulub Impact Ejecta and Dinosaur Remains from the Cretaceous–Palaeogene Boundary in the La Popa Basin,

Mexico," *Sedimentology* 59, no. 3 (April 1, 2012): 737–765, doi:10.1111/j.1365-3091.2011.01274.x.

Su, Xing, Wanhong Wei, Weilin Ye, Xingmin Meng, and Weijiang Wu, "Predicting Landslide Sliding Distance Based on Energy Dissipation and Mass Point Kinematics," *Natural Hazards* 96 (2019): 1367–1385, https://doi.org/10.1007/s11069-019-03618-z.

Wünnemann, K., and R. Weiss, "The Meteorite Impact-Induced Tsunami Hazard," *The Royal Society* 373, no. 2053 (October 28, 2015), https://doi.org/10.1098/rsta.2014.0381.

23. 天價訴訟案

Boston Consulting Group: Press Releases, "Despite COVID-19, Global Financial Wealth Soared to Record High of $250 Trillion in 2020," June 10, 2021, https://www.bcg.com/press/10june2021-despite-covid-19-global-financial-wealth-soared-record-high-250-trillion-2020.

24. 星星所有權

White, Reid, "Plugging the Leaks in Outer Space Criminal Jurisdiction: Advocation for the Creation of a Universal Outer Space Criminal Statute," *Emory International Law Review* 35, no. 2 (2021), https://scholarlycommons.law.emory.edu/eilr/vol35/iss2/5/.

25. 輪胎橡膠

Halle, Louise L., Annemette Palmqvist, Kristoffer Kampmann, and Farhan R. Khana, "Ecotoxicology of Micronized Tire Rubber: Past, Present and Future Considerations," *Science of the Total Environment* 706, no. 1, (March 2020), https://doi.org/10.1016/j.scitotenv.2019.135694.

Parker-Jurd, Florence N. F., Imogen E. Napper, Geoffrey D. Abbott, Simon Hann, Richard C. Thompson, "Quantifying the Release of Tyre Wear Particles to the Marine Environment Via Multiple Pathways," *Marine Pollution Bulletin* 172 (November 2021), https://www.sciencedirect.com/science/article/abs/pii/S0025326X21009310.

Sieber, Ramona, Delphine Kawecki, and Bernd Nowack, "Dynamic Probabilistic Material Flow Analysis of Rubber Release from Tires into the Environment," *Environmental Pollution* 258 (March 2020), https://www.sciencedirect.com/science/article/abs/pii/S0269749119333998.

Tian, Zhenyu, Haoqi Zhao, Katherine T. Peter, Melissa Gonzalez, Jill Wetzel, Christopher Wu, Ximin Hu, Jasmine Prat, Emma Mudrock, Rachel Hettinger, Allan E. Cortina, Rajshree Ghosh Biswas, Flávio Vinicius Crizóstomo Kock, Ronald Soong, Amy Jenne, Bowen Du, Fan Hou, Huan He, Rachel Lundeen, Alicia Gilbreath, Rebecca Sutton, Nathaniel L. Scholz, Jay W. Davis, Michael C. Dodd, Andre Simpson, Jenifer K. McIntyre, and Edward P. Kolodziej, "A Ubiquitous Tire Rubber–Derived Chemical Induces Acute Mortality in Coho Salmon," *Science* 371, no. 6525 (January 8, 2021): 185–189, https://www.science.org/doi/abs/10.1126/science.abd6951.

26. 塑膠恐龍

Fuel Chemistry Division, "Petroleum," https://personal.ems.psu.edu/~pisupati/ACSOutreach/Petroleum_2.html.

Goñi, Miguel A., Kathleen C. Ruttenberg, and Timothy I. Eglinton, "Sources and Contribution of Terrigenous Organic Carbon to Surface Sediments in the Gulf of Mexico," *Nature* 389 (1997): 275–278, https://www.whoi.edu/cms/files/goni_et_al_Nature_1997_35805.pdf.

Libes, Susan, "The Origin of Petroleum in the Marine Environment," chap. 26 in *Introduction to Marine Biogeochemistry* (Cambridge MA: Elsevier, 2009), https://booksite.elsevier.com/9780120885305/casestudies/01-Ch26-P088530web.pdf.

Powell, T. G., "Developments in Concepts of Hydrocarbon Generation from Terrestrial Organic Matter," 1989, https://archives.datapages.com/data/circ_pac/0011/0807_f.htm.

State of Louisiana: Department of Natural Resources, "Where Does Petroleum Come From? Why Is It Normally Found in Huge Pools Under Ground? Was It Formed in a Big Pool Where We Find It, or Did It Gather There Due to Outside Natural Forces?," http://www.dnr.louisiana.gov/assets/TAD/education/BGBB/3/origin.html.

University of South Carolina, "School of the Earth, Ocean, and Environment," https://sc.edu/study/colleges_schools/artsandsciences/earth_ocean_and_environment/index.php.

27. 吸力式水族箱

Bailey, Helen, and David H. Secor, "Coastal Evacuations by Fish During Extreme Weather Events," *Sci Rep* 6, no. 30280 (2016), https://doi.org/10.1038/srep30280.

Brown, Frank A., Jr., "Responses of the Swimbladder of the Guppy, Lebistes reticulatus, to Sudden Pressure Decreases," *The Biological Bulletin* 76, no. 1 (1939): 48–58, https://www.jstor.org/stable/1537634.

Heupel, M. R., C. A. Simpfendorfer, and R. E. Hueter, "Running Before the Storm: Blacktip Sharks Respond to Falling Barometric Pressure Associated with Tropical Storm Gabrielle," *Journal of Fish Biology* 63 (2003): 1357–1363, https://onlinelibrary.wiley.com/doi/abs/10.1046/j.1095-8649.2003.00250.x.

Hogan, Joe, "The Effects of High Vacuum on Fish," *Transactions of the American Fisheries Society* 70, no. 1 (1941): 469–474, https://afspubs.onlinelibrary.wiley.com/doi/abs/10.1577/1548-8659%281940%2970%5B469%3ATEOHVO%5D2.0.CO%3B2.

Holbrook, R. I., and T. B. de Perera, "Fish Navigation in the Vertical Dimension: Can Fish Use Hydrostatic Pressure to Determine Depth?," *Fish and Fisheries* 12 (2011): 370–379, https://onlinelibrary.wiley.com/doi/10.1111/j.1467-2979.2010.00399.x.

Sullivan, Dan M., Robert W. Smith, E. J. Kemnitz, Kevin Barton, Robert M. Graham, Raymond A. Guenther, and Larry Webber, "What Is Wrong with Water Barometers?," *The Physics Teacher* 48, no. 3 (2010): 191–193, https://aapt.scitation.org/doi/10.1119/1.3317456.

28. 地球眼

Mishima, S., A. Gasset, S. D. Klyce, and J. L. Baum, "Determination of Tear Volume and Tear Flow," *Invest. Ophthalmol. Vis. Sci.* 5, no. 3 (1966): 264–276, https://iovs.arvojournals.org/article.aspx?articleid=2203634.

Steinbring, Eric, "Limits to Seeing High-Redshift Galaxies Due to Planck-Scale-Induced Blurring," *Proceedings of the International Astronomical Union* 11, no. S319, 54–54, 2015, doi:10.1017/S1743921315009850.

29. 用一天造成羅馬

The Civic Federation, "Estimated Full Value of Real Estate in Cook County Saw Six Straight Years of Growth Between 2012–2018," October 30, 2020, https://www.civicfed.org/civic-federation/blog/estimated-full-value-real-estate-cook-county-saw-six-straight-years-growth.

U.S. Bureau of Economic Analysis, "Gross Domestic Product: All Industries in Cook County, IL [GDPALL17031]," retrieved from FRED, Federal Reserve Bank of St. Louis, November 20, 2021, https://fred.stlouisfed.org/series/GDPALL17031.

30. 在馬里亞納海溝放管子

Stommel, Henry, Arnold B. Arons, and Duncan Blanchard, "An Oceanographical Curiosity: The Perpetual Salt Fountain," *Deep Sea Research* 3, no. 2 (1956): 152–153, https://www.sciencedirect.com/science/article/pii/0146631356900958.

31. 昂貴的鞋盒

"What is the volume of a kilogram of cocaine?," The Straight Dope Message Board, https://boards.straightdope.com/t/what-is-the-volume-of-a-kilogram-of-cocaine/286573.

32. MRI 指北針

NOAA, "Maps of Magnetic Elements from the WMM2020," https://www.ngdc.noaa.gov/geomag/WMM/image.shtml.

Tremblay, Charles, Sylvain Martel, binjamin conan, Dumitru Loghin, and alexandre bigot, "Fringe Field Navigation for Catheterization," *IFMBE Proceedings* 45 (2014), https://www.researchgate.net/publication/270759488_Fringe_Field_Navigation_for_Catheterization.

33. 祖先知多少

Kaneda, Toshiko, and Carl Haub, "How Many People Have Ever Lived on Earth?," *Population Reference Bureau,* May 18, 2021, https://www.prb.org/articles/how-many-people-have-ever-lived-on-earth/.

Rohde, Douglas L. T., Steve Olson, and Joseph T. Chang, "Modelling the Recent Common Ancestry of All Living Humans," *Nature* 431 (2004): 562–566, https://doi.org/10.1038/nature02842.

Roser, Max, "Mortality in the Past—Around Half Died As Children," *Our World in Data*, June 11, 2019, https://ourworldindata.org/child-mortality-in-the-past.

34. 鳥車

Mosher, James A., and Paul F. Matray, "Size Dimorphism: A Factor in Energy Savings for Broad-Winged Hawks," *The Auk* 91, no. 2 (April 1974): 325–341, https://www.jstor.org/stable/4084511.

Pennycuick C. J., Holliday H. Obrecht III, and Mark R. Fuller, "Empirical Estimates of Body Drag of Large Waterfowl and Raptors," *J Exp Biol* 135, no. 1 (March 1988): 253–264, https://journals.biologists.com/jeb/article/135/1/253/5435/Empirical-Estimates-of-Body-Drag-of-Large.

35. 無規則納斯卡賽車

Kumar, Vasantha K., and William T. Norfleet, "Issues on Human Acceleration Tolerance After Long-Duration Space Flights," NASA Technical Memorandum 104753, October 1, 1992, https://ntrs.nasa.gov/citations/19930020462.

National Aeronautics and Space Administration, "Astronautics and its Applications," Environment of Manned Systems: Internal Environment of Manned Space Vehicles, 105–126, https://history.nasa.gov/conghand/mannedev.htm.

Spark, Nick T., "46.2 Gs!!!: The Story of John Paul Stapp, 'The Fastest Man on Earth,'" *Wings/Airpower Magazine*, http://www.ejectionsite.com/stapp.htm.

36. 真空管智慧手機

Shilov, Anton, "Apple's A14 SoC Under the Microscope: Die Size & Transistor Density Revealed," Tom's Hardware, October 29, 2020, https://www.tomshardware.com/news/apple-a14-bionic-revealed.

Sylvania, "Engineering Data Service," http://www.nj7p.org/Tubes/PDFs/Frank/137-Sylvania/7AK7.pdf.

War Department: Bureau of Public Relations, "Physical Aspects, Operation of ENIAC are Described," February 16, 1946, https://americanhistory.si.edu/comphist/pr4.pdf.

37. 雷射傘

Hautière, Nicholas, Eric Dumont, Roland Brémond, and Vincent Ledoux, "Review of the Mechanisms of Visibility Reduction by Rain and Wet Road," ISAL Conference, 2009, https://www.researchgate.net/publication/258316669_Review_of_the_Mechanisms_of_Visibility_Reduction_by_Rain_and_Wet_Road.

Pendleton, J. D., "Water Droplets Irradiated by a Pulsed CO_2 Laser: Comparison of Computed Temperature Contours with Explosive Vaporization Patterns," *Applied*

Optics 24, no. 11 (1985): 1631–1637, https://www.osapublishing.org/ao/abstract.cfm?uri=ao-24-11-1631.

Sageev, Gideon, and John H. Seinfeld, "Laser Heating of an Aqueous Aerosol Particle," *Applied Optics* 23, no. 23 (December 1, 1984), http://authors.library.caltech.edu/10136/1/SAGao84.pdf.

Takamizawa, Atsushi, Shinji Kajimoto, Jonathan Hobley, Koji Hatanaka, Koji Ohtab, and Hiroshi Fukumura, "Explosive Boiling of Water After Pulsed IR Laser Heating," *Physical Chemistry Chemical Physics* 5 (2003), https://pubs.rsc.org/en/content/articlelanding/2003/CP/b210609d.

40. 熔岩燈

UNEP Chemicals Branch, "The Global Atmospheric Mercury Assessment: Sources, Emissions and Transport," UNEP-Chemicals, Geneva, 2008, https://wedocs.unep.org/bitstream/handle/20.500.11822/13769/UNEP_GlobalAtmosphericMercuryAssessment_May2009.pdf ?sequence=1&isAllowed=y.

41. 薛西弗斯式冰箱

Thurber, Caitlin, Lara R. Dugas, Cara Ocobock, Bryce Carlson, John R. Speakman, and Herman Pontzer, "Extreme Events Reveal an Alimentary Limit on Sustained Maximal Human Energy Expenditure," *Science Advances* 5, no. 6, https://www.science.org/doi/10.1126/sciadv.aaw0341.

42. 血液中的酒精

Thank you to Conor Braman, among others, for correcting a missing zero in the original version of this chapter's calculations.

Brady, Ruth, Sara Suksiri, Stella Tan, John Dodds, and David Aine, "Current Health and Environmental Status of the Maasai People in Sub-Saharan Africa," *Cal Poly Student Research: Honors Journal 2008*, 17–32, https://digitalcommons.calpoly.edu/cgi/viewcontent.cgi?referer=&httpsredir=1 &article=1005&context=honors.

United States Air Force Medical Service, "Alcohol Brief Counseling: Alcohol Education Module," Air Force Alcohol and Drug Abuse Prevention and Treatment Tier II, October 2007, https://www.minot.af.mil/Portals/51/documents/resiliency/AFD-111004-028.pdf?ver=2016-06-10-110043-200.

44. 蜘蛛與太陽

Greene, Albert, Jonathan A. Coddington, Nancy L. Breisch, Dana M. De Roche, and Benedict B. Pagac Jr., "An Immense Concentration of Orb-Weaving Spiders with Communal Webbing in a Man-Made Structural Habitat (Arachnida: Araneae: Tetragnathidae, Araneidae)," *American Entomologist: Fall 2010*, 146–156, https://www.entsoc.org/PDF/2010/Orb-weaving-spiders.pdf.

Höfer, Hubert and Ricardo Ott, "Estimating Biomass of Neotropical Spiders and Other Arachnids (Araneae, Opiliones, Pseudoscorpiones, Ricinulei) by Mass-Length Regressions," *The Journal of Arachnology* 37, no. 2 (2009): 160–169, https://doi.org/10.1636/T08-21.1.

Newman, Jonathan A., and Mark A. Elgar, "Sexual Cannibalism in Orb-Weaving Spiders: An Economic Model," *The American Naturalist* 138, no. 6 (1991): 1372–1395, https://www.jstor.org/stable/2462552.

Topping, Chris J., and Gabor L. Lovei, "Spider Density and Diversity in Relation to Disturbance in Agroecosystems in New Zealand, with a Comparison to England," *New Zealand Journal of Ecology* 21, no. 2 (1997): 121–128, https://newzealandecology.org/nzje/2020.

Wilder, Shawn M. and Ann L. Rypstra, "Trade-off Between Pre-and Postcopulatory Sexual Cannibalism in a Wolf Spider (Araneae, Lycosidae)," *Behavioral Ecology and Sociobiology* 66 (2012): 217–222, https://link.springer.com/article/10.1007/s00265-011-1269-0.

45. 吸入人的死皮

Clark, R. P., and S. G. Shirley, "Identification of Skin in Airborne Particulate Matter," *Nature* 246 (1973): 39–40, https://www.nature.com/articles/246039a0.

Morawska, Lidia and Tunga Salthammer, eds., *Indoor Environment: Airborne Particles and Settled Dust* (Hoboken, NJ: Wiley, 2003).

Weschler, Charles J., Sarka Langer, Andreas Fischer, Gabriel Bekö, Jørn Toftum, and Geo Clausen, "Squalene and Cholesterol in Dust from Danish Homes and Daycare Centers," *Environ. Sci. Technol.* 45, no. 9 (2011): 3872–3879, https://pubs.acs.org/doi/10.1021/es103894r.

46. 壓碎糖果產生閃電

Xie, Yujun, and Zhen Li, "Triboluminescence: Recalling Interest and New Aspects," *Chem* 4, no. 5 (May 10, 2018), https://doi.org/10.1016/j.chempr.2018.01.001.

簡答題 #4

Ratnayake, Wajira S., and David S. Jackson, "Gelatinization and Solubility of Corn Starch During Heating in Excess Water: New Insights," *Journal of Agricultural and Food Chemistry* 54, no. 10 (2006): 3712–3716, https://pubs.acs.org/doi/10.1021/jf0529114.

Wertheim, Heiman F. L., Thai Q. Nguyen, Kieu Anh T. Nguyen, Menno D. de Jong, Walter R. J. Taylor, Tan V. Le, Ha H. Nguyen, Hanh T. H. Nguyen, Jeremy Farrar, Peter Horby, and Hien D. Nguyen, "Furious Rabies After an Atypical Exposure," *PLoS Med.* 6, no. 3 (2009): e1000044, https://doi.org/10.1371/journal.pmed.1000044.

48. 質子地球，電子月球

Carroll, Sean, "The Universe Is Not a Black Hole," 2010, http://www.preposterousuniverse.com/blog/2010/04/28/the-universe-is-not-a-black-hole/.

Garon, Todd S., and Nelia Mann, "Re-examining the Value of Old Quantization and the Bohr Atom Approach," *American Journal of Physics* 81, no. 2, (2013): 92, https://aapt.scitation.org/doi/10.1119/1.4769785.

50. 日本大出走

Lindsey, Rebecca, "Climate Change: Global Sea Level," Climate.gov, August 14, 2020, https://www.climate.gov/news-features/understanding-climate/climate-change-global-sea-level.

Gamo, T., N. Nakayama, N. Takahata, Y. Sano, J. Zhang, E. Yamazaki, S. Taniyasu, and N. Yamashita, "Revealed by Time-Series Observations over the Last 30 Years," 2014, https://www.semanticscholar.org/paper/Revealed-by-Time-Series-Observations-over-the-Last-Gamo-Nakayama/57bd09d9b01e7735cd593b5a2147a9c64bbd5b7e?p2df.

Ward, Steven N., and Erik Asphaug, "Impact Tsunami-Eltanin," *Deep-Sea Research II* 49 (2002): 1073–1079, https://websites.pmc.ucsc.edu/~ward/papers/final_eltanin.pdf.

51. 用月光生火

Plait, Phil, "BAFact Math: The Sun Is 400,000 Times Brighter than the Full Moon," *Discover Magazine: Bad Astronomy*, August 27, 2012, https://www.discovermagazine.com/the-sciences/bafact-math-the-sun-is-400-000-times-brighter-than-the-full-moon.

52. 閱讀所有的法律

FindLaw, "California Code, Food and Agricultural Code (Formerly Agricultural Code)—FAC § 27637," https://codes.findlaw.com/ca/food-and-agricultural-code-formerly-agricultural-code/fac-sect-27637.html.

Fish, Eric S., "Judicial Amendment of Statutes," *84 George Washington Law Review* 563 (2016), https://papers.ssrn.com/sol3/papers.cfm?abstract_id=2656665.

GovInfo, "F Code of Federal Regulations (Annual Edition)," https://www.govinfo.gov/app/collection/cfr.

Legal Information Institute, "Primary Authority," Cornell Law, https://www.law.cornell.edu/wex/primary_authority.

U.S. Department of State, "Treaties in Force," Office of Treaty Affairs, https://www.state.gov/treaties-in-force/.

Zittrain, Jonathan, "The Supreme Court and Zombie Laws," July 2, 2018, https://medium.com/@zittrain/the-supreme-court-and-zombie-laws-2087d7bb9a75.

53. 唾液游泳池

Fédération Internationale de Natation, "FR 2: Swimming Pools," https://web.archive.org/web/20160902023159/http://www.fina.org/content/fr-2-swimming-pools.

Watanabe, S., M. Ohnishi, K. Imai, E. Kawano, and S. Igarashi, "Estimation of the Total Saliva Volume Produced Per Day in Five-Year-Old Children," *Arch Oral Biol.* 40, no. 8, 781–782, https://www.sciencedirect.com/science/article/abs/pii/000399699500026L?via%3Dihub.

55. 尼加拉吸管

Cashco, "Fluid Flow Basics of Throttling Valves," 17, https://www.controlglobal.com/assets/Media/MediaManager/RefBook_Cashco_Fluid.pdf.

New York Power Authority, "Niagara River Water Level and Flow Fluctuations Study Final Report," *Niagara Power Project FERC No. 2216*, August 2005, https://web.archive.org/web/20160229090220/http://niagara.nypa.gov/ALP%20working%20documents/finalreports/html/IS23WL.htm.

56. 時光旅行走回從前

Blum, M. D., M. J. Guccione, D. A. Wysocki, P. C. Robnett, E. M. Rutledge, "Late Pleistocene Evolution of the Lower Mississippi River Valley, Southern Missouri to Arkansas," *GSA Bulletin* 112, no. 2 (February 2000): 221–235, https://pubs.geoscienceworld.org/gsa/gsabulletin/article-abstract/112/2/221/183594/Late-Pleistocene-evolution-of-the-lower?redirectedFrom=fulltext.

Braun, Duane D., "The Glaciation of Pennsylvania, USA," *Developments in Quaternary Sciences* 15 (2011): 521–529, https://www.sciencedirect.com/science/article/abs/pii/B9780444534477000404.

Bryant, Jr., Vaughn M., "Paleoenvironments," Handbook of Texas Online, 1995, https://www.tshaonline.org/handbook/entries/paleoenvironments.

Carson, Eric C., J. Elmo Rawling III, John W. Attig, and Benjamin R. Bates, "Late Cenozoic Evolution of the Upper Mississippi River, Stream Piracy, and Reorganization of North American Mid-Continent Drainage Systems," *GSA Today* 28, no. 7 (July 2018): 4–11, https://www.geosociety.org/gsatoday/science/G355A/abstract.htm.

Fildani, Andrea, Angela M. Hessler, Cody C. Mason, Matthew P. McKay, and Daniel F. Stockli, "Late Pleistocene Glacial Transitions in North America Altered Major River Drainages, as Revealed by Deep-Sea Sediment," *Scientific Reports* 8 (2018), https://www.nature.com/articles/s41598-018-32268-7.

"Interglacials of the Last 800,000 Years," *Reviews of Geophysics* 54, no. 1 (2015): 162–219, https://agupubs.onlinelibrary.wiley.com/doi/10.1002/2015RG000482.

Knox, James C., "Late Quaternary Upper Mississippi River Alluvial Episodesa Their Significance to the Lower Mississippi River System," *Engineering Geology* 45, no. 1–4 (December 1996): 263–285, https://www.sciencedirect.com/science/article/abs/pii/S0013795296000178?via%3Dihub.

Millar, Susan W. S., "Identification of Mapped Ice-Margin Positions in Western New York from Digital Terrain-Analysis and Soil Databases," *Physical Geography* 25, no. 4 (2004): 347–359, https://www.tandfonline.com/doi/abs/10.2747/0272-3646.25.4.347.

Sheldon, Robert A., *Roadside Geology of Texas* (Missoula, MT: Mountain Press Publishing Company, 1991).

57. 氨管

Padappayil, Rana Prathap, and Judith Borger, "Ammonia Toxicity," StatPearls Publishing LLC, https://www.ncbi.nlm.nih.gov/books/NBK546677/.

簡答題 #5

Olive Garden, "Nutrition Information," https://media.olivegarden.com/en_us/pdf/olive_garden_nutrition.pdf.

Sagar, Stephen M., Robert J. Thomas, L. T. Loverock, and Margaret F. Spittle, "Olfactory Sensations Produced by High-Energy Photon Irradiation of the Olfactory Receptor Mucosa in Humans," *International Journal of Radiation Oncology, Biology, Physics* 20, no. 4 (April 1991): 771–776, https://www.sciencedirect.com/science/article/abs/pii/036030169190021U.

59. 全世界都被雪覆蓋

Buckler, J. M., "Variations in Height Throughout the Day," *Archives of Disease in Childhood* 53, no. 9 (1989): 762, http://dx.doi.org/10.1136/adc.53.9.762.

National Oceanic and Atmospheric Administration, "Welcome to: Cooperative Weather Observer: Snow Measurement Training," National Weather Service, https://web.archive.org/web/20150221171450/http://www.srh.noaa.gov/images/mrx/coop/SnowMeasurementTraining.pdf.

Roylance, Frank D., "A Likely Record, but Experts Will Get Back to Us," *Baltimore Sun*, https://web.archive.org/web/20140716134151/http://articles.baltimoresun.com/2010-02-07/news/bal-md.storm07feb07_1_baltimore-washington-forecast-office-snow-depth-biggest-storm.

61. 前進太陽

IEEE, org, "IEEE 1584-2018, IEEE Guide for Performing Arc-Flash Hazard Calculations," https://www.techstreet.com/ieee/standards/ieee-1584-2018?gateway_code=ieee&vendor_id=5802&product_id=1985891.

62. 防曬乳

Food and Drug Administration, "Sunscreen Drug Products," https://www.regulations.gov/docket/FDA-1978-N-0018.

63. 在太陽上漫步

Blouin, S., P. Dufour, C. Thibeault, and N. F. Allard, "A New Generation of Cool White Dwarf Atmosphere Models. IV. Revisiting the Spectral Evolution of Cool White Dwarfs," *The Astrophysical Journal* 878, no. 1 (2019), https://iopscience.iop.org/article/10.3847/1538-4357/ab1f82.

Chen, Eugene Y., and Brad M. S. Hansen, "Cooling Curves and Chemical Evolution Curves of Convective Mixing White Dwarf Stars," *Monthly Notices of the Royal*

Astronomical Society 413, no. 4 (June 2011): 2827–2837, https://academic.oup.com/mnras/article/413/4/2827/965051.

Koberlein, Brian, "Frozen Star," March 2, 2014, https://briankoberlein.com/blog/frozen-star/.

Renedo, I., L. G. Althaus, M. M. Miller Bertolami, A. D. Romero, A. H. Córsico, R. D. Rohrmann, and E. García-Berro, "New Cooling Sequences for Old White Dwarfs," *The Astrophysics Journal* 717, no. 1 (2010), https://iopscience.iop.org/article/10.1088/0004-637X/717/1/183.

Salaris, M., L. G. Althaus, and E. García-Berro, "Comparison of Theoretical White Dwarf Cooling Timescales," *Astronomy & Astrophysics* 555 (July 2013), https://www.aanda.org/articles/aa/full_html/2013/07/aa20622-12/aa20622-12.html.

Srinivasan, Ganesan, *Life and Death of the Stars*, Undergraduate Lecture Notes in Physics, 2014, https://link.springer.com/book/10.1007/978-3-642-45384-7.

Veras, Dimitri, and Kosuke Kurosawa, "Generating Metal-Polluting Debris in White Dwarf Planetary Systems from Small-Impact Crater Ejecta," *Monthly Notices of the Royal Astronomical Society* 494, no. 1 (May 2020): 442–457, https://academic.oup.com/mnras/article-abstract/494/1/442/5788436?redirectedFrom=fulltext.

Wilson, R. Mark, "White Dwarfs Crystallize as They Cool," *Physics Today* 72, no. 3 (2019): 14, https://physicstoday.scitation.org/doi/10.1063/PT.3.4156.

64. 檸檬糖和軟糖

Goldblatt, C., T. Robinson, and D. Crisp, "Low Simulated Radiation Limit for Runaway Greenhouse Climates," *Nature Geoscience* 6 (2013): 661–667, https://www.semanticscholar.org/paper/Low-simulated-radiation-limit-for-runaway-climates-Goldblatt-Robinson/4be39d2e4114f1347569d81029f59005e141befe.

Gunina, Anna, and Yakov Kuzyakov, "Sugars in Soil and Sweets for Microorganisms: Review of Origin, Content, Composition and Fate," *Soil Biology and Biochemistry* 90 (2015): 87–100, https://www.sciencedirect.com/science/article/abs/pii/S0038071715002631.

Heymsfield, Andrew J., Ian M. Giammanco, and Robert Wright, "Terminal Velocities and Kinetic Energies of Natural Hailstones," *Geophysical Research Letters* 41, no. 23 (November 25, 2014): 8666–8672, https://agupubs.onlinelibrary.wiley.com/doi/full/10.1002/2014GL062324.

Myhre, G., D. Shindell, F.-M. Bréon, W. Collins, J. Fuglestvedt, J. Huang, D. Koch, J.-F. Lamarque, D. Lee, B. Mendoza, T. Nakajima, A. Robock, G. Stephens, T. Takemura, and H. Zhang, "Anthropogenic and Natural Radiative Forcing," *Climate Change 2013: The Physical Science Basis*, https://www.ipcc.ch/site/assets/uploads/2018/02/WG1AR5_Chapter08_FINAL.pdf.

科學天地 188

如果這樣，會怎樣？ 2

千奇百怪的問題　嚴肅精確的回答

What If? 2

Additional Serious Scientific Answers to Absurd Hypothetical Questions

原　著 —— 蘭德爾・門羅（Randall Munroe）
繪　圖 —— 蘭德爾・門羅（Randall Munroe）
譯　者 —— 黃靜雅
科學叢書顧問群 —— 林和（總策劃）、牟中原、李國偉、周成功

總 編 輯 —— 吳佩穎
編輯顧問 —— 林榮崧
責任編輯 —— 吳育燐
美術設計 —— 黃秋玲
封面設計 —— 蕭志文

出 版 者 —— 遠見天下文化出版股份有限公司
創 辦 人 —— 高希均、王力行
遠見・天下文化 事業群榮譽董事長 —— 高希均
遠見・天下文化 事業群董事長 —— 王力行
天下文化社長 —— 王力行
天下文化總經理 —— 鄧瑋羚
國際事務開發部兼版權中心總監 —— 潘欣
法律顧問 —— 理律法律事務所陳長文律師　著作權顧問 —— 魏啟翔律師
社　址 —— 台北市 104 松江路 93 巷 1 號 2 樓
讀者服務專線 —— 02-2662-0012　傳真 —— 02-2662-0007；02-2662-0009
電子郵件信箱 —— cwpc@cwgv.com.tw
直接郵撥帳號 —— 1326703-6 號 遠見天下文化出版股份有限公司

電腦排版 —— 黃秋玲
製 版 廠 —— 東豪印刷事業有限公司
印 刷 廠 —— 祥峰印刷事業有限公司
裝 訂 廠 —— 聿成裝訂股份有限公司
登 記 證 —— 局版台業字第 2517 號
總 經 銷 —— 大和書報圖書股份有限公司 電話／02-8990-2588
出版日期 —— 2023 年 3 月 31 日第一版第 1 次印行
2024 年 3 月 13 日第一版第 5 次印行

定價 —— NTD 500 元
書號 —— BWS188
ISBN —— 978-626-355-142-8 ｜ EISBN 9786263551435（EPUB）；9786263551442（PDF）

天下文化官網 —— bookzone.cwgv.com.tw

國家圖書館出版品預行編目（CIP）資料

如果這樣，會怎樣？ 2：千奇百怪的問題嚴肅精確的回答 / 蘭德爾・門羅 (Randall Munroe) 著；黃靜雅譯. -- 第一版. -- 臺北市：遠見天下文化出版股份有限公司，2023.03
面；　公分. -- (科學天地；188)
譯自：What if? 2 : additional serious scientific answers to absurd hypothetical questions.
ISBN 978-626-355-142-8 (平裝)

1.CST: 科學 2.CST: 通俗作品

307.9　　112002958

天下文化
BELIEVE IN READING